신앙유산답사기

신앙유산 답사기

발로 쓴 한국천주교회사

이충우 지음

사람과사람

이 책을 읽는 이들에게

만일 그 시대에 살았다면

내가 가톨릭을 접한 것은 순전히 직업상의 이유였다. 한국일보 문화부에 근무하면서 기획 연재물 '한국의 성지(聖地)'를 취재한 것이 계기가 되어 입교했는데, 당시 42세였으니 늦깎이도 이만저만이 아니다. 세례를 받은 뒤, 교회사에 대한 나의 주된 관심은 달라지지 않았다. 천주교와 관련이 있는 곳이라면 어디든지 달려갔고, 새로운 역사 유적과 신앙유산을 찾는 일에 더욱 매달렸다. 평화방송 평화신문으로 자리를 옮긴 지금도 이 일을 계속하고 있다.

순교자에 대한 기록을 탐독하면서 우리 조상들의 믿음과 진리를 증거한 행적을 좇아 역사의 현장을 답사하다 보면 눈시울을 적시는 사연도 한두 가지가 아니다. 전북 완주에 살던 유중철, 이순이 동정(童貞)부부가 4년간 밤마다 찾아오는 원초적인 인간의 정욕을 물리치고자 하느님께 애절하게 은총을 간구했다는 대목은 하나의 인간 승리였다. 서울 새남터에서 처형당한 우리 나라 사람으로 최초의 사제인 김대건 신부의 유해를 등에 짊어지고 한밤중에 경기도 안성의 미리내까지 1백50리 길을 걸었던 사람들의 피끓는 신앙심 또한 결코 간과할 수 없는 부분이다. 만일 내가 그 시대에 살았다면 그들처럼 할 수 있었을까 하는 의문이 뇌리에서 떠나지 않았다.

신앙 유적지를 처음 찾아갔을 때와 두세 번 찾아갔을 때의 감동은 똑같지 않다. 오히려 횟수가 거듭될수록 그저 그렇다는 느낌만이 더욱 강하게 다가왔다. 똑같은 장소에 한 번 갈 때와 두 번 갈 때 마음에 와 닿는 점이 달라야 함에도 불구하고 역사의 현장을 바라보는 나의 마음이 점점 삭막해져 가는 느낌을 받게 되는 까닭은 웬일일까. 잘 다듬어진 곳일수록 그 같은 느낌은 더욱 강하게 다가왔다.

무엇보다도 우리 신앙선조들이 삶과 죽음의 갈림길에서 배교하지 않고 죽음을 달갑게 여긴 그 순교자 영성이란 게 온몸에 와 닿지 않는다. 입으로는 '순교 정신'이란 말을 곧잘 되뇌면서도 마음으로는 그 순교가 오늘을 사는 우리들에게 던져 주고 있는 의미가 구체적으로 무엇을 말하는 지를 제대로 읽을 수가 없었다.

천주교회사는 순교사

성지순례라고 하면 궁극적으로 예수 그리스도의 삶에 동참하고 또한 그리스도를 증거했던 성인들의 삶을 본받으려는 구체적인 시도이다. 역사의 현장에서 신앙의 위대함과 영원함을 피부로 느끼고 자신의 신심을 달구는 촉매제의 역할을 해야 한다. 그러나 때로는 내가 그 당시 살았다면 정말로 배교하지 않고 죽음을 자청할 수 있을까 하는 회의를 품어 본다.

잘 알려진 대로 우리 나라 교회 사적지는 대부분 순교와 관련되어 있다. 이 땅에 천주교가 전래되기 시작하면서 먼저 배척당하고 박해부터 받았으니, 천주교회사는 곧 순교사라고 해도 과언이 아니다.

서울 한강변의 새남터와 절두산, 충남 지방의 해미, 공주의 황새바위, 전주 숲정이 등은 사형 장소였고, 신자들이 자주 찾는 안성 미리내와 제천 배론에는 김대건, 최양업 두 신부의 묘소가 각각 있다. 물론 김대건 신부가 태어난 당진 솔뫼라든가 그가 사제가 되어 국내에 첫발을 디딘 익산의 나바위, 최양업 신부의 사목 활동 근거지인 진천의 배티, 다산 정약용의 고향인 남양주의 마재, 홍유한이 살았던 영주 구구리 등 순교와 직접 관련이 없는 장소도 적지 않다. 그러나 성지라면 '치명'이란 단어를 먼저 연상할 만큼 죽음은 이 땅의 천주교 신앙의 강한 이미지로 떠올려진다.

죽음을 두려워하지 않은 사람들

죽음만큼 인간에게 두려운 것은 없다. 교회의 가르침은 육신의 죽음을 두려워하지 말라고 하지만 연약한 인간으로서 죽음을 두려워하는 것은 당연한 노릇이다. 바로 그렇기 때문에 하느님을 모른다 하면 살 수 있다는 유혹, 우선 목숨을 구한 뒤 훗날 더욱 철저하게 믿으면 되지 않겠느냐는 감언을 떨쳐 버리고 죽음을 흔쾌히 받아들인 순교자들의 신앙심이야말로 그 어느 것보다도 값진 유산인 것이다.

그렇다면 그들이 죽음을 두려워하지 않은 까닭은 무엇일까. 그들 대부분이 배우지 못하고 가난한 사람들이었기 때문이었을까. 학자들의 연구 결과에 따르면, 1801년 당시 신자들의 신분별 구성비는 양반이 전체 신도의 20.61퍼센트, 중인이 6.25퍼센트였으므로 양반 지식인들 역시 치명 당하는 것을 두려워하지 않았다는 점에서 이는 결코 정답이 아니라고 생각한다.

보기에 따라서는 순교자들에게 현실 도피적이며 내세 추구적인 성향도 없지 않았을 것이다. 속된 말로, 서민이나 천민으로 이 세상에서 살아 봤자 더 나아질 것이 없다고 한다면, 그리고 그 때 치열한 박해가 가해지고 이웃으로부터 따돌림당했다면 차라리 저 세상에 가서 편하게 사는 편이 나을 것이라는 현실 도피적 경향도 있을 법한 일이다. 그러나 과연 그런 이유뿐이었을까.

기록에 의하면, 당시 우리의 신앙선조들은 고문을 당하면서도 당당하고 조리 정연하게 교리를 변론하여 박해자들로 하여금 "천주학쟁이가 되면 말 잘하는 귀신이 붙는다"는 말을 들을 정도였다고 한다. 예컨대, 1814년 충청도 청양 출신의 김시우는 반신불수로서 가난하게 살아가는 처지였으나 배교자의 밀고로 교우들이 잡혀갈 때 자기는 불구자라고 해서 잡아가지 않자 울면서 함께 잡히기를 애원했고, 마침내 체포되어 고문을 당하자 옛 중국 고사를 들어 교리를 유창하게 변론, 이에 창피를 당한 감사가 그의 턱을 부수어 더 이상 말을 못하게끔 했다고 한다.

그런가 하면, 원주에서 순교한 최해성은 "배교한다는 한 마디만 내뱉으면 원주 고을을 통째로 주겠다"는 유혹에도 "원주 고을을 통째로 준다 해도 하늘과 땅의 주인이신 천주님을 배반할 수 없다"고 답하여 더욱 심한 고문을 받았다고 한다.

고뇌하는 답사여행

종교의 역사를 보면 박해가 극심해지고 희생자의 수가 많으면 많을수록 믿는 이의 숫자가 더 많아진다. 우리 역시 예외는 아니다. 언제나 쫓기는 생활, 가난과 굶주림에 시달리면서도 하느님을 원망하지 않고 서로 돕고 위로하고 사랑과 인내로서 그 모든 고난을 이겨냈다면 분명 그들의 애덕 실천은 신앙이나 심성 하나만으로 설명되지 않는다.

그렇다면 그들로 하여금 인간의 한계를 뛰어넘어 진리를 위해 목숨을 바치고, 자신만을 위하기보다는 이웃을 사랑하고 봉사하게끔 만든 원동력은 무엇이었을까. 그리고 죽음을 두려워하지 않았던 그들의 신앙이 오늘을 사는 우리들에게 가르쳐 주는 바는 무엇일까. 이것이야말로 내가 우리 나라 곳곳에 뚜렷하게 남아 있는 순교자들에 관한 발자취를 찾아갈 때마다 고뇌했던 대목이다.

우리 나라 순교자들은 영웅적으로 치명하여 순교의 영광을 입은 인물들이 아니다. 당시의 상황은 천주교가 국가 정책상 사교(邪敎)로 단정되었기에 천주교를 믿음으로 받아들인다는 것 자체가 죽음을 의미했다. 따라서 그들의 생활은 매일매일이 곧 순교였던 것이다.

이렇게 본다면 그들이야말로 하느님을 믿고 그리스도의 복음, 그 구원의 기쁜 소식, 즉 영원한 생명과 영광을 확고하게 믿었기에 현실에서 박해와 시련이 닥치더라도 애덕을 실천할 수 있었던 것이다. 말하자면 그들은 죽음 이후의 구원보다는 현재의 삶을 진지하게 사랑했고 그 실천에 최선을 다한 셈이다. 자신을 희생하며 이웃을 위해 내 몸을 바칠 수 있는 애타(愛他) 정신을 실천한 것이다. 나 혼자 희생됨으로써 다른 사람을 구할 수 있는 정신을 우리 나라 말로 '밥이 된다'고 한다. '밥이 되라'는 서울 세계성체대회 때 김수환 추기경의 강론 제목이었다.

성서에는 벗을 위하여 목숨을 바치는 것보다 더 큰 사랑은 없다고 되어 있다. '나만 살려고 하면 결국 나도 죽을 수밖에 없으려니와 내가 죽어서 이웃을 살리려고 하면 그것이 곧 내가 사는 길이다'라는 옛말을 다시금 되새기게 된다. 결국 내가 신앙유산을 답사한 것은 사랑의 삶을 실천한 현장을 둘러본 것이나 다름없다는 게 정확한 표현일 것이다.

종교적인 관점에서의 순교란 절대자를 위해 목숨을 바치는 것을 말한다. 천주교에서는 예수 그리스도를 목숨 바쳐 증거한 사람을 순교자라고 한다. 순교자는 어떤 사상가, 명상가, 철학자들도 풀지 못한 죽음에 뛰어들어 온몸으로 사랑을 실천한 사람이다. 순교는 엄격한 의미로 실제로 죽음을 당하고, 그 죽음이 그리스도교의 신앙과 진리를 증오하는 자에 의해 초래되어야 하며, 그리스도교의 신앙과 진리를 옹호하기 위하여 죽음을 자발적으로 받아들여야 한다는 세 가지 요소를 포함하는 개념이다.

우리 나라에서 순교한 사람은 무려 1만여 명에 달한다. 1784년 교회가 창설되고 1886년 신앙의 자유를 얻기까지 1백3년간 되풀이된 박해를 받으면서 '사학 죄인'으로 몰려 죽음을 당한 이들이야말로 눈에 보이는 이 세상으로 끝나는 것이 아니라 예수 그리스도와 함께 하는 새로운 세상에 대한 굳은 믿음을 가지고 있었다.

한국교회사의 특징

나는 이 책을 쓰면서 교회가 '성지'라는 이름을 붙여 개발한 곳만 취재하던 관행에서 벗어날 필요성을 느꼈다. 일반적으로 '성지'라고 하면 하느님과 관련된 거룩하고 성스러운 땅을 가리키며, 예수 그리스도의 삶과 죽음, 부활의 배경이 된 장소를 말한다. 최근에는 넓은 의미에서 성모 마리아가 발현한 곳도 성지라고 표현한다.

하지만 예수 그리스도를 증거하기 위하여 순교한 성인들의 발자취 뿐 아니라 아직 성인 품에 오르지 않은 많은 순교 선열들의 삶의 흔적이 배어 있는 순교 사적지까지 포함시켰다. 순교자들의 영성을 더욱 깊이 만나기 위해서였다.

다음으로 교회 사적지를 교구별로 구분하지 않고 답사 코스별로 목차를 구성했다. 예컨대, 다산 정약용의 생가인 경기도 마재는 서울 대교구 소속이지만 강원도 풍수원 성당을 찾아가는 길목에 위치하므로 마재, 풍수원, 원주, 배론의 코스에 포함시켰다.

이 책을 읽는 사람들 가운데 특히 가톨릭을 잘 모르는 분들을 위해 한국 천주교회의 특징과 순교사에 관한 기초 지식을 몇 가지 적어 보기로 한다.

먼저 우리 나라는 서양에서 직접적으로 천주 신앙이 전래된 나라가 아니다. 우리 스스로 진리를 찾아나서 자발적으로 신앙을 수용했고 교회를 세웠으며, 그 뿌리가 어느 정도 내린 다음에 외국의 성직자를 영입하려 했다는 점이 특징이다. 천주교가 동양에 처음 전래된 지역은 중국이었고, 시기는 1294년 원나라 시대였다. 본격적으로 전래된 것은 1583년 마태오 리치 신부가 당시 중국 명나라의 문화를 적극 수용하는 한편, 이를 보완하는 보유론(補儒論)으로 천주교의 가르침을 설파하고자 『천주실의(天主實義)』를 저술하면서부터였다. 일본은 1549년이었다.

우리 나라에 천주교가 전래된 것은 17세기 초 중국을 통해 들어온 서양 문물과 서적들을 접하게 된 것이 계기였다. 즉, 남인 학자들을 중심으로 일어난 실학 운동의 한 여파로서 서학에 대한 학문적 관심을 가진 것이 시초였는데, 차츰 이를 믿는 신앙 운동으로 발전되어 1784년에 교회가 세워졌던 것이다.

당시 대표적 인물들은 이벽과 권철신·일신 형제, 이승훈, 그리고 정약전·약종·약용 삼형제들이었으며, 당연히 성직자는 한 사람도 없었다. 그 때문에 지도자급 인물들이 성직자의 일을 대신하는 '가성직 제도'라는 것이 생기기도 했다. 우리 나라에 성직자가 들어온 것은 교회가 세워진 지 11년 뒤인 1795년이었고 중국인 주문모 신부였다. 그러나 6년 뒤인 1801년 주 신부가 순교함으로써 다시 한 사람의 성직자도 없는 교회가 되고 말았다. 두 번째로 중국인 유방제 신부가 입국한 때가 1834년이었으니 약 33년간이 무목(無牧) 시대였던 셈이었다.

그 뒤, 로마 교황청은 1831년 조선교구 설정과 함께 선교 책임을 프랑스의 파리외방전교회에 맡겨 프랑스 선교사들이 몇 차례에 걸쳐 입국했으나 모두 순교를 당하고 말았다. 물론 이들 외국인 성직자의 영입은 우리의 요청으로 이루어진 일이었다. 우리 나라 사람으로서 처음으로 성직자가 탄생한 것은 1845년이었고, 그가 김대건 신부임은 잘 알려진 사실이다. 실로 교회가 세워진지 61년 만이었다.

피와 땀의 순교

우리 나라 교회의 또하나의 특징은 교회가 세워지면서부터 박해사로 얼룩졌다는 사실이다. 앞서 말한대로 우리 교회사가 순교사나 다름없다는 말도 이런 이유에서이다.

첫 수난은 교회가 세워진 지 몇 달 못되어 일어났다. 지금의 명동 근처인 명례방에 있는 김범우의 집에서 열린 집회가 발각된 이른바 '을사 추조적발사건'이 그것이다. 당시 사건에 연루된 다른 사람들은 사대부 집안인지라 풀려나고 중인 계급인 김범우만이 태형과 유배 생활로 인해 사망했다.

　　이 때부터 시작하여 우리 교회와 신앙선조들은 수많은 박해를 받았다. 10여 년을 간격으로 하여 신해(1791년), 신유(1801년), 을해(1815년), 정해(1827년), 기해(1839년), 병오(1846년) 박해가 잇따르더니 1866년 병인박해를 맞아서는 최대의 수난을 기록했다. 하지만 박해를 겪으면 겪을수록 우리 교회는 어떠한 폭풍우에도 흔들리지 않는 튼튼한 반석 위에 올려졌다. 물론 여기에는 1만여 명의 순교자들이 흘린 피가 밑거름이 되었다.

　　이들 순교자 가운데 기해, 병오박해 때 순교한 79위는 1925년에 시복되었고, 병인박해 때 순교한 24위는 1968년에 시복되었는데, 이들 103위 복자들은 1984년 시성되었다. 그러나 초기의 을사 추조적발 사건과 조상 제사 문제로 인한 신해박해, 을묘 포청장살 사건(1795년), 그리고 신유박해 때의 순교자에 대한 시복 시성운동은 아직 결실을 맺지 못하고 있다.

　　한편 우리는 이제까지 '피의 순교자'인 김대건 신부에 비해 '땀의 순교자'라 할 수 있는 최양업 신부를 비교적 덜 주목해 왔었다. 그러나 순교 못지 않게 오늘의 기틀을 마련하기까지 전교 활동에 헌신한 최양업 신부를 재평가할 필요가 있다고 생각된다. 나의 신앙유산 답사가 성인 품에 오르지 못한 분들과 이름마저 모르는 무명 순교자 행적을 밝히는데 더 많은 땀을 흘리겠다고 다짐하는 까닭이 바로 여기에 있다.

　　이 책은 명실공히 발로 뛰어 쓴 한국 천주교회사이다. 지난 20년간 수없이 다닌 곳이지만 이 책을 펴내기로 결심하면서 다시 한번 일일이 현장을 답사했다. 지면 사정 때문에 둘러본 모든 곳을 담지 못한 아쉬움, 그리고 우리 나라의 전통 문화유산에 대한 언급이 미흡했던 점을 특히 아쉽게 생각한다.

이 책에서는 서울을 중심으로 비교적 가까운 지역인 충청남도와 충청북도, 강원도, 전라북도, 경상북도 지역을 중심으로 하되, 한국 천주교회사의 역사적 흐름과 일치시키는데 주안점을 두었다.

물론 신앙의 모태는 천진암 주어사 강학회이기에 앵자산을 당연히 포함시켜야 하지만, 이 책에서는 신앙의 못자리로서 충남 여사울을 기점으로 삼아 신앙 운동이 전파된 순서대로 코스를 정했다. 그것은 우리 나라 사람으로 최초의 사제인 김대건 신부와 두 번째 사제인 최양업 신부의 활동을 고려했기 때문이다.

우리 나라의 천주교 사적지를 한 권에 담기에는 역부족이다. 그 장소가 90여 군데에 이르기 때문이다. 따라서 제2권에서는 서울을 중심으로 한 경기도와 전남, 경북 일부와 대구, 부산, 경남, 제주도 등을 답사하기로 했다. 다만 두 권을 한꺼번에 내지 못한 점에 대해 독자들의 양해를 구하고 싶다. 제2권을 짜임새있게 준비하여 독자들과 만날 것을 약속드린다.

이 책은 '도서출판 사람과 사람'의 노력으로 이루어졌다. 각 코스별로 현장을 일일이 찾아가 사진 촬영과 지도 작성을 맡아 준 김성호 사장을 비롯한 김경복, 박경란양 등 편집팀 여러분에게 각별히 감사의 인사를 드린다. 또한 나의 순례 여정과 답사 기행에 관심을 갖고 격려해 준 모든 분들에게도 고마움을 전한다.

1996년 10월
지은이 이충우(李忠雨) 씀

순례자의 노래요, 기도

우리 나라 천주교 사적지에는 어느 곳이나 감동적인 눈물이 배어 있다. '눈물'이라는 감성적 표현을 쓸 수밖에 없는 것은 참되고 착한 삶을 살았던 우리 조상들의 피의 흔적이 곳곳에 서려 있기 때문이다.

사람들은 누구나 죽음을 두려워한다. 그러나 박해 시대의 순교자들은 결코 육신의 죽음을 두려워하지 않았다. 굳센 믿음과 간절한 기도로 하느님과 함께 하는 영원한 삶의 길을 걷게 될 것이라는 확신을 가지고 있었다.

이충우 시인이 펴내는 『신앙유산답사기』는 바로 한국 천주교회의 초창기 수난사를 한눈에 살필 수 있는 역사 현장의 생생한 기록이며 순례자의 노래이고 기도이다.

우리도 이 시인과 함께 천상의 화관을 쓴 순교자들의 치명터와 그들의 삶의 현장을 찾아가 봄으로써 우리의 신앙생활을 굳건히 다져 보자는 뜻에서 이 책이 널리 읽히기를 합장하는 바이다.

구 상

시인, 예술원 회원, 한국가톨릭문인회 고문

첫 신앙, 첫 마음의 향기를

나는 다른 어떤 글보다 언론인들의 르포 기사를 접할 때, 흔히 찾아보기 드문 신선한 느낌을 만난다. 토씨 하나라도 아끼듯이 간결하면서도 정확하게 전달하는 묘미에 대한 감탄과 발로 뛰어 써내려간 땀의 열기를 그대로 느끼게 해주는 현장성이 있기 때문이다.

30여 년간 취재 일선을 누벼 온 평화신문 이충우 편집국장은 저널리스트이면서 동시에 참신한 시인이어서 그가 출간한 『신앙유산답사기』 또한 간결한 문장과 감칠맛 나는 필치로 순교자들의 얼을 호흡 하나 하나까지 그대로 잡아내 현장성이 두드러진다.

이름 없는 순교자들의 묘소 십자가에 걸린 묵주 하나, 치명터 한 귀퉁이 맷돌에 맺혀 있는 이슬처럼 자기 생명을 여겼던 순교 신심, 교수형을 집행한 나무 한 그루가 증거하는 그날의 아픔이 그의 답사기에는 가득히 넘쳐흐른다. 이름 없는 순교자들이 지녔던 첫 신앙, 첫 마음의 향기가 신앙유산답사기를 통해 물질에만 시선을 두고 있는 요즘 세대들에게 전해지기를 바라는 마음 참으로 간절하다.

홍성유
소설가, 예술원 회원, 한국가톨릭문인회 회장

메마른 가슴에 은총의 샘물이

오래 전, 『다시 찾는 한국의 성지』와 『천주학이 무어길래』라는 책을 관심 있게 읽은 적이 있습니다. 더구나 저자가 한국일보 기자로서 한국의 성지를 취재하던 중에 어떤 보이지 않는 사랑의 힘에 이끌려 천주교에 입교하게 되었다는 대목을 읽고는 한참 동안 가슴 찡한 감동에 젖어 있던 기억도 새롭습니다.

1995년에 펴낸 저자의 첫 번째 시집 『꽃이 되고 빛이 되어』 역시 한국 순교 성인들을 기리는 노래들로 가득한 걸 보면 그가 평소에도 얼마나 순교 성인들에 대한 신심과 사랑이 뜨거웠는가를 알 수 있습니다. 또한 그 노래들은 곧잘 성지 순례를 다니면서도 냉랭하고 무관심하기만한 우리의 모습을 가만히 꾸짖는 듯하기도 하여 이 글을 읽는 이의 마음을 스스로 부끄럽게 만듭니다.

그 동안 평화신문에 연재되었던 『신앙유산답사기』가 이번에 새로운 모습으로 묶여 나오게 됨을 이웃과 함께 기뻐하면서 이 안에 담긴 기록들이 거룩한 순교자의 피로 적셔진 이 땅의 많은 이들에게 믿음을 밝혀 주는 등불이 되고 성지를 안내하는 좋은 길잡이가 되기를 기원합니다.

　어느 종교 학자는 순례를 '발의 기도'라고 표현했는데 저자가 특히 한국 순교자들에 대한 불타는 사랑으로 전 국토를 발로 뛰어 기록한 이 책에는 순례자로서의 땀과 고뇌, 감동과 환희가 그대로 물결치고 있어 더욱 귀한 기도집이며 묵상집이라고 여겨집니다.

　지은이가 안내하는 순례의 발걸음을 따라 걷다 보면 메마르던 우리의 마음에도 은총의 샘물이 고여 오리라 믿으며 이런 작업을 성실과 인내를 다해 꾸준한 소명 의식으로 계속해 온 저자께 다시 한번 고마움과 축하의 인사를 드립니다.

이해인
수녀, 시인

신앙유산답사기 • 차례

18

피와 땀의 순교자 낳은 곳

추사고택·이존창 생가터·합덕성당·신리공소·솔뫼성지

되새겨야 할 2백년 전의 기억

흘러간 역사의 현장을 찾는 일은 우선 그 시대를 열심히 살다 간 선조들의 인품을 접할 수 있기에 흐뭇한 일이다. 특히 한국 천주교회사가 순교와 수난의 아픈 역사이니 만큼 그 현장에는 신앙을 증거하기 위해 죽음마저 마다하지 않은 순교자들의 고귀한 얼과 뜻이 한껏 담겨 있어 숙연한 마음을 갖게 한다.

내가 처음으로 천주교 관련 사적지를 찾아 나선 것은 17년 전인 1980년이었다. 당시 한국일보 기자로 있으면서 '한국의 성지(聖地)'라는 연재물을 기획한 나는 어느 곳부터 취재할 것인가를 놓고 고민했었다. 천주교에 대해 잘 몰랐기에 어느 곳이 중요한 지역인지 혼자 선별할 수 없었다.

나는 한국천주교중앙협의회(CBCK)를 찾아가 몇몇 관계자에게 도움을 청했다. 그랬더니, 어느 분은 명동성당이나 천진암부터 둘러보라 했고, 어느 분은 한국인 최초의 사제인 김대건 신부의 고향 솔뫼와 그가 묻혀 있는 미리내를 찾아갈 것을 권했다.

많은 분들의 의견이 엇갈리다 보니 어느 지역이 한국 천주교의 '성지' 가운데 대표적인 지역으로 선정될 수 있는가를 정하기 어려웠다. 결국 나는 교회사의 기록을 뒤적이면서 우리 나라 신앙의 모태(母胎) 지역이 어느 곳인가를 찾아, 그곳부터 취재하기로 했다.

잘 알려진 대로 우리 나라 교회는 1784년 북경을 갔다가 영세를 받고 돌아온 이승훈이 친구 이벽에게 세례를 주고, 역관 김범우의 집이 있는 명례방에서 종교 집회를 가짐으로써 창설되었다. 명례방은 지금의 명동성당 부근이므로 명동성당을 한국 천주교회의 얼굴이요 심장과 같다고 평해도 무리는 없을 듯 싶다.

또 우리 나라 교회의 초기 1백 년 역사가 순교사로 기록될 만큼 수많은 순교자들이 피를 흘렸으므로 그들이 생명을 바쳐 신앙을 증거한 현장, 즉 서울의 절두산이나 새남터, 서소문 밖 네거리, 당고개가 신앙의 못자리라고 해석할 수도 있다. 단순하게 숫자로 따진다면 1백3명의 한국 성인 가운데 가장 많은 44명이 서소문 밖 네거리에서, 그 다음 24명이 옥안에서, 11명이 새남터에서, 9명이 당고개에서 각각 숨졌으니, 서울에서 순교한 숫자가 대부분을 차지한다. 그런 까닭인지 사람들은 한국 교회를 거론할 때면 으레 서울 명동성당이나 절두산, 새남터 같이 잘 가꿔진 곳을 떠올리곤 한다. 나 역시 첫 취재 대상지로 충남 예산의 여사울을 다녀와서는 이만저만 실망한 게 아니었다.

여사울에는 명동성당 같이 웅장한 건물도, 어느 순교터와 같이 거창한 현양탑도 없었다. 배론이나 미리내처럼 숲이 우거진 공간도 없었고, 2백 평이 채 안되는 좁은 공터에 돌로 만든 십자가와 송덕비, 그리고 낡은 안내판이 전부였다. 이런 곳이 한국 교회의 못자리일까 싶어 숙연한 마음보다는 안타까운 느낌이 앞섰다.

일반적으로 '순례'라고 하면 하느님에 대한 흠숭의 의미뿐 아니라 회개하는 행위, 혹은 성인에 대한 존경이나 영적인 은혜를 받기 위한 행위, 또는 은혜에 감사하기 위한 행위라고 한다. 그렇다면 초라한 모습의 여사울에 과연 누가 답사를 와서 순례의 참의미를 느낄 것인가가 무척 의아스러웠다.

그러나 지난 17년 동안 내가 천주교 성지와 사적지를 답사하는 일에 미쳐 우리 나라 구석구석을 다니면서 한 해도 거르지 않고 찾은 곳이 바로 여사울이었다. 솔뫼나 해미, 보령 갈매못, 청양 다락골, 공주를 갈 때면 으레 이곳을 기점으로 삼아 답사 여행을 했다.

여사울은 아직까지도 우리 나라 교회사에서 비중 있게 다루어지지 않고 있다. 여행사들이 알선하는 성지순례 코스에서도 여사울은 대부분 제외되어 있다. 솔뫼 성지로 가는 길목에 여사울이 위치하고 있는데도 많은 신자들을 실은 성지순례 버스는 여사울을 지나치기 십상이다.

그러나 여사울은 진정 한국 천주교회의 못자리임이 분명하다. 흔히 여사울을 가리켜 '내포 지방의 사도(使徒)' 이존창의 고향으로만 소개하고 있는데, 이는 나무만을 볼 뿐 숲을 보지 못한 것이나 다름없다. 왜냐 하면 이존창의 전교 활동으로 우리 나라 최초의 신부인 김대건, 그리고 두 번째 신부인 최양업의 집안이 입교했기 때문이다. 김대건 신부의 할머니가 이존창의 조카딸이고, 최양업 신부가 이존창의 생질의 손자가 된다는 점에서 이존창이 살던 여사울은 분명 재평가되어야 할 것이다.

나는 이 글을 쓰기 전에 한국 천주교의 맥을 보다 정확하게 짚기 위해 봄에 1박2일 코스로 여사울 - 솔뫼를 다시 한번 답사하고 돌아왔다. 솔뫼를 함께 다녀온 것은 1996년이 김대건 순교 1백50주년이기 때문만은 아니다. 여사울과 솔뫼의 역사적 계보를 다시 한번 확인하고 싶어서였다. 그곳에서 오늘날 우리들이 잃어버리고 있는 역사와 신앙을 되살려, 산업화 사회가 진행될수록 더욱 소중하게 다가오는 2백여 년 전의 기억들을 다시금 되새겨 보고 싶었다.

문화유산 답사도 겸하면서

서울에서 출발한 나는 경부 고속도로를 타고 천안 인터체인지로
빠져 나와 21번 국도를 타고 온양, 도고온천을 거쳐 예산을 향해 달
리다가 신례원에서 잠시 멈추었다. 주말 관광 인파가 몰리는 토요일
인데도 차가 붐비지 않아 2시간 남짓밖에 걸리지 않았다.

신례원에 들어서자 길이 갈라졌다. 왼쪽 길은 신례원 읍내로 들어
가는 길이고, 오른쪽 길은 신례원 우회 도로이다. 나는 오른쪽 길을
택했다. 여사울을 갈 때마다 늘 들르는 추사 김정희의 고택을 찾아가
기 위해서이다.

천주교 사적지를 답사하는 사람이 웬 추사고택이냐고 반문할지 모
르겠으나 이곳을 찾는 모든 사람들에게 한 번은 찾아가 볼 것을 권
하고 싶은 코스이다. 사실 이 책에서 나는 천주교 사적지를 찾아가는
길목에 위치하고 있는 우리 나라 문화유산을 함께 답사하고 있다. 그
것은 우리 선조들이 이 땅에서 오랜 세월을 두고 가꾸며 다져 온 한
국인의 내면을 흐르는 정신이나 행동을 외면하고서 순교자들의 참된
신앙적 풍모를 섭렵하기 어렵다고 보기 때문이다.

생각해 보자. 그들은 유태인도 아니요, 유럽인도 아니며, 중국인도
아닌 바로 한국인이다. 한국인은 좁은 이 땅에서 같은 핏줄, 같은 언
어, 같은 제도와 풍습을 지니면서 5천 년 가까이 하나의 운명공동체
로서 살아 왔다. 그러기에 천주교가 서구에서 들어온 외래 종교이기
는 하지만 그것을 믿는 우리 신앙선조들의 심성과 정서는 이 땅에
뿌리를 박고 있음을 우리는 눈여겨봐야 한다.

나는 우리 신앙선조들의 삶과 정서를 엮어 낸 문화적 토양을 제대
로 파악하지 않고 참된 신앙의 토착화를 이야기한다는 것은 편협된
사고라고 생각한다.

추사고택 앞에는 당대의 명필이던 추사체와 세한도가 새겨진 비석이 있다

   이야기가 나온 마당에 한 마디를 더 한다면, 요즘 우리 가톨릭 신자들 사이에서 유행처럼 번지고 있는 해외 성지순례에 대해서도 심사숙고해야 할 필요가 있다고 생각한다. 예루살렘이나 로마 교황청, 파티마, 루르드 등을 순례하는 것 자체를 나쁘다고 보는 것은 결코 아니다. 해외 성지순례 못지 않게 우리 나라의 천주교 사적지 답사가 활성화되어 있지 못하기에 안타까운 마음에서 하는 말이다.

   여기서 활성화되어 있지 못하다는 이야기는 교우들의 이른바 성지순례가 솔뫼, 미리내, 배론, 배티 등 널리 알려진 몇몇 군데에 치우쳐 있음을 가리키는 말이기도 하다.

   생각해 보면, 우리 나라의 천주교회는 외국 선교사의 도움 없이 창설되었다. 김대건 신부가 사제 서품을 받기 전까지 거의 목자 없이 평신도의 손으로 성장해 왔고, 수많은 순교자들이 흘린 피를 거름 삼아 오늘의 위상으로 자리매김할 수 있었다. 바로 이같은 교회사를 감

안한다면 응당 우리들이 살고 있는 이 땅에 서려 있는 역사의 발자
취부터 찾아가는 것이 순서가 아닐까 싶다.

운치있는 추사고택

다시 답사 이야기를 계속해 보자. 신례원에서 오른쪽으로 코스를
잡아 잠시 달리다 보면 사거리가 나타난다. 여기서 우회전하면 대전,
공주, 예산, 당진, 만리포로 이어지는 32번 국도를 타게 되는데, 2킬
로미터 정도 가다 보면 왼편으로 고택 주유소와 신암 지서 사이에 2
차선 도로가 뚫려져 있다. 이 길을 따라 1.5킬로미터 남짓 가면 예산
군 신암면 용궁리 마을의 새마을회관이 있고, 거기서 멀지 않은 곳에
추사 김정희의 고택임을 알리는 관광안내소가 눈에 띤다.

추사고택까지 가는 길은 도로 폭이 좁아 운전에 주의를 해야 한다.
하지만 주위를 둘러싸고 있는 나지막한 언덕들이 답사자의 마음을
아늑하고 편안하게 해주어 드라이브 코스로도 제격이다.

널찍한 주차장에 차를 주차시키고 난 뒤, 주위를 둘러보면 "역시
명당이구나!" 하는 탄성이 절로 나오게 마련이다. 햇빛을 듬뿍 받는
양지 바른 곳에 자리잡고 있는 데다가, 풍수에 문외한인 내가 보기에
도 주위의 형세가 예사롭지 않다. 그런 탓일까, 추사 김정희가 태어
나기 직전까지 집 뒤뜰의 우물이 말라 버리고 뒷산인 팔봉산의 풀과
나무들이 모두 시들었는데, 추사가 태어나자마자 우물에 물이 가득
차고 나무와 풀들이 생기를 되찾았다는 전설 같은 이야기가 전해지
고 있다.

추사고택은 별로 화려하지 않는 전형적인 반가 주택의 모습을 보
여준다. 대문채와 사랑채, 안채, 사당채가 있는데 그 동안 추사의 직
계손이 끊겨 관리가 소홀하다가 1977년 말끔하게 복원하고 충청남도
유형문화재 제43호로 지정하여 도에서 관리하고 있다.

대문채에 들어서 사랑채 화단에 다가가면 '石年'이란 글씨를 새긴

26

추사고택은 18세기 중엽의 전형적인 상류가정 주택 형태를 온전히 보여준다

겨울에 더 푸른 소나무처럼 살고자 한 추사의 묘소엔 유난히 소나무가 많다

빗돌이 눈길을 끈다. 추사가 직접 글씨를 쓴 이 빗돌은 그림자 길이로 시간을 알 수 있게 한 일종의 해시계이다.

사랑채 큰방에는 추사가 그린 그림 복제본들을 액자에 넣어 전시하고 있는데, 그 중에서도 국보 제180호로 지정된 세한도(歲寒圖)가 사람들의 발길을 멈추게 한다. '날이 차가워진 다음에야 소나무 잣나무의 푸름을 안다'는 이 그림은 추사가 제주도에서 8년간 유배 생활을 할 때 그린 것으로, 겨울의 텅빈 공간 안에 서 있는 노송 몇 그루는 추사 자신을 비유한 것이라고 한다.

추사고택은 전형적인 옛 선비의 풍모를 깔끔하게 보여주고 있다. 그러나 고택을 찾는 즐거움은 고택 자체보다 그 주변을 둘러보면서 더욱 맛깔스럽게 다가온다.

고택을 바라보아 왼쪽으로 계곡 하나를 지난 자리에 있는 추사의 무덤에는 가지를 드리운 반송의 운치가 그윽하고, 오른쪽으로 둔덕 하나를 넘어 있는 추사의 증조할머니 화순옹주의 묘에 다다르면 정려문(旌閭門)이 눈길을 끈다.

화순옹주는 영조의 둘째딸로서, 남편이 38세의 젊은 나이에 죽자 식음을 전폐하여 따라 죽었다고 하는데, 이 소식을 전해들은 영조는 딸의 정절을 기리면서도 자신의 뜻을 따르지 않은 것을 괘씸하게 여겨 '열녀문'을 내리지 않았다고 한다. 하기야 옹주는 식음을 전폐할 때 친정 아버지인 영조의 만류에도 불구하고 입안에 남아 있는 침을 삼베로 닦아 냈다고 하니 그녀의 죽음은 운명적이라고밖에 달리 해석할 길이 없을 것 같다.

정려문은 뒤에 정조가 내린 것으로 조선조 5백 년 역사에서 왕실 사람에게 '정려문'을 내린 것은 화순옹주가 처음이자 마지막이기도 하다. 정려문이라고 하면 충신, 효자, 열녀 등이 났을 때 나라에서 내리는 문인데, 임금의 딸로 누구나 꿈꾸는 부귀영화가 보장된 자리에서 부귀영화를 초개와 같이 버리고 남편을 따라 죽음의 길을 택한 그 마음이야말로 훗날 추사의 학문과 예술이 특출했던 그 기개의 뿌리가 아닐까 싶다.

화순옹주묘에서 길을 따라 조금 걸어가면 추사 집안의 선영 앞에 홀쭉한 백송이 한 그루 서 있다. 김정희가 스물다섯 살 때인 1809년에 아버지를 따라 청나라에 갔다가 종자를 얻어 와 심은 것이다. 수명이 2백 년을 헤아리건만 기후와 풍토가 맞지 않은 탓인지 가지가 무성하지 못하다. 천연기념물 제106호로 지정되어 있다.

추사와 천주교와의 관계

추사라고 하면 누구나 알 듯이 '추사체'로 상징되는 글씨의 명인이다. 그는 또 청나라의 고증학을 기반으로 한 금석학자이며 실사구시(實事求是)를 제창한 경학자로도 널리 알려져 있다.

그러나 내가 추사에 관심을 갖는 까닭은 1990년에 발간된 『구합덕 본당 100년사 자료집』에서 오기선 신부가 쓴 글 때문이다. '한국 가톨릭사의 요람을 간다'는 제목의 글에서 오 신부는 "이웃 마을에 사는 글 잘 짓고 학문 잘하고 그림 남 못지 않게 그리는 실학파 김정희를 입교시킨 것도 이존창의 공덕이다. 추사는 천주교에 관여하여 제주도로 유배까지 갔다"라고 썼던 것이다.

이 글을 읽고 나서, 나는 추사가 천주교와 어떤 연관을 갖고 있는가에 관심이 쏠렸다. 그리고 자료를 뒤적였다.

우선 이존창이 추사를 입교시켰다는 대목인데, 이존창은 1752년생, 추사는 1786년 생이므로 추사가 태어날 때 이존창의 나이 서른네 살이었다. 그리고 이존창은 1791년 신해박해 때 잡혀 심한 고문과 꾀임에 빠져 한때 배교했다가 양심의 가책을 느껴 고향을 떠나 홍산으로 이사를 가서는 더욱 열심히 전교 활동에 매달리다가 1795년 체포되어 6년 뒤 공주에서 순교 당했다. 말하자면 이존창이 순교 당했을 때, 추사의 나이는 열 살이 채 안되는 소년이었던 것이다.

따라서 이존창이 직접 추사를 입교시켰다고 보기란 어렵고, 다만 여사울 마을의 천주교 교세가 추사에게 간접적으로 영향을 미쳤을 것으로는 보여지기도 한다.

추사가 천주교와 관련되어 제주도로 유배를 갔다는 근거 역시 직접적인 문헌을 찾아낼 수가 없었다. 추사가 제주도로 귀양을 간 것은 그의 아버지가 윤상도의 옥사에 배후조종 혐의로 연루된 것이 빌미였다는 게 역사적 기록이기 때문이다.

그렇다면, 오기선 신부는 무엇 때문에 그같은 단정적인 주장을 폈을까. 오기선 신부가 고인이 된 지금, 그것을 확인하기란 불가능하다. 나는 할 수 없이 한국교회사연구소 차기진 연구실장에게 도움을 청했다. 차 실장의 견해로는, 추사가 세례를 받았다는 기록은 찾지 못했지만 천주교와 연관이 있었던 것만은 분명하다는 답변이다. 당시 천주교를 수용한 학자들의 대부분이 실학자들이고 추사 역시 낡은 문화체제를 탈피하여 새로운 학문과 사상을 받아들인 실학자였다는 공통점을 갖고 있다는 논거이다.

지리적으로 따진다면, 추사가 고향 땅에서 한양으로 올라가려면 여사울을 거치게 마련이다. 지금은 삽교천 제방이 생겨 바다가 저만치 밀려나 있지만 조선조 시대의 여사울에서는 뱃길이 닿는 포구가 매우 가까이 있었다. 때문에 청양, 홍성, 보령에 사는 사람들이 그 시절 한양에 가려면 여사울에서 배를 타고 아산만을 건넜다.

이렇게 보면, 이존창의 열심한 전교 활동으로 천주교세가 강했던 여사울의 종교적 정서가 십리 남짓 떨어진 용궁리 마을의 추사 김정희에게 심정적으로 영향을 끼쳤으리라는 해석도 가능하다. 또 아버지를 따라 청나라에 다녀왔다는 점에서, 그가 당시 중국에 진출해 있던 예수회 선교사들이 지은 2백여 종의 천주교 교리서를 접했다고 보는 것은 지극히 자연스런 추정이 아닐까 싶다.

실제로 추사의 글 가운데 실사구시를 주장하는 문장이 많고, 북학

(北學) 계열의 학풍에 쏠려 있다는 점에서 그가 천주교리와 일맥상통하는 경향으로 학문을 섭렵했을 가능성은 많다.

추사가 이 땅에 처음으로 금석학의 터전을 열었다는 것이 바로 그것을 확인해 준다. 낡은 비석의 글자를 더듬어 옛날에 있었던 사실들을 바르게 밝혀 내는 금석학이야말로 추사가 추구하는 실사구시 학문의 진면목이고, 실학 사상이 성행했던 그 시기에 천주교회가 이 땅에 터를 잡았다는 것과 맥을 같이 하는 것이다.

여사울의 이존창 생가터

추사고택을 둘러보는 시간은 오래 걸리지 않는다. 볼거리보다는 그 정경의 운치를 음미하는 맛이 더 즐거운 답사 코스이기 때문이다. 추사가 생전에 지니고 있던 인장과 벼루, 편지와 서첩, 추사 영정 등은 보물 제547호로 일괄 지정되어 국립중앙박물관에 보관되어 있고, 현장에는 대부분 그 복제본이 전시되어 있다.

이제 왔던 길을 되돌아 나와 여사울을 향하기로 하자.

다시 32번 국도로 들어서서 4킬로미터쯤 가면 길 왼쪽에 '이존창 생가터'라는 안내 푯말을 볼 수 있다. 별로 크지 않은 푯말이어서 눈여겨보지 않으면 지나치기 쉽다. 행정구역상으로는 예산군 신암면 신종리, 세대수가 30여 호 남짓 되는 작은 마을의 입구에 위치하고 있다.

마을은 겉보기로는 여느 농촌과 다를 바 없다. 비닐이 덮인 밭고랑마다 풋풋한 채소가 풍성하고 새마을 도로 시멘트길 가장 자리에 소똥 썩은 거름을 한 무더기 쌓아 놓은 것도 흔한 시골 농촌의 정경이다. 기와집이 즐비하고 화려했던 그 옛날의 모습을 찾아보기 어려워 세월의 무상함을 다시금 곱씹게 된다.

본디 이곳 예산 땅은 '내포땅'이라고 하여 한양의 권문 세도가들이 농토와 집을 두어 재력의 근거지로 삼았던 고장이다. 추사 김정희의

이존창 생가터가 있는 여사울에는 그의 송덕비와 십자가가 서 있다

집안인 경주김씨 일문이 이곳에 자리잡고 있다는 사실은 그것을 단적으로 말해 준다.

이중환이 지은 『택리지(擇里志)』를 보자.

"산천은 평평하고 아름답고 한양의 남쪽에 위치하여 한양의 세력 있는 집안 치고 여기에 농토와 집을 두고 거처로 삼지 않는 사람이 없다. … 충청도는 내포를 제일 좋은 곳으로 친다. 가야산을 중심으로 하여 서쪽은 큰 바다요, 북쪽은 큰 만(灣)이고, 동쪽은 큰 평야, 남쪽은 그 지맥이 이어지는 바, 가야산 둘레 열 개 고을을 총칭하여

이존창 생가터에서 발굴한 십자고상과 성해통   여사울의 이웃 마을인 계촌리에서도 성물
43점이 발굴되었다

내포라 한다. 내포는 지세가 한쪽으로 막히어 끊기었고 큰 길목에 해
당하지 않으므로 임진, 병자 두 난리의 피해도 이곳에는 미치지 않았
다. 토지는 비옥하고 평평하고 넓다. 물고기, 소금이 넉넉하여 부자
가 많고 또 대를 이어 사는 사대부도 많다."

그래서일까, 예산군 고덕면 구만포라는 지명은 뱃길로 벼 9만 섬
을 실어 날랐다고 해서 붙여진 이름이라고 한다. 또 "예산 가서 옷을
잘 입은 체하지 말고 홍성 가서 말 잘하는 체하지 말라"라는 말이 있
을 만큼 이곳 내포 땅은 충청도의 경제적 중심지이기도 했다.

아무튼 오늘의 여사울 마을에서는 화려했던 그 옛날의 모습을 찾
아 볼 수 없다. 다만 주민의 80퍼센트가 가톨릭 신자이고 신례원성당
의 여사울공소가 우리 나라의 그 어느 공소보다 활발하게 활동을 하
고 있다는 점에 여느 마을과 다르게 다가온다.

길가에서 1백 미터 남짓 들어가 자리잡고 있는 이존창의 생가터는
비교적 잘 가꾸어져 있다. 협소하지만 아늑하다는 느낌을 준다. 욕심
같아서는 주변을 좀더 넓혀 널찍한 공간이 마련되었으면 하는 아쉬
움이 남기도 한다. 이웃집들과 다닥다닥 붙어 있어 초라한 인상마저

준다.

이곳 이존창의 생가터는 그 동안 방치되어 왔다가 1983년 대전교
구가 뒤늦게 땅을 매입하고 십자가와 '선각자 이존창 송덕비'라는 빗
돌을 세움으로써 비로소 사적지다운 모습을 갖추게 되었다.

이에 앞서 1969년에 집터를 정리하다가 십자고상, 묵주패, 성해통
등 다섯 점을 발굴했는데, 현재 서울 절두산 순교자기념관에 보관되
어 있다. 이들 유물들은 중국에서 제작된 것으로 짐작되는데, 이존창
이 참수되고 가산이 몰수될 때 가족들이 땅속에 파묻었던 것으로 보
여진다.

그런가 하면 1972년 이웃 마을인 계촌리에서 새마을 도로를 내다
가 성물 43점을 무더기로 발굴하기도 했다. 내포 일대가 천주교 신앙
의 못자리라는 말을 실감케 해주는 증거가 아닐 수 없다. 이들 유물
역시 현재 절두산 순교자기념관에 보관되어 있다.

이렇게 보면, 장소가 아무리 협소하고 초라한 모습일지언정 죽음
으로 신앙을 증거한 한 신앙인의 숭고한 얼과 뜻은 결코 과소평가할
대목이 아니라는 생각이 더욱 솟구친다.

이존창이 '내포의 사도' 된 사연

여기서 잠시 이존창이란 인물에 대해 살펴보기로 하자. 이존창이
란 이름은 웬만한 역사책에 나와 있지 않은 인물이다. 때문에 한국
천주교회사를 모르는 일반인에게는 상당히 생소한 이름일 수밖에 없
다. 그러나 교회사에서의 이존창의 위상은 남다르다.

그는 우선 한국 천주교회가 초기에 시행했던 '가성직단(假聖職團)'
10여 명 중의 한 사람이었다. 가성직단이란 일반 평신도가 성직자의
고유한 성무, 즉 미사를 드리거나 성세성사, 고해성사 등 각종 성사
를 집전했던 제도를 가리킨다.

이 제도는 한국 교회가 창설된 1784년으로부터 2년이 지난 1786년

부터 일 년 남짓 시행되었는데, 천주교 교리를 잘 몰랐고 신부가 없었기에 생긴 오류였다. 당시 진사시에 합격했으나 벼슬길을 단념하고 학문에 전념하고 있던 이승훈은 동지사(冬至使) 서장관으로 임명된 아버지를 따라 북경에 가서 예수회 선교사들에게서 교리를 배운 후 '베드로'라는 본명으로 세례를 받고 돌아왔다.

이승훈은 이어 남인 학자 이벽을 비롯하여 정약전, 정약종, 정약용 삼형제, 그리고 권일신, 이존창, 홍낙민, 유항검, 김범우 등 당시 양반 및 중인 신분의 10여 명에게 차례로 세례를 주었다. 이로써 창설된 한국 교회는 그 이듬해 지금의 명동 근처인 명례방이 있던 김범우의 집을 집회 장소로 삼아 주일미사를 드리기 시작했다.

그러던 어느 날, 이승훈이 교리에 관해 강론하고 있을 때 우연히 근처를 지나던 형조 관리들에게 적발되어 모두 체포되고 말았다. 그러나 형조에서는 체포된 사람들이 대부분 사대부의 집안이므로 중인 계급인 역관 김범우만을 가두고 나머지 사람들은 모두 훈방조치했다. 김범우만 모진 매를 맞고 경상도 밀양 땅으로 유배되었고, 이듬해 형벌과 고문의 여독으로 사망함으로써 이 땅의 최초 순교자가 되었다. 이 사건을 교회사는 '을사 추조적발사건'으로 기록하고 있다.

이 사건이 있은 직후, 이승훈은 북경에 갔을 때 성직자들의 성사집행 광경을 직접 목격한 대로 우리 교회에서도 실행할 것을 제의했다. 신부가 없으니 지도자급 평신도가 신부의 역할을 대신 행하여도 무방하다고 여긴 탓이다.

그러나 이 제도는 교리서를 자세히 연구한 유항검이 신부의 자격과 신부를 임명한 것이 효력이 있느냐 없느냐에 대해 의문을 제기하고, 이를 북경의 선교사들에게 문의함으로써 무지의 소치임이 드러나 중단되었다.

아무튼 이존창은 가성직단의 일원으로 초기 교회를 이끌어 온 지도자였다. 특히 그는 권일신이 가장 아끼던 제자였기에 누구보다 먼저 교리를 배워 입교한 직후 고향인 내포 지방에 내려와 복음 전파에 열중하였다. 그의 전교 활동이 얼마나 눈부셨던가는 김대건, 최양업 두 신부의 집안이 그의 전교로 입교한 사실로도 쉽게 짐작할 수 있는 일이다.

1백3명의 한국 순교성인을 출신 지역별로 볼 때, 서울 출신(27명)을 제외하고 가장 많은 숫자(15명)가 충청도 출신이라는 점에서도 재확인된다. 그러고 보면, 해미읍성과 홍주의 감영, 공주 황새바위 등지에서 순교한 대부분의 사람들은 훗날 '내포의 사도'로 불리게 된 이존창의 복음선교 활동에 힘입은 바 크다고 하겠다.

이존창의 활동은 오래 갈 수가 없었다. 1791년 모친상을 당한 전라도 진산의 윤지충이 북경 선교사의 제사 금지령에 따라 제사를 폐하고 신주를 불태워 땅에 묻은 사건이 빌미가 되어 불어닥친 신해박해가 그 계기였다.

이 사건으로 당시 한양에서는 이승훈, 권일신을 비롯한 13명이, 충청도에서는 이존창, 최창주 등을 비롯한 수많은 사람들이 체포되었는데, 조정에서는 천주교 서적을 없애고 자수한 천주교인에게는 죄를 묻지 않는다는 내용의 포고문을 붙이는 등 회유책을 강구하기도 했다.

공주감영으로 잡혀간 이존창은 심한 문초를 견디지 못하고 마음이 약해져 천주교를 멀리 하겠다는 약속을 하고 말았다. 말하자면, 배교를 한 것이다.

오늘날 '내포의 사도'로 우리 교회가 숭앙하는 인물이 배교를 했다는 사실에 대해 많은 독자들은 의아해 할 것이다. 어쩌면 배교를 한 인물의 생가터를 첫 번째 답사지로 선정한 필자에 대해서조차 섭섭한 마음을 가질 수도 있을 것이다.

사실 우리는 순교자라고 하면 누구나 그리스도의 용맹한 십자군으로서 신앙을 증거하는 데 한치의 오차도 없이 꿋꿋하게 신앙활동을 했던 사람을 연상하게 된다. 실제로 혹독한 고문과 가혹한 매질 끝에 죽음을 맞으면서도 배교를 거부한 순교자들이 이 땅에는 무려 1만여 명에 달한다. 때문에 이존창이 처음으로 체포되었을 때 깨끗하게 순교하지 못한 것을 아쉬워하는 사람도 있을 수 있다.

그러나 나는 그의 배교를 연약한 인간이기에 겪을 수 있는 하나의 과정으로 이해하고 싶다. 누구나 생명의 위험을 느낄 때, 그 위기의 순간을 모면하고 싶은 마음이 들지 않을까. 인간이 얼마나 나약한 존재인가를 생각해 보면 이존창을 이해할 수 있다고 본다.

굳이 예수 그리스도를 세 번 모른다고 외면한 베드로 사도를 예로 들지 않더라도 인간은 잘못을 범해야만 인간적이다. 만일 인간이 참회하거나 회개할 만한 일을 저지르지 않는다면 그는 분명 인간이 아닌 신일 것이다.

나는 오히려 그가 풀려난 뒤 겪었을 갈등과 고뇌를 애련의 정으로 받아들이는데 무게를 두어야 한다고 생각한다. 어쩌면 배교를 한 양심의 가책으로 다시는 고향 땅에 발을 디디지 못하고 타향에서 참회와 고통의 나날을 보내며 더 굳센 표양을 보인 이존창이 겪은 고뇌의 무게를 평가할 만큼 나의 신앙은 깊지 않기에 늘어놓는 넋두리일지도 모르지만.

아무튼 감옥에서 풀려난 이존창의 마음은 편치 않았다. 순간의 고통을 참지 못한 자신의 나약함을 탓해서일까, 그는 풀려난 즉시 가족들을 데리고 고향을 떠나 홍산으로 이사했다. 그리고는 마치 배교했던 죄과를 보상받으려는 듯 하루하루 기도로서 전날의 잘못을 뉘우치고 예전보다 더욱 열심히 신앙을 지키며 전교에 힘썼다. 그 결과, 그는 한때 배교한 인물임에도 불구하고 '내포 지방의 사도'로 교회사는 뚜렷하게 기록하고 있다.

이존창이 두 번째로 체포된 것은 우리 나라에 들어온 최초의 외국인 신부(주문모)가 발각된 직후였다. 1795년 말 체포된 이존창은 천안에서 6년간 있었는데, 혹독한 고문은 당하지 않았지만 연금되어 창살 없는 감옥 생활을 해야만 했다. 그러다가 천주교에 비교적 온화한 정책을 썼던 정조가 승하한 직후 시작된 신유박해(1801년) 때 다시 체포되어 한양으로 압송, 정약종, 이승훈과 함께 사형선고를 받고는 공주로 이송되어 황새바위에서 참수되었다. 그의 나이 50세였다. 조정에서 이존창을 공주로 보내 처형한 것은 그로부터 천주교를 전해 받은 사람들에게 경각심을 주기 위한 조처였다.

여사울이 낳은 수덕자 홍유한

순교자 이존창 외에, 여사울에서 우리가 기억해야 할 인물이 또 한 사람이 있다. 순교자는 아니지만 수덕자로서 한국 교회사에 뚜렷한 자취를 남긴 홍유한이다.

홍유한 역시 이존창과 마찬가지로 일반인에게 잘 알려져 있지 않은 인물이다. 8~9세에 이미 사서삼경과 백가제서(百家諸書)에 통달하여 '신동'이란 말을 들었고, 이미 열여섯 살 때 당대의 석학 이익 선생의 문하생이 되었다는 정도만 알려져 있을 뿐이다.

그러나 그는 이 땅에 교회가 세워지기 9년 전에 이미 7일마다 하루를 주일로 정하여 일상적인 일을 전폐하고 기도와 묵상으로 하루를 온전히 보내는가 하면, 고행과 철식, 육욕을 금하는 수덕 생활을 몸소 실천한 '익명의 그리스도인'이었다. 정식으로 세례를 받아 입교하지는 않았지만 천주의 존재를 굳게 믿고 계명을 지키며 덕행을 닦다가 일생을 마친 경건한 인물이었다.

현재 여사울에는 그가 살았던 흔적이 하나도 남아 있지 않다. 홍유한이 18년 동안 살던 곳이었는데 흔적이 전혀 없는 것은 한 마을에 살던 그의 재당질인 홍낙민, 그리고 홍낙민의 아들인 홍재영, 손자인 봉주, 병주, 영주 등 다섯 명이 모두 순교함으로써 홍씨 집안 일가가 풍비박산 났기 때문이다.

여기서 홍유한의 고향을 여사울이라고 단정하는 이유를 설명할 필요가 있을 것 같다. 왜냐 하면 대부분의 책들은 홍유한의 고향을 충남 예산이라고만 기록하고 있기 때문이다.

기록을 보면 그가 낙향한 곳이 '여촌(餘村)'이라고 되어 있다. 그러나 그의 재당질인 홍낙민의 편지에 홍유한과 한 마을에 살면서 가르침을 받았다는 구절이 있는 것으로 미루어 여사울을 한자로 '여촌'이라고 썼을 가능성이 높다고 본다. 이곳 마을 사람들 역시 여사울이라는 지명은 서울과 같다는 뜻으로 '같을 여(如)'자를 쓴 '여서울'이 '여사울'로 바뀌어 발음된 것이라고 증언하고 있어 이같은 필자의 견해를 뒷받침해 주고 있다.

홍유한이 천주학의 오묘한 진리를 터득하게 된 계기는 이익 선생의 문하에서 공부할 때였다. 고향을 떠나 지금의 서울 아현동에 살던 그는 부친의 권유를 받아 이익의 문하생이 되었고, 그곳에서 『천주실의』『칠극』『직방외기』등 서학 관련 한학서를 대하게 되었다. 주지하다시피 이익은 관직에 뜻을 두지 않고 일생을 학문에 전념한 조선 중엽의 실학자이다. 스물네 살 때 과거를 보았으나 낙방했고, 그 이듬해 형이 장희빈을 두둔하다가 당쟁의 제물로 죽자 벼슬을 단념하고 학문에 파묻혀 마침내 천문학, 지리학에서부터 율산(律算), 의학에 이르기까지 두루 능통했고 서학에도 상당한 관심을 가졌던 학자이다.

특히 그는 순수한 유학자의 입장에서 비교적 편견 없이 서학을 소개하기도 했는데, 저서 『성호사설(星湖僿說)』에서 『칠극』에 대해 비판하면서도 『칠극』의 '七'자는 유학의 극기복례(克己復禮)의 '己'자를 풀이한 각주인 것이라고 하여 유교의 윤리와 천주교의 교리가 비슷하다고 했다. 즉, 그는 죄악의 뿌리가 되는 탐욕, 오만, 음탕, 나태, 질투, 분노, 인색을 극복할 수 있는 덕행으로 은혜, 겸손, 절제, 정절, 근면, 관용, 인내 등 일곱 가지를 소개하고 있다.

홍유한은 스승인 이익이 『천주실의』와 『칠극』을 연구할 때, 다른 어느 제자보다도 깊은 관심을 나타냈다. 그는 예리한 관찰력으로 이들 서학 소개서에 유학이나 불경에서 찾아볼 수 없었던 진리가 담겨 있음을 깨닫는데 그치지 않고 그 가르침을 직접 온몸으로 실천하기를 원했다. 그리하여 서른한 살 때 고향으로 돌아와 18년 동안 살다가 고향마저 번거롭다고 여겨 홀연 소백산 기슭으로 집을 옮겼다.

그가 60세로 세상을 떠날 때까지 10년간 살았던 소백산 기슭의 경북 영주시 단산면 구구리의 집은 이 책의 마지막 부분에서 다루고 있기에 여기서는 생략하기로 한다.

어쨌든 홍유한은 책에서 배운 바를 먼저 일상생활에 옮기는 실천가였다는 점에서 오늘의 시대를 살아가는 우리들에게 실천신앙의 중요성을 일깨우는데 시사하는 바가 적지 않다고 하겠다.

특히 그가 소백산 기슭으로 떠난 때가 1775년이었는데, 그로부터 4년이 지나서 비로소 우리 나라 천주교 신앙을 싹트게 한 천진암과 주어사 강학회가 있었다는 점을 상기한다면, 홍유한의 선구자적 풍모, 실천신앙의 의지가 얼마나 깊었는가를 높이 평가할 대목이 아닐 수 없다. 그러기에 홍유한의 삶의 흔적이 여사울에 하나도 남아 있지 않다는 게 더욱 아쉽게 느껴진다.

내포의 산증인 합덕성당

여사울을 지나오던 길을 계속 달리면 곧장 합덕읍에 들어서게 되고 얼마 가지 않아 솔뫼에 당도한다. 하지만 합덕읍에 다다르기 전에 반드시 들러 봐야 할 곳이 있다. 충청도에서 처음으로 세워진 합덕성당, 그리고 조선교구 5대 교구장인 다블뤼 주교가 머물렀던 거처였고 병인박해 때 체포되었던 신리공소이다. 답사 코스로 보면 합덕성당이 먼저 눈에 띈다.

여사울에서 32번 국도를 따라 6킬로미터 더 가면 왼편으로 서야

합덕성당은 1백 년간 수많은 성직자와 수도자를 배출한
유서 깊은 복음 전파의 요람이다

고등학교가 있다. 학교에 닿기 전에 자그마한 네거리가 나오는데, 그
냥 직진한다. 합덕성당은 바로 그 학교 옆의 언덕 위에 자리잡고 있
는데, 좌우로 나무가 우거져 있는 도톰한 언덕배기이다. 언덕 가운데
에 계단을 만들고 계단 좌우로 차가 올라갈 수 있게 만들어져 있어
차를 타고 성당 마당에 들어설 수 있다.

성당은 첫 인상부터 답사자에게 무척 고풍스럽게 다가온다. 빨간 벽돌과 두개의 첨탑, 다소 퇴색한 스테인드 글래스의 창문들이 1백 년을 넘긴 신앙의 경륜을 한눈에 드러내 준다. 널찍한 마당에 심겨진 잔디 위에 털썩 주저앉으니 시멘트 건물 속에 비좁게 자리잡은 서울 의 성당들이 안쓰럽게 느껴진다. 마치 공원에 소풍 나온 기분마저 들 기에 좀처럼 자리에서 일어나고 싶지 않다.

성당 뒤쪽으로 가면 순교성인은 아니지만 오늘의 이 성당이 있기 까지 온갖 고초를 감내한 네 분의 신부 묘소가 있다. 그 중 한 사람 인 페랭 신부는 6·25때 납치 당하여 유해 없이 유물만 묻혀 있어, 우 리 교회의 수난이 비단 조선조 시대만의 일이 아님을 새삼 되새기게 한다. 이곳에는 또 김대건 신부의 스승이었던 매스트르 신부도 잠들 어 있다.

이 성당이 세워진 것은 지금으로부터 67년 전인 1929년이었다. 본 래 신리공소가 있던 상궁리 마을에서 1890년 양촌성당으로 출발했다 가 9년 뒤 현재의 위치로 옮기면서 합덕성당으로 명칭을 바꾸었다. 그 동안 예산, 서산, 당진 본당을 신설하여 분가하다가 합덕 읍내에 신합덕성당이 세워짐에 따라 구합덕성당이 되었다가 지금은 본래 이 름을 찾게 되었다. 따라서 교세는 예전 같지 않지만 내포 평야에 복 음을 밝힌 산 증인이라는 자부심만은 조금도 퇴색하지 않아, 솔뫼 성 지를 가는 길에 한 번쯤 들러 묵상에 잠길 것을 권하고 싶다.

초라한 신리공소

신리공소는 합덕성당에서 승용차로 20분 남짓 걸리는 거리에 있는 데 찾기가 쉽지 않은 게 흠이다.

우선 구합덕성당을 지나면 다리(합덕교)가 나오는데, 이 다리를 건 너자마자 좌회전해야 한다. 좁고 구불구불한 2차선 도로를 따라 4~5 킬로미터쯤 가면 왼쪽으로 신촌 초등학교와 합덕신리 통합정미소가 보이고, 좀더 가면 작은 부락이 나온다. 이 부락의 중간쯤에서 다시 좌측으로 방향을 틀어야 하는데, 특별한 안내판이 없으므로 마을 사람들에게 물어 봐야만 찾을 수 있다.

신리공소가 있는 신리 마을은 그 길을 따라 1킬로미터쯤 더 가야 하는데, 들판의 한 복판에 외딴 섬처럼 자리잡은 마을이어서 손쉽게 알아볼 수 있다. 다만 마을에 들어서서 신리공소가 어디에 위치하고 있는지는 다시 사람들에게 물어야만 한다.

나 역시 신리공소를 찾으면서 마을 주민에게 물어 봤는데, 빨간색 지붕의 집이라는 답변만을 믿고 이곳 저곳을 기웃거렸지만 40여 가구가 살고 있는 이 마을에 빨간색 지붕의 집은 한두 채가 아니었다. 순교복자기념비에 성인 품에 오른 사실을 덧새긴 빗돌을 발견하지 못했다면 한참이나 헤맸을 것이다. 공소로 지었기 때문에 다른 집보다 조금은 크리라고 여겨 큰집만을 눈여겨본 게 잘못이었던 것이다.

신리공소의 첫 인상은 한마디로 초라해 보였다.

30여 평 정도 됨직한 좁은 공간에 들어서 있는 '一'자형 건물의 지붕이 양철인 데다가 철조망으로 둘러싸여 있어 한결 초라한 느낌을 준다. 건물 처마 한쪽에는 쇠종이 매달려 있는데, 길쭉한 쇠통을 엎어서 매달아 놓은 모양새이다. 녹이 많이 슬어 있었지만 일행 중 한 사람이 돌멩이를 집어 한 번 쳐 댔더니 소리는 청아하다. 지나가던 마을 부인네가 힐끗 쳐다보면서 "종은 왜 친대유?" 하고 부질없다는 기색을 짓는다.

마당으로 들어서자, 순교기념비와 성모상이 서 있다. 건물만큼 낡아 보여 안쓰럽다. 건물 출입구는 자물쇠가 채워져 있어 창문으로 안을 들여다보니 강당과 같았다. 듣기로는 지하가 있다고 하는데 발굴을 하고 싶어도 건물이 허물어질까 봐 손을 못 댄다고 한다. 주위의 땅을 사서 건물을 보수하고 싶어도 이웃집에 살고 있는 사람들이 턱없이 비싸게 불러 방치 아닌 방치를 하고 있다고 한다.

신리공소/다블뤼 주교가 머물렀던 곳, 성모상이 없다면 다른 촌가와 구별되지 않을 정도이다

나는 신리공소 안마당에 서성이면서 포졸들이 이곳에 거처하고 있던 다블뤼 주교를 잡으러 오던 길을 유심히 살펴봤다. 공소는 포졸들이 걸어오는 것이 빤히 내다보일 정도로 마을 들판 한 가운데에 있다. 따라서 두 번째 답사 코스인 보령 갈매못에서 이야기하겠지만, 다블뤼 주교는 포졸들을 피하기는커녕 오히려 맞아들였다는 표현이 옳을 것이다. 말하자면 다블뤼 주교는 숨어 지냈다기보다는 마을 사람들과 함께 있었던 셈이다.

다블뤼 주교의 삶을 보면, 그가 얼마나 당당하게 순교를 맞이했는가를 짐작할 수 있다. 그는 김대건 신부가 익산 나바위에 도착할 때 함께 이 땅에 들어와 무려 21년간 전교 활동에 힘쓴 인물로서, 당시로서는 가장 오랫동안 조선에서 활동한 선교사였다.

비록 박해를 피해 숨어 다녔지만, 조선의 풍습을 이해하고 사랑했다. 경상도 지방에서 전교 활동에 종사하고 있을 때, 다른 지역에 비

44

공소의 쇠종/마치 길쭉한 쇠통을 엎어서 매달아 놓은 듯한 모양이지만 그 소리만은 청아하다

해 외교인(外敎人)에 대한 적대심이 강한 이 지방의 많은 사람들을 입교시켰다는 사실은 그것을 반증해 준다.

그는 특히 천주교회사와 조선순교사를 기록으로 남기는데 남다른 열의를 보였다. 조선사연표를 번역하고 교우들을 위해 교리서와 신심서를 번역 저술하는 한편, 순교자에 대한 목격 증인을 찾아 증언을 수집하는 등 자료 발굴을 통해 훗날 샤를르 달레의 유명한『한국천주교회사』가 저술되는데 크게 기여했다. 즉, 그는 새로운 사실을 알게 되면 곧바로 그가 소속된 파리외방전교회에 비망기와 보고서를 보냈는데, 이것을 기초 자료로 해서 1874년 샤를르 달레가『한국천주교회사』를 저술한 것이다.

그러고 보면, 오늘날 우리가 신앙선조들의 생생한 순교 역사를 알고 그 정신을 이어받을 수 있게 된 것도 다블뤼 주교의 노력이 가져다 준 결실인 셈이다. 여기서 그의 편지를 통해 당시 우리 신앙선조들의 신앙적 풍모를 잠시 살펴보기로 하자.

다블뤼 주교의 증언

먼저 신자들이 고해성사를 하기 위해 다블뤼 주교를 찾아온 상황을 기록한 편지부터 보자.

"많은 사람들이 나 있는 곳으로 달려왔습니다. 젖먹이가 딸린 여인들이며 노인과 처녀들이 3일, 6일 또는 8일까지 걸리는 길을 걸어서 성사의 은혜를 받으러 오는 것을 두려워하지 않았습니다. 그것도 혹심한 추위와 산을 뒤덮은 눈을 무릅쓰고서 걸어왔습니다. 내 곁에 왔을 때는 기진맥진해 있었고 흔히는 발이 붓고 피부가 벗겨져서 피가 나기도 했지만 그런 것은 상관하지 않았습니다. 신부 곁에 있으면 모든 피로가 가시는 것이었습니다."

"이 불쌍한 사람들은 어떻게 자기들의 존경과 애착을 나에게 표시해야 할지 모릅니다. 그들은 나를 무척 위하여 가난한 사람들까지도 조그만 선물을 가져옵니다. 밤이면 나의 초막에 신자들이 빽빽이 들어차곤 하는데 그들 20~30명과 이야기를 나누고 있노라면 이야기를 끝낼 용기가 없어서 가끔은 아주 늦게까지 계속됩니다. 그들은 결코 그만이라는 말을 하지 않습니다."

"따로 따로 행해지는 이런 작은 박해로 저희들의 성무 집행이 어렵기는 하겠지만 첫 영성체의 즐거웠던 날들을 회상케 하는 우리 신자들의 열심, 그들의 순박한 신심, 진실한 뉘우침, 영적인 기쁨, 거룩한 묵상, 한마디로 말해서 선교사의 마음을 기쁘게 해 줄 수 있는 모든 것이 저희를 위로합니다."

"벌 중에서 가장 무서운 것은 주림이요, 그보다도 심한 것은 목마름이었다. 다른 형벌을 받으면서는 용맹히 신앙을 증거한 이들도 주림과 목마름에는 넘어지는 이들이 많았다. 하루에 두 번씩 주먹만한 조밥 한 공기밖에 먹지 못했기 때문에 나중에는 자기들이 누워 자는 더러운 볏짚 자리를 뜯어먹고 심지어는 옥안에 기어다니는 이를 잡아먹기까지 하였다."

멀고 먼 이국 땅에서 한 성직자가 토해 내는 솔직한 감회는 읽으면 읽을수록 우리의 옷깃을 여미게 한다. 고해성사를 보기 위해 남몰래 수십 리 산길을 달려온 우리 선조들의 착한 심성이나 그들에게 하느님의 섭리를 전할 수 있는 사제로서의 기쁨, 그리고 관헌에 잡혀 온갖 고초를 겪으면서도 결코 하느님을 배반하지 않겠다는 그들의 깊은 신심이야말로 오늘을 사는 우리들로 하여금 무엇을 위해 기도할 것인가를 가르쳐 주고 있음이 분명하다.

현재 신리공소에는 다블뤼 주교가 체포되기 바로 전날, 프랑스 아미앙에 계신 부모에게 보낸 마지막 편지가 액자에 담겨져 전시되고 있어 이곳을 찾는 이들의 눈시울을 적시게 한다.

그밖에 이곳에서 눈여겨볼 것이 또하나 있다. 다름 아닌 신리공소 건물의 대들보이다. 이 대들보에는 '1815년 상량'이라는 글귀가 새겨져 있다고 한다. 하지만 직접 볼 수 없는 게 아쉽다. 이 대들보는 원래 다블뤼 주교의 저술을 인쇄하던 신리공소 회장 집의 대들보였다고 한다. 그러나 1863년 돌연 불이 나자, 주교의 저술 대부분이 소실되고 오직 대들보 하나만을 건졌는데, 그 뒤 공소 건물을 짓는데 이 대들보를 썼다는 것이다.

다블뤼 주교는 1866년 3월 30일 보령 갈매못에서 참수를 당했는데, 1968년 교황 바오로 6세에 의해 로마의 성 베드로 대성당에서 복자위에 올랐고, 1984년 5월 한국천주교 2백 주년을 기념하기 위해 방한한 교황 요한 바오로 2세에 의해 여의도에서 성인으로 시성되었다.

4대 순교집안 낸 솔뫼

서울에서 점심 식사를 하고 곧바로 떠났는데, 해는 벌써 서산 마루에 걸리기 직전이다. 이젠 서둘러 오늘의 마지막 코스인 솔뫼 성지로 가야 한다. 만약 내가 천안, 온양, 신례원, 합덕 코스를 택하지 않고 평택에서 아산만 방조제를 건너 공세리성당만을 둘러보고 삽교천 방조제를 지나 이곳까지 왔다면 시간은 조금 덜 걸렸을 것이다.

실제로 많은 사람들이 솔뫼를 순례할 때 빠른 이 길을 택하지만, 당일치기가 아니라면 내가 온 길을 따라 답사할 것을 권하고 싶다. 답사는 한두 군데만 달랑 보고 끝내는 게 아니라 목적지까지 가면서 이곳 저곳을 둘러보는 재미가 있어야 한다고 믿기 때문이다.

신리공소에서 솔뫼를 가려면 갔던 길을 되돌아 나와 우선 합덕 읍내까지 와야 한다. 말하자면 합덕성당까지 와서 다시 32번 국도를 타고 2킬로미터쯤 가면 읍내에 당도하는데, 솔뫼 성지가 있는 탓인지 어느 읍내보다 번화하다. 읍내에 들어오면 네거리가 나오는데, 왼쪽은 덕산과 서산, 오른쪽은 신흥리로 가는 길이다. 곧장 5백여 미터쯤 가면 안내푯말이 있고 그 푯말이 있는 지점에서 우회전하여 1.5킬로미터쯤 가면 솔뫼에 닿는다.

솔뫼는 일반 지도에는 나와 있지 않은 지명이다. 행정구역상 이곳의 지명은 충남 당진군 우강면 송산리 114번지. 하지만 합덕 읍내에서 솔뫼 가는 길을 물으면 누구나 친절하게 가르쳐 준다. 그만큼 솔뫼는 심정적으로 이곳 합덕 사람들과 가까이 있다.

솔뫼는 송산(松山)의 순수 우리말이다. 산울림을 메아리라고 하는 것처럼 송산을 '솔메'라고 불러야 한다는 주장도 없지 않은데, '소나무가 우거진 작은 동산'이란 뜻처럼 소나무 숲이 청정하고 의젓한 게 제법 운치 있다.

정문 입구를 들어서면 왼쪽으로 이 집터와 관련된 순교자 11명의 이름을 새긴 빗돌이 보이고 우물도 정갈하게 꾸며져 있다. 그 숲 속을 눈여겨 보면 오른쪽으로 김대건 신부가 태어나기 전부터 솔뫼의 역사를 굽어보았던 소나무 30여 그루가 눈길을 끈다.

솔뫼/김대건 신부의 탄생지로만 알려졌지만 그의 증조부를 비롯 4대에 걸친 순교자를 낸 곳이다

오른쪽으로 3층 건물의 피정의 집이 있는데, 한복을 입고 아기 예수를 안고 있는 2미터 크기의 성모상, 그리고 갓과 도포를 입고 영대를 두른 김대건 신부의 동상과 어쩐지 조화를 이루지 못한다는 느낌을 떨굴 수가 없었다.

하지만 보다 아쉬운 점은 이곳 솔뫼에 김대건 신부와 직접 관련된 유적이 별로 없다는 점이다. 우물이 하나 있을 뿐인데, 지하수가 샘솟고 있다는 게 다소 위안을 준다. 아흔 아홉 간이나 되는 것으로 알려진 김대건 신부의 생가가 복원되고 나면 제 모습을 갖출 것으로 기대된다.

잘 알려진대로 이곳 솔뫼는 김대건 신부가 태어난 곳이다. 하지만 나는 그의 증조부인 김진후, 종조부인 김한현, 그리고 부친 김제준이 순교할 때까지 살았던 장소라는 점에 의미를 더욱 부여하고 싶다. 김대건 신부가 어디 하늘에서 떨어진 사람인가. 그가 이 땅의 최초의 신부가 될 수 있었던 것은 바로 집안 선조들의 뜨거운 믿음과 올곧은 신앙생활에 연유한다. 3대에 걸친 선조들이 순교하기까지 겪었던 온갖 고통이 있었기에 김대건 같은 인물이 나올 수 있었던 것이다. 때문에 이곳 솔뫼에 1814년에 순교한 증조부, 1816년에 순교한 종조부, 그리고 1839년에 순교한 부친과 연관된 조형물이 없다는 게 무엇보다도 아쉽게 생각된다.

김대건 신부의 동상 비문을 보면 '그의 총명하고도 용감했던 신앙생활과 이역 만리 마카오를 비롯한 동남아 일대에서 10여 년간의 유학 생활을 하면서 최초로 서양 문물을 접하고 국위를 선양하여 조국 근대화에 앞장섰으며 겨레의 정신적 좌표를 설정한 선구자적 역할을 다했다. 이에 그의 얼을 본받고 길이 빛내기 위해 우리 보호자이신 성모님의 모상(模像)으로 탑을 세우고 존엄하고도 성스럽게 동상을 제작하였다'고 기록되어 있다. 순교한 집안 어른들에 관한 이야기도 함께 기록했더라면 더욱 좋지 않았을까 아쉽게만 느껴진다.

이제 김대건 신부가 존재할 수 있었던 집안을 살펴보자.

먼저 김대건 신부의 집안이 복음을 접하게 된 것은 김대건 신부의 할머니 이씨의 삼촌인 이존창의 덕택이다. 앞서 여사울에서 밝힌대로 이존창은 한양에서 고향 땅으로 내려온 직후 그 누구보다도 열심히 전교 활동을 폈다.

당시 고향에서 하급 관리로 있던 김대건 신부의 증조부 김진후는 이존창으로부터 복음을 전해 듣고는 충격을 받았다. 재물과 권세를 탐내던 속세의 생활이 인간의 삶에 아무런 가치가 없음을 새삼 깨닫고는 홀연히 벼슬을 내던지고 입교했다. 말하자면 거듭 태어난 셈인데, 당시 그의 나이 오십이었다.

그 뒤, 집안에 파묻혀 신앙생활에 전념하던 그는 신해박해 때 체포된 것을 필두로 하여 서너 차례 관헌에 잡혔다가 풀려나기를 거듭했다. 홍성, 공주, 전주 등지의 감옥을 드나들면서 갖은 고초를 겪었지만 배교한다는 말은 결코 내뱉지 않았다고 하는데, 그가 어떻게 풀려났는지에 대해서는 알려지지 않고 있다.

1801년의 신유박해를 맞아 그는 다시 체포되고 말았다. 하지만 사형선고 직전에 배교를 뜻하는 말을 함으로써 죽음을 면하고 유배되었다. 얼마 후 유배지에서 풀려난 그는 1805년 다시 잡혀 해미로 압송되어 10년간 옥살이를 했는데, 이때 그는 5년 전에 배교를 뜻하는 말을 한 데 대한 죄책감을 씻기라도 하듯 공공연하게 신앙을 지켜 옥졸들에게까지 감화를 주었다고 전한다. 하지만 그는 끝내 해미에서 옥사하고 말았는데, 그 원인이 고문에 의한 것인지, 아니면 병사했는지에 대해서는 정확하게 밝혀지지 않았다. 당시 그의 나이 76세였다.

그의 죽음은 솔뫼에서 부유했고 지체 높은 김해김씨 집안의 몰락을 연 서장이었다. 우선 그에게는 아들이 넷이 있었는데, 셋째 아들 한현은 경상도 안동으로 피난을 가서는 산중에서 17년간 풀뿌리와 나무 열매로 연명하며 교리서를 베껴 이웃 사람들에게 나누면서 전교 활동에 전념했다. 그러다가 2년만에 잡혀 대구로 이송되어 20개월 동안 옥살이를 하다가 참수형을 받았다. 사위와 딸인 손연욱·김데레사 부부도 순교 당했다.

둘째 아들 택현은 부친이 죽은 뒤 10여 년 동안 고향에서 살았으나 부친의 옥살이를 뒷바라지하느라고 가세가 탕진된 데다가 신앙생활마저 여의치 않자 일가족을 데리고 경기도 용인의 한덕골과 골배마실이라는 산골로 피난을 갔다. 이때 김대건의 나이 일곱 살이었다.

인간이 걸어야 할 고뇌의 상징

한편 김대건의 부친 김제준은 솔뫼에서 신앙은 지켰으나 정식 세례를 받지는 않다가 골배마실로 옮겨온 뒤, 모방 신부가 입국했다는 소식을 듣고는 일부러 한양의 정하상 집에 기거하고 있던 모방 신부를 찾아가 세례와 견진성사를 받았다. 그때가 1836년이었고, 김대건의 나이 열다섯 살 때였다.

그로부터 반년이 채 안되어 모방 신부는 소년 김대건을 만나게 된다. 부활절을 지낸 뒤 경기도와 충청도의 공소 순방에 나섰는데. 골배마실에 이웃한 은이공소로 세례를 받고자 찾아온 소년 김대건을 만난 것이다. 자신을 일부러 찾아와 영세를 청한 아버지를 기억하고 있는 모방 신부는 첫눈에 총명해 보이는 그의 아들을 신학생 후보로 선택하는데 주저하지 않았을 것이다.

이 대목에서 나는 김대건 신부의 집안이 골배마실로 이사를 온 것도 하느님의 섭리가 아닐까 생각한다. 그리고 김대건 신부의 증조부인 김진후로부터 시작하여 부친 김제준, 그리고 김대건에 이르기까지 32년에 걸쳐 4대의 일가족 10명이 순교한 것 역시 그러한 것이 아닐까.

현재까지 이들 가운데 김대건 신부와 그의 아버지 김제준, 그리고 당고모 김데레사 등 세 명만이 성인 품에 올라 있지만, 우리는 이들 순교 집안의 내력을 김대건 신부 못지 않게 기억해야 할 것이다.

잠시 나는 솔밭에 앉아서, 오랫동안 살아온 고향을 떠나야만 했던 김씨 가문의 심정은 어떠했을까를 떠올려 봤다.

박해를 피해 신앙을 지키겠다는 굳은 의지가 앞섰을까, 아니면 장차 이 땅에 김대건 신부가 탄생할 것을 믿어서였을까. 어쩌면 살기 위해 떠날 수밖에 없다는 자신의 처지를 한탄하면서 설움의 눈물을 흘렸을지도 모른다. 물론 그들 역시 인간이기에 수없이 인생과 죽음과 영원의 문제를 곰곰이 따져 봤을 것이다.

김대건 신부의 서한집에 이런 구절이 있다. "우리 벗들이여, 생각할지어다. 가련한 세상에 한 번 나서 우리 대신 임자 알지 못하면 우리 난 보람 없도다."

나는 이곳에 터를 잡고 살아온 김씨 가문의 사람들은 영원과 끈이 닿아 있는 임자를 알았다고 믿는다. 하느님을 믿고 따르기에 살아서도 영광, 죽어서도 영광임을 곱씹었을 것이다. 그들 스스로 혹 비극의 가문이라고 생각했을지도 모르지만, 내가 보기에는 참된 영광의 가문이 아닐 수 없다. 지구상의 수많은 생물 중에 오직 인간만이 발견할 수 있는 영원한 삶이지만 그것을 알기 위해서는 누구나 고난을 겪어야 한다는 지혜를 우리에게 던져 주고 있음이 분명하다.

그러기에 나는 나 자신의 인생 여정을 거울처럼 비추어 볼 수 있는 솔뫼를 자주 찾아가는지도 모르겠다. 그리고 갈 때마다 언젠가 이곳 피정의 집 관장인 윤인규 신부가 해준 말을 되새긴다.

윤 신부는 "솔뫼는 지극히 평범한 인간의 삶을 상징하는 동시에 영원한 삶을 발견하기까지 한 인간이 걸어가야 할 고뇌의 여정을 상징한다"고 말했다. 말하자면 솔뫼는 인생의 여정을 하느님에게로 이끌어 마침내 하느님에게는 영광, 인간에게는 구원을 가져올 수 있도록 신자들이 힘을 모아 완성할 자리라는 설명이다.

흔히 이곳을 답사하거나 순례하는 사람들은 영웅적으로 살다간 인간의 자취를 찾고자 애쓴다. 그러나 나는 윤 신부의 지적대로 평범한 인간의 삶과 고뇌의 여정에 눈을 돌리는데 노력해야 한다고 본다. 물론 그 평범한 인간의 범주에는 김대건 신부뿐 아니라 그의 일가족이 모두 포함되어야 할 것이다.

윤 신부의 말 가운데 내가 가장 공감하는 내용은 우리 신자들이 힘을 모아 완성할 자리라는 말이다. 사실 일반 사람들은 역사 유적이나 신앙 유산을 대할 때 선인들이 이룬 완성에 기대치가 높은데, 이곳에서는 김대건 신부 일가족이 고뇌한 역사가 오늘을 사는 우리들에게 그대로 전해지지 않고 있다. 다시 말하면 솔뫼는 완성된 성지가 아니라 선조들과 우리 자신, 그리고 후손들의 신앙과 성덕으로 완성되어야 할 성지라는 이야기이다.

마지막으로 이곳을 소개하는 팜플렛에 적혀 있는 글귀를 인용하고 싶다. 우리가 지금 회개하지 않는다면 결코 후손들의 회개를 기대할 수 없다는 뜻이어서 이곳을 찾는 사람들이 한 번쯤 암송하기를 기대하는 마음에서 소개한다.

"솔뫼에서 회개하는 영혼이 흘리는 눈물은 훗날에 많은 영혼들에게 성화를 가져올 것이다."

내포 땅의 영광과 상처

남연군 묘·충의사·수덕사·한티고개·해미읍성
개심사·마애삼존불·공세리성당

내팽개쳐진 남연군 묘

솔뫼에 올 때면, 나는 언제나 솔뫼 피정의 집에서 하룻밤을 묵는
다. 새벽달을 바라보면서 안개에 에워싸인 소나무 숲을 산책하다 보
면 마음이 절로 편안해지고 기분이 상쾌하다. 삼림욕을 즐기는 것이
나 다름없다. 1백50년 전에 순교한 김대건 신부의 순교 영성을 곰곰
이 묵상해 보는 것도 남다른 즐거움이다. 특히 새벽녘에 솔뫼 경내를
한바퀴 돌면서 되새겨 보는 영성은 다른 곳에서는 느껴 볼 수 없는
이곳 솔뫼만의 독특한 기쁨이기도 하다.

아침을 서둘러 먹고 다시 길을 나섰다. 해미를 목적지로 삼되, 둘
러볼 곳이 다양한 코스를 택했기 때문이다. 합덕에서 해미로 가기 위
해서는 두 길이 있는데, 626번 지방도로를 이용하여 면천을 거쳐가
는 길과, 622번 지방도로를 이용하여 덕산을 거쳐가는 길이다.

전자의 길을 따르면 '백제의 미소'라 불리는 서산의 마애삼존불과
맑디맑은 사찰 개심사를 볼 수 있고, 후자를 택하면 경허(鏡虛) 스님
이 머물며 선풍(禪風)을 크게 일으킨 덕숭산 수덕사와 가야산의 경

관을 만끽할 수 있어 좋다.

나는 덕산을 거쳐가기로 했다. 그 옛날 순교자들이 해미로 끌려갈 때 넘은 한티고개를 거쳐 해미로 가고 싶었고, 우리 근대사의 아픈 한 구석으로 남아 있는 홍선대원군의 부친 남연군 묘를 둘러보고도 싶었기 때문이다.

덕산에서 남연군 묘로 가는 길은 편치가 않다. 포장과 비포장이 섞인 시골길을 20리쯤 가야 한다. 먼저 덕산 읍내 가까이 이르면 덕산 슈퍼가 있는 네거리가 나오는데, 왼쪽은 삽교-예산으로 가는 길이고, 곧바로 나가면 읍내로 향하게 된다. 우측으로 돌아가면 덕산 초등학교가 나오고 이어 대승철물점을 사이에 두고 길이 두 갈래로 나뉘어진다.

오른쪽은 운산으로 빠지는 7번 군도로이다. 따라서 오른쪽 15번 군도로를 따라가면 덕산저수지, 일명 옥계저수지가 나오는데 이 저수지를 끼고 가면 저수지가 끝나는 지점에서 길이 비포장 도로로 바뀐다. 그리고 계속해서 논밭을 좌우로 끼고 1킬로미터 남짓 가면 눈앞에 자그마한 언덕이 나타나는데, 이곳이 바로 남연군 묘이다. 덕산 슈퍼가 있는 네거리에서 어림잡아 5킬로미터쯤 되는 거리이다.

이곳의 지명은 예산군 덕산면 상가리. 길을 잘 모르면 남연군 묘와 가는 방향이 같은 보덕사 가는 길을 물어도 된다. 나 역시 보덕사란 간판을 보고 찾았지만 혹 딴 길로 들어섰을까 싶어 밭일을 하는 아낙네에게 길을 물어 봤다. 그러자 "아, 산소 가실려구요" 한다. 산소라면 묘의 높임말이다. 왕족의 묘를 높여 부르는 충청도의 너그러운 인심을 접할 수 있어 흐뭇했다.

남연군 묘의 첫 인상은 풍수지리설의 전시장이란 느낌이 강했다. 지방기념물 제80호로 지정되어 있지만 관리에 신경을 쓴 흔적이 별로 눈에 띄지 않는다. 얼마 전, KBS-TV에서 방영했던 역사 드라

남연군묘 굴총 사건은 미수에 그쳤지만 대원군의 천주교 탄압이
전보다 더욱 심해진 계기를 만들었다

마 '찬란한 여명'에서 볼 수 있듯이 민비 일가와 권력을 다투던 홍선
대원군의 영욕의 삶을 보여준다고나 할까.

조선조 말, 두 임금을 낸 집안의 어른이 묻힌 곳이기에 왕릉 못지
않은 규모였다. 홍선군과 천주교의 악연을 반영하고 있는 듯 싶어 마
음 한구석이 쓸쓸해졌다.

홍선군이 경기도 연천에 있던 부친의 묘를 이곳으로 옮긴 까닭은
전적으로 욕심 때문이었다. 좋게 해석하면 왕권을 강화하여 나라를
굳건히 하려는 야심이었지만, 나쁘게 말하면 권문 세도를 이루고자
한 정치적 야욕이었다. 당시 홍선군에게 지관은 2대에 걸쳐 천자가
나오는 가야산 동쪽과 만대에 영화를 누리는 광천 오서산 등 두 군
데의 명당 자리를 추천했으나 홍선군이 가야산을 택한 것이 그것을
단적으로 말해 준다.

물론 지관의 말처럼 흥선군은 가야산 동쪽에다가 부친의 묘를 옮긴 지 18년만에 둘째 아들을 고종 황제로, 그리고 다음 대에 순종 황제가 등극하는 가문의 영광을 얻었다. 그러나 두 임금을 끝으로 조선의 맥은 끊겼고, 남연군 묘 또한 오페르트라는 독일 상인에 의해 파헤쳐지는 수모를 겪었다는 점에서 과연 이곳이 명당 자리인지는 의문시된다. 풍수에 문외한인 내가 보기에는 앞이 탁 트이고 뒤로 가야산 자락이 병풍처럼 둘러앉은 것이 예사롭지 않게 보였지만.

남연군 묘의 굴총 사건은 우리 천주교 신자들에게는 심정적으로 꺼림칙한 사건이다. 조상의 묘를 파헤치는 불경스러운 일을 저지르는데 천주교가 한몫을 거들었다는 게 왠지 잘못했다는 느낌을 지울 수 없게 한다.

또 아무리 선교 차원의 일이라 해도 그같은 일을 자행한 죄과에 대해 오늘의 우리 교회가 언급을 회피하는 듯한 인상을 주고 있음은 우리 모두 반성해야 할 대목이 아닌가 여겨진다.

대원군과 천주교와의 악연

여기서 사건의 개요를 다시 살펴보기로 하자.

사건이 일어난 것은 규모와 가혹함, 그리고 희생자 수에 있어서 그 유례를 찾아볼 수 없을 만큼 대박해였던 병인박해가 시작된 지 불과 2년이 채 지나지 않아서였다.

당시 조정에 두 번이나 통상을 요구하다가 거절당한 유태계 독일 상인 오페르트는 상해에서 남연군 묘를 도굴해서 부장품을 갖고 협상하면 통상이 가능할 것이란 이야기를 듣는다. 이에 미국인 자본가 젠킨스의 도움으로 무기와 도굴 장비를 구입한 오페르트는 프랑스 선교사 페롱 신부와 약간의 조선 천주교인을 동행시키고 1868년 4월 서산 앞 바다에 도착했다. 이어 '아라사 군병'이라 칭하면서 총을 쏘고 질주하여 가야산의 남연군 묘를 파헤치기 시작했다.

그러나 쉽지가 않았다. 흥선군이 부친의 묘를 이장하면서 훗날 누가 손댈 것을 우려하여 철 수만 근을 녹여 부었고 그 위에 강회를 비벼서 다져 놓았기에 묘광을 뚫기가 간단치 않았다. 날이 밝아 오고 동리 사람들이 모여들기 시작한 데다가 서해 바닷물이 빠지는 시각이 다가오자 그들은 더 이상 버티지 못하고 도망치고 말았다.

이 사건은 대원군으로 하여금 병인년에 시작한 천주교 탄압을 더욱 심하게 하도록 만들었다. 이미 체포되어 있는 신자들이 앞다투어 처형당했고 배교한 사람일지라도 유배지로 귀양살이를 떠나야만 했으며, 살아남은 신자 또한 집과 재산을 잃고 초근목피로 생계를 이어가야만 했다.

사건이 일어난 내포 지방은 더욱 살벌했다. 해미에서는 수많은 사람들이 생매장을 당했거나 얼굴에 물을 뿌린 다음 백지를 붙여 죽이는 등 잔인한 처형 방법이 행해졌다. 한마디로 이 사건은 조선 교회가 근거를 잃고 철저하게 무너지는데 하나의 빌미를 제공한 셈이다.

그렇다면 우리 교회는 이 사건을 어떻게 기록하고 있을까. 한국교회사연구소가 펴낸 『한국가톨릭대사전』을 보면, 페롱 신부를 소개하면서 남연군 묘의 도굴 사건에 대해 한 마디도 언급하고 있지 않음을 볼 수 있다.

나는 이곳에 잠시 머물면서 남연군에 대해 마음속으로 속죄의 기도를 드렸다. 아무리 동기가 떳떳해도 과정이 올바르지 않다면 그것은 정도(正道)가 아니다. 더욱이 선교 차원의 명분이 아무리 신앙적이라 해도 그것을 받아들이는 사람들의 정서, 즉 조상의 묘소를 파헤치는 범죄를 범한다는 것은 비난받아 마땅하다.

이 땅에 파견된 선교사들이 조상의 제사를 모시는 문제에 현명하게 대처했다면, 그리고 조상의 묘를 파헤치는 잘못을 범하지 않았다면 우리 신앙선조들이 겪었던 처절한 순교의 아픔을 어느 정도 덜 수 있지 않았을까. 이같은 역사의 가정은 비단 나만의 생각은 아닐

남은들 상여/남연군 묘를 이장할 때 운구하던 상여로
앞뒤 길이가 6미터에 이른다

줄 믿는다.

남연군 묘 답사를 마치고 돌아서는 나의 발길은 몹시 무거웠다. 그런 내 심정을 읽기라도 하듯 내려오는 길에 들르게 된 곳이 바로 보덕사이다. 흥선대원군은 부친의 묘를 이장하면서 지관이 말한 곳에 자리잡고 있던 가야사를 불태우고 탑을 깨부수었는데, 훗날 그 같은 잘못을 부처님에게 속죄하고 은덕에 보답한다는 뜻에서 세운 절이 바로 보덕사이다. 조선왕조의 마지막 원찰(願刹)인 셈이다.

규모는 보잘것없지만, 사천왕상이 새겨진 화사석의 석등이 눈길을 끈다. 이 절은 6·25 때 불탔으나 여승들이 중창하여 현재 비구니 사찰로 되어 있다. 정결하고 청순한 분위기가 그 옛날 자신의 잘못을 뉘우치고 속죄하고자 애쓴 대원군의 영혼을 좇고 있는 듯 싶어 발길을 돌리기가 쉽지 않다.

남연군의 잔영은 보덕사에서 끝나지 않는다. 덕산 읍내로 돌아와 해미로 가다 보면, 연천에서 이곳으로 남연군 묘를 이장할 때 운구했던 상여를 보게 된다. 보관되어 있는 마을 이름을 따서 '남은들 상여'라고 하는데, 중요 민속자료 제31호로 지정되어 있어 한번쯤 들여다볼 필요가 있다.

상여가 있는 마을은 덕산에서 가야산을 향해 가다가 산등성이 고갯마루에 있는 덕산면 광천리이다. 덕산에서 45번 국도를 따라가면 충의사를 지나 두 갈래로 길이 나누어지는데, 왼쪽 길은 수덕사로 가는 622번 지방도로이고 오른쪽 길이 해미로 가는 길이다.

해미쪽으로 5킬로미터쯤 가면 길 오른쪽에 고갯마루 가든이 나오고, 가든 조금 못미처 왼쪽으로 수덕사로 갈 수 있는 6번 군도로가 있다. 남은들 상여는 그 6번 군도로 초입의 오른쪽에 위치하고 있다. 조그마한 보호각 안에 들어 있어 눈여겨보지 않으면 지나치기 쉽다.

급한 마음에 차를 길 가장자리에 잠시 세워 놓고 보호각 안을 들여다봤다. 운구하는 사람들이 드는 대인 장강채 앞뒤 길이를 더하면 6미터에 이르는 긴 상여이지만, 색이 많이 바래서인지 그 옛날 화려했던 왕실 종친의 운구라는 느낌이 덜 하다.

윤봉길의 충절 묻힌 충의사

순서가 뒤바뀌었지만, 답사 코스로 보면 남은들 상여를 보기 전에 충의사에 먼저 들르게 된다. 충의사는 상해 홍구공원에서 일본군 상해 파견군 사령관 시라가와를 폭사시킨 윤봉길 의사의 사당이 모셔

장개석 총통이 '중국 백만 대군이 못하는 일을 해냈다'고 칭송했던
윤봉길의 애국 충절을 기리기 위한 추모비

져 있는 곳이다. 이곳 내포 지방을 충절의 고장으로 기록하게 한 명
소이므로 해미 가는 길에 반드시 둘러봐야 할 곳이기도 하다.

　충의사로 가는 길은 앞서 말한 대로 덕산에서 45번 국도를 따라
해미쪽으로 3킬로미터쯤 가면 오른쪽에 위치하고 있다. 왼쪽에는 생
가와 유물관이 자리잡고 있다. 생가로 들어서면 '한국을 건져내는
집'이라는 당호가 방문객을 맞는다. 조졸한 초가와 한껏 어우러지는
당호가 나의 마음을 숙연하게 만든다.

그 숙연함은 기념관에 들어서면 더욱 짙게 다가온다.

윤봉길 의사가 생전에 쓰던 유품과 서책, 글씨들이 전시되어 있는
데, 상해에서 의거하기 직전에 김구 선생과 마지막으로 작별하면서
서로 바꾸어 가졌던 회중시계, 그리고 윤봉길 무덤에서 나왔다는 형
틀대가 특히 눈길을 끈다. 비교적 근대사에 속한 유물이면서도 보물
제568호로 지정될 만큼 그 역사적 가치와 의미가 있음을 새삼 깨닫
게 된다.

이곳의 진면목을 알려면 조금 시간이 걸리고 힘들더라도 생가의
뒷산인 수암산에 올라가는 게 좋다. 예로부터 큰 일을 한 사람이 나
면 가까운 산이나 땅의 정기를 받아서 그런 인물이 태어났다는 얘기
들을 많이 하는데, 바로 그것을 직접 확인할 수 있기 때문이다.

수암산에 올랐다.

별로 높지 않은 듯 싶은데 정상에 오르기가 쉽지 않다. 서울의 남
산을 오르는 높이쯤 되어 보였다. 정상에서 내려다 본 윤봉길 의사의
생가와 충의사는 말 그대로 명당이었다.

우선 우측으로는 차령산맥에서부터 뻗어 내려온 용봉산(381미터)
의 한 지맥인 수암산의 끝자락이 평지로 내려와 조산을 돌아보는 형
세였고, 오른쪽으로는 덕숭산(495미터)의 세 봉우리가 붓끝처럼 솟아
오른 형세를 하고 있다. 전면으로는 가야산과 덕숭산에서 내려오는
물이 합쳐져 윤 의사 생가인 목바리 앞에서 작은 삼각주를 이루다가
다시 덕숭산, 용봉산에서 내려오는 물과 만나는 지형이었다. 그래서
일까, 윤 의사가 이곳을 '섬 속의 섬'이라 하여 한반도 중에 일본군이
발을 들여놓지 못할 섬이라고 불렀음을 실감할 수 있었다.

충의사를 둘러보고 나니 시계는 정오를 가리키고 있었다. 아마도
수암산에서 시간을 많이 지체했던 것 같다. 곧바로 해미로 향할까,
아니면 산에 오르느라 피곤해진 심신을 약간이나마 달랠까 잠시 망
설여졌다.

문득 온천과 곱창으로 유명한 곳이 덕산이라는 말이 떠오르고 그 것이 나를 유혹한다. 왔던 길을 다소 되돌아간다는 게 부담은 되었지만 발길을 덕산으로 돌렸다.

　목욕을 먼저 하고 싶었지만 허기가 진 터라 우선 먹을 곳을 찾았다. 저마다 원조라는 간판을 내걸은 여러 곱창집 가운데 한 집을 골라 들어갔다. 서울에서 한 점 먹기가 금값이라는 양곱창이 2인 분에 1만 5천 원, 소와 돼지 곱창이 8천 원으로 푸짐했다. 소주를 곁들여 먹는 곱창 맛은 일미였다.

　다소 얼큰해진 심신을 풀고자 목욕을 하기로 했다. 시설을 잘 갖춘 탕보다는 제대로 된 온천수인가를 먼저 살펴봐야 한다는 상식쯤은 알고 있지만, 어느 집이 단순 알칼리성과 유황 성분으로 이루어진 천연 온천수인지 알기가 쉽지 않았다. '원탕'이란 간판이 붙어 있는 집을 골라 들어갔다.

　이곳의 온천수는 충청남도 문화재 자료 제190호로 지정되어 있다.

　이율곡의 저서 『충보의』에 의하면, 이곳 논에서 학 한 마리가 전혀 움직이지 않은 채 서 있어서 오가는 사람들의 눈길을 끌었다고 한다. 이를 이상하게 여긴 마을 사람들이 가까이 가 봤더니 그 학은 날개와 다리에 상처를 입고 논에 있는 물을 열심히 찍어 바르더라는 것이다. 얼마 뒤, 그 학은 상처가 깨끗이 아물었는지 멀리 날아가 버렸는데, 이때부터 사람들은 이곳에서 나오는 물을 약수라고 불렀고, 마을 이름을 온천골로 불렀다고 한다. 그때가 16세기 초였으니, 이곳 덕산온천의 역사는 4백 년을 훨씬 넘는 셈이다.

　나는 이곳을 지날 때면 늘 온천욕을 즐기는데, 그 때마다 논 한가운데에 고고하게 서 있는 학의 영상이 머리를 떠나지 않는다. 새가 날아오는 곳에 사람이 모이고 새가 날아들지 않는 곳에는 사람도 제대로 살 수 없다는 옛말을 보면서 우리 선조들은 일찍부터 환경 보호에 앞장섰던 것이 아닐까 생각한다.

덕숭산에서 바라본 수덕사/덕숭산에 둘러싸여 있는 수덕사는
아늑함과 단아함을 두루 갖추고 있다

수덕사의 깨달음

　서 있으면 앉고 싶고, 앉아 있으면 눕고 싶은 게 인간의 마음이라
는데, 덕산에서 목욕까지 하고 나니 해미에 가기에 앞서 수덕사마저
둘러보고 싶은 욕심이 생겼다. 해미로 향하는 45번 국도에서 4.5킬로
미터쯤만 빠지면 수덕사를 들를 수 있기 때문이다.

　만일 내가 천주교 사적지를 답사하는 입장이 아니고 문화유산을
답사하는 사람이라면 무엇보다도 먼저 수덕사를 들렀을 것이다. 그

수덕사 전경/이곳의 대웅전은 목조로 지은 가장 오래된 건물 중의 하나이다

만큼 예산의 다른 곳들은 수덕사를 보러 왔다가 그냥 지나치기가 섭섭하니까 들르는 곳이라고 해도 과언은 아니다.

수덕사에서 오래 지체하지 않을 요량으로 충의사에서 5백 미터쯤 지나 차를 45번 국도에서 왼쪽으로 틀어 622번 지방도로로 접어들었다. 이곳에서 10리쯤 가면 길 오른편에 수덕사 안내표지판이 있고 그 표지를 따라 5백여 미터 가면 수덕사 주차장 입구에 이른다.

백제 법왕 원년(599년)에 창건한 수덕사에서는 무엇보다도 수려하고 그윽한 백제의 향기를 느낄 수 있다. 우거진 숲과 아름다운 경관은 '호서의 소금강'이라 부를 만하다. 경내와 주변에 있는 나무 한 그루 한 그루가 모두 빼어난 모습이다.

수덕사는 고려 때 지은 대웅전이 건재하고 근세에 들어와서는 경허와 만공 같은 스님이 있었던 곳이다. '청춘을 불사르고'의 시인 일엽 스님이 있던 곳으로도 유명하다.

대웅전은 고려 충렬왕 34년(1308년)에 건립된 것으로, 현재까지 정확한 창건 연대를 알고 있는 목조 건물 가운데 가장 오래된 건물이다. 이 대웅전을 기준으로 해서 건축가들은 영주의 부석사 무량수전, 안동의 봉정사 극락전, 강릉의 객사문 등 고려 시대 건축의 양식과 편년을 고찰한다.

　　고려 때 지은 목조 건물이 지금까지 7백 년 동안 사용되고 있다는 사실에 차라리 숙연해진다. 철근을 사용하면서도 1백 년도 못 가서 헐어 버릴 건축물을 짓고 있는 오늘의 시대에 무언의 꾸짖음을 주는 것 같아 마음이 무거웠다.

　　수덕사에는 특히 자연 속에 살았던 인간의 이야기가 서려 있어 찾는 이들의 가슴을 적시는 환희가 있고 일깨움이 있다. 그 첫째가 선종을 중흥시킨 경허 스님이다.

　　그는 서른 살 때 길을 가다가 심한 폭풍우를 만났는데, 돌림병이 돈다고 마을 사람들이 문을 열어 주지 않자 마을 밖 큰 나무 밑에서 밤새 시달리다가 생사불이(生死不二)의 이치를 깨달았다고 한다. 그 뒤, 한 손에는 칼을 쥐고 목 밑에는 송곳을 꽂은 널빤지를 놓아 졸음을 쫓으면서 정진을 거듭했고, 마침내 개심사와 부석사를 오가며 후학을 지도하여 선풍을 크게 떨쳤다.

　　두 번째로는 만공 스님이다. 대웅전을 끼고 덕숭산으로 올라가는 등산길을 따라 1천2백 개의 돌계단을 오르면 정혜사의 능인선원이 나온다. 이곳이 바로 열세 살 때 부친을 여의고 여승이 된 어머니를 뒤따라 입산, 서른 살에 선원조실이 된 만공 스님의 발자취가 담긴 곳이다. 그는 일제 시대 때 조선 총독이 31본산 주지회의에서 일본 불교와 조선 불교를 합쳐야 한다고 하자, 자리를 박차고 "청정본연(淸淨本然)하거늘 어찌 문득 산하대지(山河大地)가 나왔는가!" 라고 호령하여 총독의 기개를 꺾었다고 한다.

　　수덕사는 여승들이 머물러 있는 사찰로도 유명하다. 나 역시 여승학당이 있는 견성암을 찾아갔다. 때가 강학 시간인지라 여승들을 만나 직접 대화를 나눠 보지 못한 게 안타까웠다. 주위를 둘러보니 맑은 물이 솟는 우물가에 정갈하게 빨래터를 만들어 놓았다. 돌로 바닥을 톱니바퀴처럼 새겨 놓은 게 독특했다. 수덕은 마음을 단련하는 것이지만 울퉁불퉁한데다 비벼야 하는 세탁 일은 속세나 마찬가지라 싶어 웃음이 절로 나왔다.

한티고개는 '영광의 길'

덕산에서 해미로 가는 45번 국도는 한마디로 예쁜 길이다. 적당히 굴곡이 지고 높낮이가 있는가 하면, 능선을 따라 진달래가 우거진 가야산을 오른쪽으로, 그리고 논과 밭이 펼쳐지는 농촌의 풍광을 왼쪽으로 보고 달리면 사람의 마음이 저절로 편안해진다.

그러나 해미에 가까워질수록 나의 마음은 숙연해진다. 바로 이 길을 따라 그 옛날 수많은 신앙선조들이 죽음의 형장으로 끌려갔을 것이라는 생각이 뇌리를 강하게 두드리기 때문이다. 그같은 감회는 한티고개에 이르러 절정에 달했다.

한티고개는 해미에 이르기 직전에 넘어야 할 마지막 고갯길이다. 고개의 정상에 서면 해미 읍내가 한눈에 들어온다. 고개는 가야산의 끝자락에 자리잡고 있어 높지는 않지만 구불구불한 게 흡사 강원도 대관령의 축소판이다.

사람들은 이 고개의 유래에 대해 두 가지로 이야기한다. 어떤 이는 순수한 우리말로서 '큰 고개'라는 뜻의 '한티'라 주장하고, 어떤 이는 예산, 덕산 고을에 살던 천주교 신자들이 처형당하기 위해 해미 감옥으로 압송되던 한(恨)이 서려 있는 고개라는 뜻이라고 풀이한다.

나로서는 그 어느 견해가 옳은 지에 대해 판단할 수 없지만, 천주교 사적지로서의 해미읍성을 찾아가는 답사자이기에 죽음의 길이라는 생각이 더욱 강하게 각인 된다.

한티재/덕산에서 해미로 가는 길에 꼭 넘어야 하는 고개
내포의 천주교 신자들이 산채로 끌려가 죽음을 맞이했던 한이 서린 고개이다

차를 고갯길의 정상에 세우고 잠시 묵상에 잠겨 본다. 이 고개를
넘은 신앙선조들의 심정은 어떠했을까. 모르긴 해도 그들은 스스로
'영광의 길'이라고 믿었을 것이다.

생각해 보자. 당시의 상황으로 볼 때 천주교를 믿는다는 것은 죽음
을 의미했다. 천주교는 '사교'로 단정되었고, 국가 정책은 '사교를 말
살하고 뿌리째 뽑는 것'이었다. 때문에 천주교 교리를 배우고 세례를
받는 것은 죽음을 뜻했고, 교리서나 묵주, 십자고상 등을 가지고 있
다는 것도 죽음과 직결됐다.

이런 사실을 잘 알고 있으면서도 믿음을 받아들이고 신앙생활을
했던 신앙선조들이 아닌가. 단 한번의 성사를 받기 위해 평생 사제를
기다렸고, 단 한번의 미사에 참례하기 위해 수백 리 산길을 남몰래
걸어갔던 그들이었다.

그러므로 체포되거나 가산을 몰수당했을 때, 그리고 관리들의 면전에서도 자신 있고 당당하게 자신의 믿음을 증거하는데 주저함이 없었다. 또 죽음의 형장으로 끌려가는 이 길을 '영광의 길'이라고 생각했을 것임에 틀림없다. 그런데도 오늘을 살아가는 우리들은 이 길을 '죽음의 길'이라는 관점에서만 해석하고 있다. 나는 더 이상 한티고개를 '죽음의 길'로 부르지 않겠다고 다짐했다.

고개 마루턱을 조금 내려가면 왼쪽으로 조그마한 산간 부락이 눈에 띈다. 대곡 마을인데, 훗날 알고 보니 교우촌이었다. 흔히 교우촌이라고 하면 평야 지대에 살던 신자들이 산골로 숨어들어 이룩한 신자 촌을 말한다. 그 옛날 이곳 내포 지방에 살던 신자들은 차령산맥 산골로 들어가거나 소백산맥, 태백산맥의 산골짜기에 숨어들어 교우촌을 형성했다. 그런데 바닷가 그리 멀지 않은 가야산 밑자락에, 그것도 순교자들을 압송하여 넘나드는 고개 아래 교우촌이 자리잡고 있다니 새삼 눈물겹다.

천주학쟁이를 잡으려고 혈안이 된 군졸들의 눈에 띄기 쉬운 지역이라는 점이 마음에 걸렸다. 그러나 신앙선조들이 걸어간 그 길목을 지키며 살겠다는 신앙 의지가 얼마나 두터웠기에 발각될 위험마저 감수했을까. 이런저런 생각에 차창 밖으로 비쳐지는 골짜기마다 신앙 의지가 서려 있음을 새삼 절감할 수 있었다.

해미읍성은 신앙의 묘자리

해미는 아주 작은 시골 면소재지이다. 그런데도 문화유산 답사자들은 반드시 이곳에 들른다. 해미읍성이 조선 시대 읍성 가운데 원형이 가장 잘 보존되어 있기 때문이리라. 천주교 신자들도 이곳을 찾는 까닭은 해미읍성이 대원군의 천주교 박해 때 감옥소로 변하여 무려 1천여 명에 달하는 신앙선조들이 처형당했기 때문이다. 솔뫼가 '신앙의 못자리'라면, 이곳 해미는 '신앙의 묘자리'인 셈이다.

진남루/해미읍성 정문인 이 문으로 무명 순교자들이 끌려 들어가 처참하게 죽어 갔다

　그렇다면 아주 작은 고을인 해미가 처형 장소로 된 이유는 무엇일
까. 그것은 다름 아니라 이곳에 예산, 서산, 홍성, 태안, 당진, 아산 등
내포 지방에서 유일하게 군의 진영이 설치되어 있었기 때문이다. 말
하자면 1천4백여 명의 군사를 거느린 이곳 영장이 현감을 겸하여 지
역을 통치하고 있었다. 그는 국사범을 독자적으로 처형할 수 있는 권
한을 갖고 있어서 내포 지방의 대부분의 천주교인들은 이곳에서 처

지석루/진남루로 끌려들어온 사람들이 배교하지 않는다는 이유로 시체 되어 나갔던 서문

형당했다. 해미는 충청도 병마절도사의 병영, 즉 사령부가 있었던 곳으로, 태종 때(1413년)부터 2백50여 년간 서해안 방어의 군사 요충지로서 역할했다.

읍성은 성종(1491년) 때 왜구를 막기 위해 축성한 것으로, 평지에 세워진 읍성으로서는 전북 고창 읍성과 함께 가장 잘 보존되어 있는 사적이다. 알려지기로는 임진왜란 직전에 이순신 장군이 이곳에서 군관으로 열 달 동안 근무하기도 했다고 한다.

읍내에 들어서면 왼쪽으로 담쟁이덩굴이 무성한 성곽이 꽤나 길게 이어지고 있음을 볼 수 있다. 읍성의 둘레 길이가 1.8킬로미터, 넓이는 대략 2만여 평쯤 된다. 5미터 높이의 성곽이 2미터의 두께로 둘러 있어 성곽을 따라 한 바퀴 돌면 대략 한 시간쯤 걸린다.

남문인 진남루 앞에 차를 주차시켜 놓고 안으로 들어서니 황량한 벌판에 서 있는 것 같다. 본래 성안에는 민가 1백60여 채와 학교가

감옥 터와 회화나무 / 당시 사람들을 매달아 고문하고 처형하는데 쓰였던
철사줄이 이 나뭇가지에 박혀 있다

있었으나 1973년에 사적 제116호로 지정되면서 모두 철거되었다고
한다. 마치 일부러 조성한 폐허 같은 느낌이다. 다만 3백 년이 넘는
고목 한 그루가 초연하게 서 있을 뿐이다. 고목을 이곳 사람들은 '호
야나무'라고 부르는데, 공식 이름은 '회화나무'이다.

바로 회화나무가 서 있는 자리에 감옥이 있었다. 말하자면 이곳에
잡혀 온 천주교인들은 회화나무에 매달렸고, 포졸들은 활을 쏘거나
매질을 한 셈이다. 얼마나 많은 사람들을 매달았을까. 동쪽으로 뻗은
가지가 20여 년 전에 부러졌다고 한다. 나무 가까이 다가가니, 천주
교인들의 머리채를 묶느라 사용한 철사 줄의 자국이 선명하다.

이 나무가 보호수로 지정된 것은 1975년인데, 나무가 죽어 가자
1989년 썩은 부분을 외과 수술로 도려내고 시멘트로 구멍을 막아 빗
물이 들어가지 않게 만들었다. 그리고 그 해 가을에 씨앗을 받아 후

계목을 키웠는데, 그 후계목 네 그루가 지금 회화나무 곁에서 자라고 있다.

아마도 먼 훗날에 이곳을 찾는 순례자들은 이런 안내판을 읽으리라. '해미진영 두 채의 감옥에는 1790년부터 1880년 사이 90년간 천주학 죄인이 가득했고 이들을 매달아 고문했던 어미 나무는 고사하였으나 1990년 심은 후계목이 그 역사를 증언하고 있다' 라고.

읍성을 한 바퀴 돌면, 서문 앞에 철조망으로 둘러싸인 널찍한 돌이 눈길을 끈다. '순교현양비'라는 빗돌을 따로 세우지 않았다면 무슨 돌인가 의아스럽게 생각될 돌이다.

이 돌의 내력에 대해서는 사람들마다 견해가 엇갈린다. 어떤 이는 서문 옆에 수문이 있고, 그 수문으로 흘러나오는 수로에 돌다리가 걸쳐 있어서 처형될 천주교인들이 이 돌다리를 지나 처형장으로 끌려갔다고 말하고, 어떤 이는 이 돌다리 위에서 팔다리를 잡고 들어 돌에 메어치는 자리갯질이 행해졌다고 한다. 때로는 여러 명을 눕혀 두고 이 돌기둥을 떨어뜨려 한꺼번에 여러 명을 죽이기도 했다고 한다. 그 어느 주장이 옳건 간에 이 돌은 우리 신앙선조들의 순교와 관련이 있음은 분명하다.

내가 보기에는 이 돌을 번쩍 들어 사람들을 내려 쳐죽였다는 설명은 설득력이 부족한 듯 싶다. 왜냐 하면, 길이 3미터, 너비 1.8미터, 두께 0.3미터의 이 돌은 장정 서너 명이 들기엔 너무 크고 무겁다. 사람 죽이는 것을 즐기지 않았다면 그같이 힘든 방법으로 처형할 만큼 우리 선조들의 심성이 악했다고 여겨지지 않기 때문이다. 처형당한 천주교인도 우리 선조이지만, 그것을 집행한 관리 역시 우리 선조가 아닌가.

아무튼 이 돌은 그 동안 서산 본당에 보존되어 오다가 해미성당이 세워진 뒤 1986년 현재의 위치로 옮겨졌다고 한다. 처음에는 길가에 그냥 두었는데, 그러다 보니 동네 아이들이 무등을 타고 놀거나 어른

자리갯돌/신자들을 내쳐 가슴을 터트리거나 머리를 부숴 죽였던 박해의
상징물로 해미읍성 서문인 지석루 앞에 있다

들이 술상으로 사용하는 경우가 많아 부득이 철망을 쳤다는 것이다.

유홍준의 『나의 문화유산답사기』를 보면, "돌다리는 성역(박해)의
상징이 되어 서산 천주교회가 명물로 삼을 요량으로 옮겨갔는데, 읍
성을 복원하면서 다시 찾아와서는 다시는 누가 못 들고 가게끔 이
모양 이 꼴로 만들어 놓았다"라고 쓰여 있다.

철망을 둘러놓은 교회의 처사가 못마땅한 모양이다. 하긴 나 역시
돌을 직접 손으로 만져 보고 싶었으나 그렇게 하지 못했다. 철망으로

둘러친 데다가 자물쇠로 잠가 놓았기 때문이다. 이곳을 관리하는 해미성당에 미리 연락을 하지 않았던 게 후회되었다.

나는 순교돌 앞에서 오랫동안 발길을 멈추었다.

머리채를 잡고 사지를 들어 메치어 가슴이 터지도록 머리가 부서지도록 자리갯질한 그 광경이 절로 눈앞에 펼쳐진다. 육신은 찢기어도 옥 같은 영혼으로 하늘 나라를 가리킨 그 돌에서 영원한 생명의 숨소리가 들리는 것 같다.

천주교 신자라고 해서 어찌 목숨 아까운 줄 모를까. 아니 피를 쏟는 아픔을 모르겠는가. 하지만 우리 신앙선조들은 생명보다 진리와 신앙과 하느님을 사랑했기에 온갖 고통과 어려움을 참고 기쁘게 죽음을 감수할 수 있었을 것이다. 새삼 순교돌을 철망으로 감싸 놓은 이유를 알 수 있을 것 같다.

생매장 당한 여숫골

해미에는 읍성 외에 또 하나의 사적지가 있다. 천주교 신자들을 한꺼번에 처형하기 위해 생매장시킨 현장이다. 읍내에 들어가기 직전에 왼쪽으로 해미천을 따라 가면 해미성당이 나오고 그 성당을 지나 5백여 미터쯤 가면 자그마한 돌다리가 있다. 그 다리를 건너자마자 수많은 천주교인을 생매장시킨 여숫골이 자리잡고 있다.

여숫골이란 지명은 '예수 마리아'라는 기도 소리를 '여수 머리'로 잘못 알아들은 주민들이 그렇게 부른데 연유한다고 전한다.

이곳에는 대전교구가 생매장 터인 진둠벙을 발굴하여 당시의 모습 그대로 재현해 놓고 있다. 높이 16미터의 순교탑과 노천 성당을 함께 마련하고 있는데, 규모는 작지만 비교적 잘 가꾸어진 외경이 사적지다운 맛을 풍기고 있다. 특히 노천 성당의 좌석이 돌로 마련되어 있어 해미읍성에서 본 자리갯돌을 다시금 떠올리게 한다.

이곳에서 우리 신앙선조들이 당한 처절한 역사는 사건이 있은 지

여숫골 노천 성당/생매장 당했던 순교자들을 오래 묵상할 수 있는 분위기이다

진둠벙/수많은 순교자들의 시체 처리를 간편하게 하기 위해 한꺼번에 생매장했던 곳이다

60여 년이 지나서야 겨우 확인될 수 있었다. 1935년 서산본당 주임인 범 베드로 신부가 앞장선 발굴 작업에는 당시 현장을 목격한 증인들이 참가했는데, 그들은 천주교인들이 앞다투어 뛰어들었던 그 구덩이를 정확히 짚어 냈다고 한다. 증인으로 참석한 이주필이란 노인은 열 살 되던 해 동리 아이들과 목격한 처형 장면을 고스란히 기억해 내고 생생하게 증언하여 그 자리에 있던 모든 사람들의 눈시울을 적셨다고 전한다.

실제로 증인들이 가리킨 곳을 파 보니 수많은 유해와 고상, 묵주 등 성물이 수습되었다. 특히 유해가 하나같이 서 있는 형상이어서 구덩이 속으로 뛰어들어 서 있는 채 매장되었음을 보여주어 사람들을 놀라게 했다고 한다.

그 옛날, 우리 신앙선조들은 처형이 늦으면 혹 마음이 흔들려 배교하지 않을까 걱정하여 포졸들이 밀어 넣기를 기다리지 않고 스스로 구덩이에 뛰어들었다고 하는데, 죽음을 두려워하지 않는 그들의 열정적 신앙에 새삼 고개가 숙여지고 말을 잃고 말았다.

나는 노천 성당 옆에 세워진 안내판을 큰소리로 읽어보았다. '순례란?' 무엇인가에 대한 열 가지 답이다.

하나, 하느님을 향하여 걸어가는 기도 행위
둘, 세상사를 끊고 하느님께 나아가는 수행자의 길
셋, 죄를 끊고 새 삶을 다짐하는 참회 행위
넷, 아브라함처럼 주님의 명에 순종하는 길
다섯, 주께서 가신 길을 따라가는 믿음의 길
여섯,. 약속하신 땅을 찾아가는 이스라엘의 여정
일곱, 주님과 함께 가는 수난의 십자가 길
여덟, 형제들과 함께 가는 사랑의 잔치 길
아홉, 선조들을 따르는 순교자적 결단 행위

열, 하느님 나라를 찾아 나선 종말론적 행동

과연 나는 이같은 물음에 자신 있게 그렇다고 자부할 수 있을까.

새삼 나 자신이 부끄러웠다. 내가 사적지를 답사하는 것은 신앙의 위대함과 영원함을 체험하기 위한 것이고, 궁극적으로 예수 그리스도의 삶에 동참하고 그리스도를 증거했던 순교자들의 삶을 본받기 위함이 아닌가. 그런데 과연 나는 일상적인 삶에서 얼마나 그리스도 증거자가 될 것을 다짐했고, 나 자신의 삶의 자리를 성화시키려는 노력을 얼마나 했는가.

순례에 대한 열 가지 답이 하나같이 나의 폐부를 찌른다.

특히 이곳에 잠든 우리 신앙선조들은 그 이름을 남기지 않았다는 점이 나를 감동케 했다. 호랑이는 죽어서 가죽을 남기고 사람은 죽어서 이름을 남긴다고 했는데, 이름조차 남기지 않고 온전히 하느님을 위해 모든 것을 바친 그들의 영성이야말로 내게 준 가장 큰 가르침이었다.

물론 그들은 이름을 남길 수도 없었을 것이다. 왜냐 하면, 이곳에서 순교한 대부분의 사람들은 평범한 서민들이었기 때문이다. 당시 해미진영의 영장은 국사범을 독자적으로 처형할 수 있는 권한을 가지고 있었지만, 비교적 신분이 있는 사람들은 홍주(지금의 홍성)나 공주 등 상급 고을로 이송시켰던 것이다. 따라서 이곳에서 처형된 사람들은 시쳇말로 별 볼 일 없는 평민이었고, 그들은 아무런 심리나 절차를 거치지 않은 채 처형되었기에 이름 석자조차 기록으로 남겨지지 않았던 것이다.

우리 나라 순교자 가운데 기록에 남은 숫자가 5천여 명이고 그와 맞먹는 숫자를 이름 없는 순교자로 파악하는데, 그 상당수가 이곳에서 순교한 사람으로 짐작된다. 어림잡아 1천여 명이라고 한다. 그 가운데 이름이 드러난 사람은 70여 명에 불과하다.

개심사 대웅보전/단정한 장대석 위에 자리잡은 대웅보전은 수다스럽지 않은 품위와
포근함이 석탑과 잘 어우러진다

개심사 해탈문/이름대로 번뇌에서 벗어나는 통로일까, 이 문을 지나야
비로소 마음이 열린다고 한다

그래서일까, 나는 해미 답사를 마치고 돌아오는 길에 취재 수첩에 이런 글을 적었다.

"밀알 하나가 땅에 떨어져 죽지 않으면 한 알 그대로 남아 있고 죽으면 많은 열매를 맺는다."

개심사와 마애삼존불

해미 답사를 마친 나의 마음은 참으로 뿌듯했다. 이름 없이 죽어간 무명 순교자들의 신심이 되살아나 내 마음을 가득 채우는 것 같았다. 하지만 발걸음은 가볍지가 않았다. 앞서 적은 대로 내가 이들 순교자들의 삶에 비해 결코 부끄럽지 않은 삶을 살고 있는가를 반성하면 할수록 발걸음은 무거웠다. 공세리성당으로 곧바로 가는 코스를 바꾸어 개심사와 서산 마애삼존불을 둘러본 것도 이같은 느낌과 무관하지 않다.

개심사는 해미에서 멀지 않다. 647번 지방도로를 따라 북쪽 하늘을 바라보고 운산-당진 방향으로 3~4킬로미터쯤 가면 신창주유소가 있고, 그 주유소를 지나자마자 우측으로 시멘트 길이 있다. 개심사 표지판이 크게 세워져 있어 쉽게 찾을 수 있다. 이 시멘트 길을 따라 3.7킬로미터 정도 가면 개심사 입구에 닿는다.

그런데 시멘트 길을 달리다 보면 색다른 풍경에 놀라지 않을 수 없다. 드넓게 펼쳐진 초원과 한가롭게 풀을 뜯고 있는 소 떼들이 흡사 외국의 목장 지대에 와 있는 듯한 착각에 빠지게 된다. 이곳이 바로 그 유명한 삼화목장이다. 지금은 '축협 한우개량사업소 농장'으로 명칭이 바뀌었다.

이 목장을 지나면 사과밭과 저수지를 지나게 되는데, 마치 소풍이라도 나온 듯한 기분에 젖게 한다. 그러나 조금 더 가면 소나무와 잡목이 어우러진 산 속에 깊이 잠겨 버린다. 그러다가 주차장에 이르면 울창한 솔밭이 앞을 가로막는다. 아름답기 그지없는 붉은 소나무 밭이다. 솔바람 소리에 실려 오는 송진 냄새가 도시에서 살아온 나를 감탄케 한다.

입구에 세워진 '세심동(洗心洞)'이라고 새긴 돌기둥이 손님을 맞는다. 마음을 씻고 들어가라는 뜻인가 보다. 하지만 마음을 씻을 여유도 없이 소나무 사이로 곧장 난 흙길을 가파르게 올라 마주보는 곳에 깔린 돌계단을 오르고 나면 저절로 씻은 마음이 된다. 돌계단은 군데군데 시멘트로 보수한 게 아쉽지만 자그마치 8백 미터의 길이 돌과 흙으로만 되어 있는데, 솔바람 소리와 청량한 새소리에 묻혀 이 길을 오르노라면 마음은 저절로 활짝 열리기 마련이다.

이름 모를 꽃나무를 구경하며 경내에 들어서면 길게 뻗어 있는 연못 한가운데 걸쳐져 있는 나무다리를 건너서 해탈문으로 들어서게 된다. 여기에 이르러서야 비로소 개심사라는 절 이름의 뜻을 알 수 있다.

개심사는 백제 말기인 654년에 창건된 고찰이다. 전각이 많지 않지만 짜임새 있는 배치로 답답하지도 왜소해 보이지도 않는 게 특징이다. 단정한 품위가 돋보이는 대웅전은 조선 초기의 건물로서 보물 제143호로 지정되어 있다.

대웅전의 왼편에 자리잡고 있는 심검당은 이 절을 찾는 모든 사람들을 놀라게 한다. 휘어진 나무를 그대로 살린 자연스러움이 보는 이들로 하여금 찬탄을 금치 못하게 한다. 단청을 하지 않아 오히려 깊을 맛을 느끼게 해주는 이 건축물은 조선 초기의 건물로서 몇 안되는 유적이기도 하다.

개심사는 가야산의 북쪽 줄기가 내려온 상왕산 중턱의 비탈을 깎아 터를 잡고 있는데, 멀리 내려다보는 시야는 서해 바다로 뻗어 나가 시원스러움이 있고 양쪽 산자락이 꼭 껴안아 주는 포근함도 느낄 수 있다.

개심사를 둘러본 다음, 서둘러 '백제의 미소'로 유명한 서산 마애

서산 마애삼존불상/백제의 미소라 불리는 밝고 은은한 미소,
꾸밈없고 건강하여 너그럽기 그지없다

삼존불을 찾아봤다. 어차피 공세리성당으로 가는 길목에 있는 문화
유산이므로 들러 볼 만하다고 생각했지만, 막상 이곳을 둘러본 내 느
낌과 인상은 전혀 달랐다.

흔히 백제의 미소는 인간이 지을 수 있는 미소 가운데 가장 아름
다운 미소라고 한다. 마음이 편안하고 온갖 욕심을 버린 선(禪)의 경
지에 달하면 지을 수 있는 미소인 셈이다. 그렇다면 처형을 당하는
우리 신앙선조들의 마지막 마음과 표정이 그러하지 않았을까. 모든
것을 하느님에게 바친 그들의 순결한 마음이야말로 '백제의 미소'에
버금갈 것이라고 생각된다.

때문에 나는 해미를 순례하는 우리 신자들이 마애삼존불은 반드시
둘러봐야 한다고 강조하고 싶다. 해미 순례를 마치고 귀경하는 길에
잠시 둘러볼 것을 권한다.

개심사에서 되돌아 나와 647번 지방도로를 타고 운산-당진을 향
해 가면 오른쪽에 가야주유소가 나온다. 이곳에서 우측으로 나 있는
길이 덕산으로 가는 12번 군도로이다. 이 길을 따라 가면 터널을 지

공세리성당/아산만과 삽교천 너머로 서해를 내려다 볼 수 있는 언덕에 위치하고
3백 년된 고목들이 순례객들을 반갑게 맞이한다

나고 고풍저수지와 만나게 된다. 가야주유소에서 4.2킬로미터쯤 되는 위치에 다리가 있는데, 다리를 건너면 길이 두 갈래로 나뉜다. 오른쪽 도로가 마애삼존불로 가는 길이다. 7백 미터쯤 가면 가게가 나오고 그곳에서 왼쪽으로 방향을 틀어 조금 올라가면 된다.

마애삼존불을 찾아가는 계절은 초여름이 좋다고 한다. 망초꽃이 저수지 둑을 하얗게 뒤덮어 살랑대는 모습이 그야말로 자연미의 극치라는데, 그 때를 맞추지 못하고 봄에 찾아온 것이 참으로 못내 아쉬웠다.

마애삼존불은 세 칸 짜리 전각에 숨겨져 있었다. 문을 열자 마주하는 암벽 가득히 세 부처가 은은한 미소를 머금고 방문객을 맞는다. 가운데의 부처가 본존여래입상, 왼쪽이 보살입상, 오른쪽이 반가사유상이다.

내가 보기에 부처의 미소는 그야말로 꾸밈없고 건강하고 밝고 너그럽다. 웃으면서도 이가 전혀 드러나지 않은 그 웃음이야말로 진짜 미소라는 생각이 든다. 우리 신앙선조들이 처형당하기 직전에 하느님에게 기도를 드린 그 순간의 표정도 이러하지 않았을까.

특히 아침해가 뜰 때에 가장 환하고 밝은 미소를 짓게끔 동남향으로 자리잡고 있다고 하는데 천주교인에 대한 처형 역시 대부분 아침에 이루어졌다는 점에서 마애삼존불이 순교지 해미 가까이 있다는 게 우연한 일만은 아니라는 생각이 들었다. 아무래도 개심사와 마애삼존불을 둘러보기를 잘했다는 생각이 거듭 들었고, 마음이 한결 여유로와졌다.

언덕의 빨간 집, 공세리성당

이제 내포 지방 코스의 마지막 답사지인 공세리성당으로 가 보자.

647번 지방도로를 이용하여 당진에 이르고 다시 32번 국도를 타고 달리다 보면 눈앞에 삽교천 방조제가 나타난다. 해미에서 이곳까지 대략 40킬로미터에 달하는 거리이다.

삽교천 방조제를 건너면 멀리 언덕 위에 고색 창연한 성당 건물이 눈에 띈다. 언덕 위의 하얀 집이 아니라 빨간 벽돌집이다. 길 오른 편에 세워진 안내판이 아니더라도 쉽게 찾을 수 있다.

공세리성당에 들어서는 길 또한 운치가 있다. 곧게 뻗은 길로 수백 년 된 고목을 바라보며 걷는 발길이 순례자의 마음을 편안하게 해준다. 성당 가까이 다가갈수록 신앙의 긴 역사를 증언하고 있는 듯한 고풍스런 모습에 감탄을 금치 못하게 된다. 성당 주위를 덮고 있는 고목도 예사롭게 보이지 않는다. 이 성당이 완공된 것은 1921년으로 이곳에서 34년간 사목 활동을 했던 드비즈 신부가 직접 설계하고 중국인 건축 기술자들을 불러들여 지었는데, 그 화려함으로 인근 고을에서 구경꾼이 몰려들었다고 전한다.

성당이 있는 자리에는 원래 공세(貢稅) 창고가 있었다고 한다. 아산호와 삽교호가 합쳐져 아산만을 이루는 이곳은 해상과 육로를 연결하는 포구였기에, 당시 조정에서는 아산, 서산, 한산을 비롯하여 청주, 옥천 등 40개 고을의 조세를 쌓아 둘 만한 80칸 짜리 창고 건물을 이곳에 지었던 것이다. 공세리라는 지명 역시 그 때문이다. 그러고 보면, 선교사들이 이곳에다가 성당을 세운 것도 공세 창고가 세워진 것과 맥을 같이 하고 있다는 생각이 든다.

우선 지리적으로 인근 내포 지방에 복음을 전파하기 유리한 위치인 데다가 극심한 탄압과 박해를 겪고 있는 시대적 상황이므로 중국과의 신앙적 교류가 어느 정도 가능한 이곳에 성당을 세웠을 것이다.

공세리성당을 찾는 방문객의 눈길을 끄는 것은 무엇보다도 성당을 한 바퀴 돌게 만든 오솔길이다. 이 길을 따라 예수의 수난을 묵상할 수 있는 14처가 마련되어 있다. 그 오솔길을 따라 걷다 보면 절로 기도를 올리고 싶고 묵상에 잠기게 된다.

부자가 되려고 애쓰는 사람은 유혹에 빠지고 온갖 해로운 욕심에 빠져서 구렁텅이에 떨어진다고 성서에서 가르치고 있다. 곡식을 쌓아 둔 창고 터에 지은 성당에 와서 신앙보다 재물을 더 섬기지나 않았나 스스로 반성하게 된다. 헛되이 낭비하지 말고 이 세상의 공동선(共同善)을 위하여 자신을 쓰라는 가르침이 새삼 뇌리에서 떠나지 않는다.

누가 생명의 아픔을 두려워하랴

조양문·홍주아문·홍주성·갈매못·오천성

영혼과 육신의 주인은 다르다

문화유산 답사와 마찬가지로 교회의 사적지 답사 또한 내력이 있는 곳을 찾아가는 일이다. 그곳에서 우리 신앙선조들이 살았던 삶의 발자취를 더듬어 그분들의 고귀한 얼과 뜻이 어디에 담겨 있는가를 살펴보고, 나아가 오늘의 나 자신의 믿음을 되짚으면서 신심을 더욱 두텁게 쌓는 일이다.

답사를 뜻깊게 하자면 찾아가는 지역의 자연지리와 인문지리, 그리고 역사적 사실에 대한 사전 지식을 갖는 것이 필요하다. 그러나 보다 중요한 것은 그곳에 서려 있을 신앙선조들의 신앙적 깊이를 파악하는 일이다. 특히 대부분의 교회 사적지가 순교지임을 감안한다면, 그들이 죽음을 맞을 당시에 어떤 자세로 임했는가를 우리가 온몸으로 느끼도록 노력하는 것이 바람직하다.

그런 점에서 이번에 2박3일 일정으로 찾아가는 홍성—보령—청양—공주 답사는 생명으로 살아 있는 진리를 전한 순교자들의 믿음 자세를 살피는 것으로 시작해야겠다.

잘 알다시피 이 땅의 천주교회는 우리 신앙선조들의 자발적인 노력으로 세워졌다. 외국 선교사의 직접적인 도움을 받은 다른 나라와 구별되는 특수한 자부심과 전통을 가지고 있다.

한국 천주교회가 창설된 18세기 후반의 세계 천주교회사를 보면, 유럽은 불란서 혁명의 여파로 침체된 상황이었고, 동양으로 눈을 돌리고 있던 스페인과 포르투갈은 국력의 쇠퇴로 전교 활동이 부진한 상태였다. 이웃 중국 역시 전례(典禮) 문제로 활발하지 못한 상태였다.

이런 때에 사신을 통해 북경으로부터 서양 문물과 함께 전해진 『천주실의』『칠극』등 한역 서학서를 남인 학자들이 연구하고, 학문적인 관심을 넘어 그것을 솔선하여 실천함으로써 이 땅에 비로소 교회가 창설된 것이다. 다시 말하면 초기 교회의 주역은 대부분 유학을 공부한 선비들이었다.

그러나 복음이 충청도와 전라도 지방에까지 널리 전파되고 광범위한 민중이 참여함으로써 천주교는 더 이상 지식인 중심의 교회가 아니었다. 말하자면, 처음에 천주교라는 이질적인 문화에 접촉한 주역은 지식인이었으나 문화수용 단계에 이르자 교회는 민중 중심의 교회로 성장해 나갔던 것이다. 박해를 받는 과정에서 상인 출신의 신자들이 상당수 평신도 지도자인 전교회장으로 활동했음이 그 사실을 뒷받침해 준다.

이 땅의 순교자는 대략 1만여 명으로 알려지고 있다. 그 중 절반은 이름도 모르는 사람들이다. 즉, 대부분의 순교자들은 그 신분에 있어서 양반이 아닌 중인 이하의 신분이었던 것이다. 신분이 이러하다면, 그들의 교리에 대한 지식은 해박할 수 없었을 것이다.

말이 잘 통하지 않은 선교사에게 교리를 들었고, 구하기 힘든 한글 서적을 통해 스스로 공부를 하는 등 남다른 정성과 노력으로 그들이 터득한 교리는 단순한 교리가 아니었다. 남달리 신비한 요소가 내포되었을 것이고 무엇인가 사로잡혔을 것이다. 살아 있는 교리, 생명의 말씀이었다. 혹독한 박해 속에서 목숨을 바쳐 믿음을 증거하는 마지막 순간까지 의연하고 조리 있는 비유와 해석으로 관리들을 놀라게 한 것이 그 단적인 예가 아니겠는가.

홍성에서 순교한 박취득(朴取得)과 원시장의 경우를 보자.

세례명이 라우렌시오인 박취득은 덕망이 높아 평소 이웃 사람들로부터 존경을 받는 인물인 데다가 의협심마저 강한 용기 있는 사람이었다. 신유박해 때 체포되지 않았지만, 그 스스로 옥에 갇힌 교우들을 찾아가 위로했는가 하면, 감영을 찾아가 무죄한 사람들을 가두고 매질하는 것은 큰 죄를 짓는 것이므로 석방할 것을 진언했다가 체포되어 한 달만에 풀려나기도 했다.

그가 풀려난 정확한 이유는 알려지지 않았으나, 당시 괴수급으로 지목된 사람이 아니면 대체로 석방했었다. 그러나 그는 천주학 관련자로 지목되어 있는 만큼 걸핏하면 수배령이 내려졌을 것이다. 기록에 의하면 "1797년 홍주 고을에 다시 박해가 닥쳐 박취득은 피신하였으나 그를 잡지 못한 포졸들이 그의 아들을 대신 잡아가자 자진하여 관아에 출두하였다"라고 되어 있다.

이때, 그는 국법을 어겼다고 죄를 탓하는 관장에게 말하기를, 임금을 포함하여 부모, 형제, 친구, 은인 등 모든 이를 사랑하는 것이 진정한 인륜이라고 하면서 국법은 육체의 주인일 뿐이며, 영혼의 주인은 하느님이라고 답했다.

음식과 물을 주지 않아 8일 동안 물 한 방울 마시지 못한 끝에 기절하고 만 그를 옥리들은 죽은 줄 알고 내다 버렸다. 하지만 그 이튿날 깨어난 그는 집으로 돌아가지 않고 다시 관장을 찾아가 "나는 굶겨도 죽지 않고 때려도 죽지 않으니 차라리 목을 매서 죽이시오"라고 죽기를 청했다. 그는 자신의 뜻대로 처형당하지 않고 옥사했다. 1799년 해미 감옥에서 일어난 일이다.

박취득이 옥에 갇혀 있을 때, 편지로 남긴 글의 한 토막을 보자.

"봄과 가을은 흐르는 물과 같이 지나가고 세월은 부시로 치는 돌에서 튀어나오는 불똥과 같아서 길지 못합니다. 특히 조심하셔서 천주의 명령을 충실히 지키십시오. 제가 옥에 갇힌 지 두 달쯤 되어서 저는 어떻게 해야 천주의 은총을 얻을 수 있는지 궁리하고 있었는데, 어느 날 잠결에 십자가를 따르라고 말하는 예수의 십자가가 얼핏 보였습니다. 이 발현은 약간 흐리기는 하지만 결코 잊을 수가 없습니다."

세례명이 베드로라고만 알려진 원시장 역시 끝까지 십자가를 지고 우리들에게 믿음을 증거한 순교자이다. 홍주 응정리의 부유한 집안에서 태어난 그는 56세에 천주교를 접하고는 홀홀 단신으로 1년간 집을 떠나 여기저기를 떠돌면서 교리를 배워 익혔다.

그후 집에 돌아와 가족과 친척들, 이웃 사람들에게 전교 활동을 하다가 1792년 체포되었는데, 그의 나이 60세였다. 그 이듬해 1월, 홍주 관아에서 혹독한 형벌과 고문을 받던 중 성 밖에서 얼어죽고 말았다. 결박한 그에게 물을 퍼붓고는 성밖에 내버린 것이었다. 굵은 밧줄로 묶인 채 온몸에 물을 뒤집어 쓴 그는 죽음의 그림자가 점점 다가오는 것을 느끼면서, 오직 주님의 수난만을 생각하며 기도를 올렸다고 전한다.

"나를 위하여 온몸에 매를 맞으시고 내 구원을 위하여 가시관을 쓰신 예수여, 당신 이름의 영광을 위하여 내 몸이 얼음에 덮여 있는 것을 보십시오"

마치 예수 그리스도가 갈바리아 언덕을 오르면서 그러했던 것처럼 순교자들은 고통의 무게를 이기지 못해 넘어지더라도 결코 좌절하지 않았다. 나는 홍성을 찾으면 이 두 사람의 목소리를 듣고자 애쓴다. 고문을 받으면서도 죽음을 조금도 두려워하지 않고 신앙을 증거한 그 목소리야말로 내가 홍성을 자주 찾아가는 기쁨이기도 하다.

조양문/홍주성을 드나들던 4대문 중 유일하게 남은 동문.
홍성 읍내로 들어서면 가장 먼저 눈에 띈다

조양문과 홍주아문

　홍성은 '산너머 남쪽'을 떠올리게 하는 고장이다. 험한 산도 없고 그다지 넓은 들도 없지만 사람들이 살기에는 포근한 곳이다. 그래서 모든 것이 한결같이 정겹고 따뜻하다.

　이번 답사 길에는 장항선을 이용했다. 주말인지라 극심한 교통난에 시달릴 것을 우려했기 때문이다. 막상 기차를 타자, 정말 잘했다는 생각이 들었다. 어떤 기차 여행도 그렇겠지만, 장항선은 그야말로

홍주읍성/일본인에 의해 일부 헐렸지만, 이곳을 찾는 답사자에게 말없이 역사를 증언해 준다

정감이 넘친다. 충청도의 느릿느릿하면서도 구수한 사투리가 사람 냄새를 느끼게 하고, 차창 밖으로 펼쳐지는 오밀조밀한 들판과 산악들이 맛깔스럽게 와 닿는다. 이웃 좌석에 앉아 있는 낯모를 사람들과 인사를 건네고 싶은 여행이다.

서울역 출발이 오후 2시였는데, 홍성역에 도착한 시각은 4시였다. 답사 여정을 촉촉하게 적셔 주기라도 하듯 가랑비가 부슬부슬 내린다. 열차가 도착한 뒤 얼마 지나지 않아 사람들이 썰물 빠지듯 빠져나가 버린다. 사람들이 들끓는 서울역과는 묘한 대조를 이룬다.

아는 사람이 없으니 특별히 기다릴 사람도 없었다. 가랑비를 헤치며 걸어서 천천히 읍내로 들어갔다. 10여 분쯤 걸었을까, 중심가로 들어서니 멀리 조양문(朝陽門)이 한눈에 들어온다. 홍주성을 드나들던 4대문 가운데 유일하게 남은 동문으로 홍주성의 주문이다. 서울 동대문보다 규모는 조금 작지만 생김새는 거의 비슷하다.

다른 지역의 성은 대체로 남문이 주문인데, 이곳 홍주성은 동문이어서 특이하다. 하지만 이 성이 서해로부터 들어오는 왜구를 물리친 거점이라는 점에서 보면 이해가 된다. 홍주성은 백제가 멸망했을 때 부흥군의 중요 거점이었던 주류성으로 추정되기도 하지만, 성을 언제 쌓았는지는 밝혀지지 않고 있다.

사적 제231호로 지정되어 있는 홍주성은 현재 8백10미터 정도 남아 있다. 일제 시대 때 일본인들이 서문과 북문을 비롯하여 성곽을 허물었는데, 마을 사람들이 강하게 반대하여 그나마 남아 있다는 이야기이다. 성곽의 원래 규모인 1천7백72미터가 그대로 보존되어 있다면, 해미읍성과 함께 손꼽히는 유적이 되었을 것이다.

홍주성을 보려면 홍주아문이 있는 군청 쪽으로 가야만 한다. 성곽 초입에는 시인 한용운의 시비가 세워져 있고 1949년에 세운 김좌진 장군비도 있다. 또 홍주성은 읍내 중심부에 자리잡고 있는 남산을 둘러싸고 있어 '남산공원'의 일부로서 홍성 사람들의 도심 공원 노릇을 톡톡히 하고 있기도 하다.

조양문을 한바퀴 돌아보고 나서 발길을 한 블록 거리에 위치한 군청으로 옮겼다. 군청이 있는 자리가 바로 그 옛날 홍주목사가 있던 동헌이다. 현대식 건물이긴 하지만, 입구나 마당에 고목이 우거져 있어 여느 군청과 달리 운치가 있다.

정문 앞에 이르자 좌우로 2백 년이 넘는 아름드리 느티나무 속에 '홍주아문(洪州衙門)'이란 현판이 걸린 세 칸 짜리 옛 대문이 우뚝 솟아 있다. 현판 글씨는 다름아닌 대원군의 친필이다. 고종 7년(1870년)에 조양문을 대대적으로 보수하고 문루를 설치할 때 같이 세웠다고 한다. 천주교 박해의 주역이었던 홍선대원군의 친필이 걸려 있는 곳에서 수많은 순교자들이 있었다는 게 역사의 아이러니가 아닐까.

군청 안으로 들어서면 그늘을 한껏 드리운 6백50년 정도 된 느티나무 두 그루가 나란히 서 있다. 고려 공민왕 7년에 심은 것으로 추

홍주아문/홍성군청 정문 옆에 있다. 한자로 된 대원군 친필사액이 시선을 끈다

홍주목 자리/공민왕 때 심었다는 6백50년 된 느티나무만이 옛 정취를 살리고 있다

정되는 이 나무는 높이 20미터, 둘레 6.2미터이다. 두 그루의 나무

사이에는 고을의 액운을 막기 위해 제를 올릴 때 썼다는 받침돌이 있다.

고개를 들어 느티나무를 바라보다가 그 나무 옆에 서 있는 은행나무 꼭대기에 까치집이 덩그러니 매달려 있는 게 눈에 띄었다. 잔가지들을 모두 잘라 낸 모습이어서 그 까치집은 특히 인상적이었다. 하지만 까치집조차 보존하려는 노력이 어쩐지 그 옛날 신자들을 고문하던 모습과 묘한 대조를 이루어 기분이 울적했다.

구전에 의하면, 천주교 신자들을 잡아다 옥에 가두기 전에 동헌 앞마당가에 있는 나무에 묶어 놓았다고 하는데, 이곳 홍성에서도 수많은 신앙선조들이 조양문으로 끌려 들어와서는 문초를 기다리는 동안 나무에 묶여 있지 않았을까 싶었다.

군청 건물을 지나 뒤뜰로 가면 홍주아문과 함께 지어진 동헌이 옛 모습 그대로 있다. 안회당(安懷堂)이라 쓰여진 현판과 함께 채색되지 않은 단아한 모습이 권위적이지 않으면서 늠름한 자태를 풍긴다.

동헌 건물 뒤로 널찍한 후원이 있는데, 한쪽에 위치한 연못 가운데 자리잡고 있는 정자가 여하정이다. 지금으로부터 1백 년 전 세워진 육모 지붕의 정자이다. 연못을 건너는 다리에는 '애련교(愛蓮橋)'라고 새겨져 있다. 뜰이나 정자 모두 규모는 크지 않으면서 정취를 느끼게 하는데, 교회로서는 이곳에서 이루어진 역사가 고문과 죽음이었다는 게 안쓰럽게 다가온다.

그런데 여기에서 한 가지 밝혀야 할 사실은 홍성 읍내를 아무리 둘러봐도 천주교 순교지임을 알리는 안내판이 하나도 없다는 점이다. 순교자가 많이 났다고 만 알려졌을 뿐 순례지로서 특별히 설명해 줄 준비가 전혀 되어 있지 않다. 그런 까닭일까, 솔뫼나 해미, 보령 갈매못, 청양 다락골 등지에는 성지 순례자들의 발길이 줄을 잇고 있지만 이곳을 찾아오는 사람은 매우 적다.

이곳에서 모진 고통을 당하고 숨을 거둔 선조들의 이름이나 그 정

동헌의 일부였던 안회당은 지금 군청 건물 뒤편에 남아 있다

확한 숫자는 현재까지 명확하게 밝혀지지 않고 있다. 지리적 위치나 마을의 규모로 보아 많은 사람들이 순교했을 것으로 추정되지만, 홍성군 내의 문서에는 천주교 박해와 관련된 내용이 하나도 적혀 있지 않다.

언젠가 홍주 향토문화연구회가 조사한 자료에 의하면, 이곳 출신의 순교자가 전국 순교자의 4분의 1을 차지한다고 했다. 『치명일기』 『기해일기』 등 순교와 관련된 자료를 뒤진 끝에 이름, 나이, 출신지, 처형지, 처형일, 처형 방법 등을 알아낸 순교자는 모두 4백36명, 그 가운데 1백4명이 홍성 출신이라고 한다. 특히 뮈텔 주교가 정리한 『치명일기』에는 8백80명 가운데 83명이 이곳 출신이다. 당시, 홍주 목사가 관할한 지역이 서해안의 20개 고을임을 감안한다면 수많은 무명 순교자들이 있었음은 분명하다.

나는 이 글의 서두에 순교자가 얼마나 많이 있는 곳인가를 중요하게 여기지 않겠다고 했다. 단 한 사람의 순교자가 있으면 그 자체가

애련교/안희당 뒤편의 정자 사이를 오가던 다리

중요한 것이다. 역사적으로 얼마큼 유명한 인물이 순교했고, 얼마나 많은 사람이 순교했는가를 산술적으로만 따지는 것은 생명으로 하느님의 말씀을 지킨 우리 신앙선조들에 대한 도리가 아니다.

때문에 홍주 관아에서 많은 신자를 한꺼번에 처형할 방법의 일환으로 어딘가에 구덩이를 파서 집단으로 묻었을 가능성이 높다는 사학자들의 이야기에 관심을 두고 싶지 않다. 현재 군청 건물로 쓰고 있으므로 순교 터에 비석을 세우거나 십자가 표시를 하기는 어려울 것이니, 성으로 둘러싸인 관아 전체를 순례지로 삼을 수도 있을 것이라는 견해 역시 개써 무시하고 싶다.

이렇게 생각해 보자. 이곳에서 순교한 우리 신앙선조들은 꾸미는 것을 싫어한다고 말이다. 땅을 사서 요란스럽게 기념비를 세우고 기도할 수 있는 분위기보다는 차라리 허물어진 옛 성터, 또는 옛 동헌 마당에 서 있으면서 말없이 아픈 역사를 지켜본 느티나무 아래에서 묵상에 잠기기를 보다 원하지는 않을까.

홍성이 낳은 여걸 강완숙

내가 홍성을 즐겨 답사하는 또 하나의 이유는 신앙선조들의 떳떳한 행동, 그리고 어려운 가운데도 외국인 사제를 모신 그들의 용기 때문이다. 앞서 말한 박취득과 원시장 외에 우리 나라 최초의 여성 전교회장인 강완숙이 그 대표적인 인물이다.

그녀는 우리 나라에 입국한 최초의 외국인 선교사인 주문모 신부를 도와 교회 기틀을 세우는데 크게 기여했다. 주문모 신부의 입국 당시 4천여 명에 불과하던 신자 수가 5년만에 1만여 명을 헤아렸고, 그 가운데 상당수가 여신자였다. 당시 국왕인 정조의 서제(庶弟)가 되는 은언군과 그의 아들 상계군이 반역죄에 연계되어 강화도로 유배되었을 때, 한양에 남아 있던 그 부인과 며느리를 찾아가 입교시킨 여걸이기도 하다.

예산에서 태어난 그녀는 인근 덕산 마을에 살던 홍지영이라는 양반의 후처로 들어갔다. 그러나 남편의 성품이 용렬한 탓에 가정은 행복하지 못했다. 자연 그녀는 늘 속세를 떠나고 싶어했다. 그러던 어느 날, 남편의 친척 되는 교인으로부터 천주학이란 말을 들었다.

"천주라면 하늘과 땅의 주인일 것이다. 이 종교의 이름은 올바르다. 그렇다면 그 교리는 진리일 것이다."

그녀는 어렸을 때부터 느껴 오던 종교적 갈망이 채워지리라는 심오한 영감을 받았다. 천주교 서적을 빌려다가 탐독하면서 위대하고 오묘한 교리의 진실성을 깨닫고는 전심전력으로 신봉하기에 이르렀다.우선 시어머니와 전실 소생 아들인 홍필주, 그리고 친정 부모를 입교시키는 한편, 남편을 신자로 만드는데 온갖 정성을 다했다. 하지만 남편은 쉽게 신앙을 받아들이지 않았다.

아내가 교리를 설명해 줄 때면 이내 받아들일 결심을 했으나 누군

98

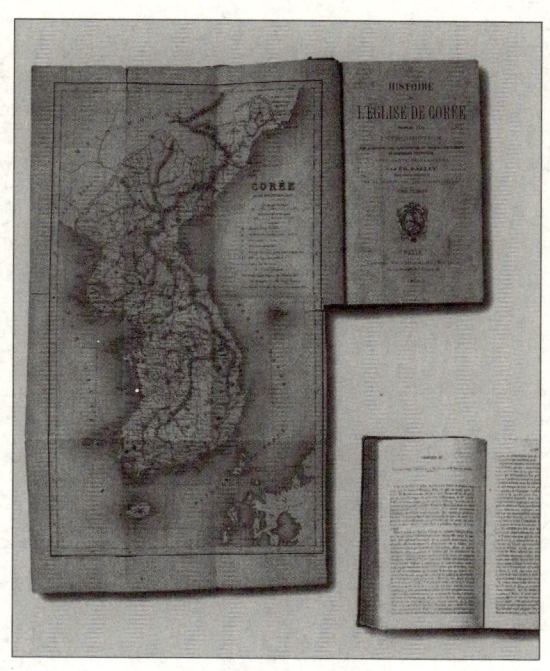

샤를르 달레의 한국천주교회사/다블뤼 주교 등이 조선에서
수집하여 파리로 보낸 자료를 토대로 저술되었다

가로부터 천주학을 비방하는 말을 듣고는 번복하기 일쑤였다. 그러
다가 신해박해가 있게 되고, 그녀는 옥에 갇힌 교우들을 방문하여 위
로하고 음식을 갖다 주다가 붙잡히고 말았다. 하지만 여자라는 이유
로 쉽게 풀려났다. 그때만 해도 천주교 박해가 주모자급을 중심으로
이루어졌었다.

　풀려난 직후, 그녀는 남편과 헤어져 시어머니와 아들, 딸을 데리고
한양으로 왔다. 헤어졌다기보다 쫓겨난 셈인데 남편이 아내로 인해
서 화를 입을까 두려워했기 때문이었다.

　한양에 올라온 뒤, 여러 교우들과 접촉하면서 전교에 힘쓰는 가운
데 주문모 신부를 맞이하는데 커다란 역할을 했다. 이에 주문모 신부

는 세례를 주고 최초의 여회장으로 삼았는데, 그녀의 전교 활동으로 수많은 부녀자들, 특히 양반 집 부녀자들이 상당수 입교한 것으로 전해지고 있다. 그녀는 신유박해 때 체포되고 말았다.

당시 포도청에서는 주문모 신부의 행방을 알아내고자 그녀에게 온갖 형벌을 가했는데, 끝내 입을 다물어 형리들조차 그녀를 가리켜 '사람이 아닌 신'이라는 감탄을 자아내게 했다고 한다. 체포된 지 다섯 달 뒤, 서소문 밖 네거리에서 처형당했다. 당시 그녀의 나이 41세였다.

홍성에서 강완숙과 함께 기억해야 할 또 하나의 인물이 있다.

포졸이 아무리 때려도 목숨이 끊어지지 않자, 마침내 자신의 급소를 관리에게 알려주어 치명한 사람, 바로 이여삼이다. 이곳에서는 지금까지도 '여삼이처럼 참어라'는 속담이 전해지고 있다. 당시 관아에서는 죽은 사람들의 얼굴을 보고는 "이 사람은 광채가 나리만큼 평온치 않은 걸 보니 여삼이 정도가 못된다"라고 말했다고 한다.

샤를르 달레의 『한국천주교회사』에는 순교자 이여삼에 관해 다음과 같이 기록하고 있다.

"그는 아직 예비신자에 지나지 않았으므로 크게 십자가를 긋고 '나에게 성세를 주노라' 하며 머리에 물을 부었다. 그런 다음 눈이 둥그래진 관원을 올려다보며 말했다. '저는 큰 죄인입니다. 그런데 여태껏 때린 모양으로 때리면 아직도 죽을 길이 아득합니다. 제가 죽기를 원한다면 여기를 치도록 하십시오' 그러면서 몸 옆구리를 손으로 가리켰다. 그가 가리킨 데를 두 번 치니, 그는 그만 숨을 거두었다. 그 때 그의 나이 43세였다."

우리 나라 순교사를 보면 아직 세례를 받지 않은 상태에서 순교한 사람이 많다. 이여삼은 예비신자로 순교했으므로 혈세(血洗)를 받은 셈이다. 즉, 피로써 자신의 죄를 씻었다. 일반적으로 혈세의 효과는

100

물로 주는 세례와 똑같으나 성사의 인호(印號)를 받지 못하고 다른 성사를 받을 수 있는 자격이 주어지지 않는 점만이 다르다.

그러나 그 어느 것이건 간에, 하느님의 부르심이라는 점에서는 똑같다. 다만 방법만이 다를 뿐이다. 하느님은 사랑하는 인류를 방치하지 않고 구원하는데, 그 부르심에 어떻게 응답하는가가 문제가 아닐까. 마음의 문을 열고 있으면 기꺼운 마음으로 응하고, 그렇지 않으면 굳게 닫고 있을 뿐이리라.

보령 갈매못

천주교 사적지를 답사할 때면 나는 언제나 그곳 피정의 집에서 여정을 풀곤 한다. 그러나 홍성에는 그럴 곳이 없었다. 조양문과 홍주 아문을 들러보고 나서 저녁을 먹고자 식당을 찾았다.

홍성은 예로부터 축산 단지로 널리 알려져 왔다. 그 중에서도 한우 고기는 다른 지역보다 맛이 좋다. 하지만 어느 집이 좋은지를 알 수 없어 무작정 군청 근처의 식당 가를 배회했다. 공무원들이 비교적 맛좋은 음식점을 자주 간다는 것을 알고 있었기 때문이다. 아닌 게 아니라 이날 먹은 한우 고기는 홍성 특유의 조리법으로 요리된 탓인지 쫄깃쫄깃한 맛이 일품이었다. 소주 한 잔을 곁들여 먹는 저녁은 풍성한 만찬이었다.

다음 날 아침, 나는 조양문 근처로 나와 해장국 한 그릇으로 아침 식사를 때웠다. 어제 조양문을 둘러보면서 근처의 식당 가에 해장국 집이 몰려 있음을 미리 눈여겨봐 두었던 것이다.

다음 답사지는 보령 갈매못이고, 이어 청양 다락골과 공주 황새바위를 가야 한다. 이곳 저곳을 둘러보자니 차를 타고 오지 않은 것이 후회되었다. 할 수 없이 예산에 살고 있는 친구에게 사정을 이야기했다. 친구는 이 기회에 천주교 사적지를 답사할 수 있으니 얼마나 다행이냐면서 선뜻 응해 주었다.

가슴 아픈 순교사를 고이 안은 채 한가로운 갈매못 바닷가
순교자의 넋인 양 안개가 끼는 날이 잦다

보령 갈매못은 홍성에서 21번 국도를 따라 한참 내려가야 한다. 차창 밖으로 펼쳐지는 정경은 서해안에 가까워질수록 더욱 정겹게 느껴진다. 잘 포장된 국도를 따라 13킬로미터쯤 가자 새우젓으로 유명한 광천읍이 나오고, 다시 보령을 향해 내달리자 광천과 보령의 중간 지점인 주포 삼거리에 닿았다. 길목에 갈매못 성지임을 안내하는 작은 푯말이 아담하게 여겨진다.

이 푯말을 따라 삼거리에서 우회전하여 6킬로미터 정도 가면 홍보주유소가 있는 삼거리가 나오고, 이곳에서 다시 좌회전하여 6킬로미터쯤 가면 우측으로 갈매못 순교지가 있다. 그리고 조금 못미쳐 조선조 시대에 충청도 수군절도사 영이 있던 오천성이 언덕 위에 자리잡고 있다.

나는 이곳을 향하면서 이문구의 소설 『관촌수필』을 떠올렸다. 이 고장 출신인 그는 다시 고향에서 옛 흔적을 만나기 어려웠다지만 이곳에는 아직도 우리들에게 마음 따뜻한 신앙을 전해 주고 있는 사람들의 영혼이 서려 있다.

하지만 바닷가에 면해 있는 갈매못은 서해안 지역에서 유일하게

보령 갈매못/고종의 혼사를 앞두고 한양에서 피 흘리면 좋지 않다는 무당의
말을 좇아 충청도 수영이 있는 이곳에서 사형이 집행되었다

개발되어 있는 성지라는 설명에 어울리지 않게 단조로웠다. 순교복
자비와 순교성인기념비, 야외 제단, 그리고 울타리가 없다면, 송덕비
가 세워진 여느 농촌 마을 입구의 공터나 다름없었다.

해가 지는 일몰 때 바라보는 바닷가의 경관도 절경이라고 하기에
는 바닷물이 탁했고 전망이 협소했다. 그 옛날 이곳을 고소십경(姑蘇
十景)의 하나로 부른 멋이 전혀 와 닿지 않았다.

참고삼아 '고소십경'이라고 하면, 안면도의 구름 같은 소나무 숲,
오서산에서 바라보는 아침 노을, 용금문의 보름달, 한산사의 저녁종,
외연도의 빗살 같은 대나무 숲, 자라섬의 저녁 돛배, 바다문의 여우
봉, 능허각의 조숫물, 고소대의 고깃배 불빛, 그리고 항구에 연이은
높은 배 등을 가리킨다고 한다.

갈매못을 대하는 사람들은 누구나 처음에는 허전한 심정을 감추지

못하게 된다. 1866년 병인박해 때 다블뤼 주교를 비롯하여 오매트르 신부, 위앵 신부, 황석두, 장낙소(일명 장주기) 등 5명과 5백여 명의 이름 모를 교우들이 숨진 곳이라고 하기엔 뭔가 가슴속에 와 닿지 않는 구석이 많다. 내가 보기엔 역사적 유적이 전혀 없기 때문인 것 같다. 순교 성지이므로 묵상을 한다고 해서 순교자들의 영성이 온몸으로 느껴지는 것은 아니리라. 하다 못해 순교 당시의 장면을 그림으로 그려 놓았더라면 보다 생생한 묵상 자료가 되지 않을까 싶었다.

언젠가 사형을 집행하는 망나니들이 다블뤼 주교의 목을 절반쯤 잘라 피가 철철 흐르는데, 사형집행관에게 돈을 달라고 흥정하고 곁의 위앵 신부와 오매트르 신부가 몸을 불끈 일으키는 그림을 본적이 있는데, 이같은 그림이라도 게시했더라면 한결 사적지다운 분위기를 보여주지 않았겠는가 하는 아쉬움이 남는다.

하기야 이 정도로 가꾸어진 것도 많은 사람들의 노력의 결과이다. 1980년 여름에 처음 왔을 때는 도로가 있지도 않았고 글자 그대로 파도가 밀어닥치는 자갈밭이었던 것이다. 이웃에는 민가도 거의 없어서 황량했다. 그런데 이젠 2차선 아스팔트 도로가 잘 깔려 있고, 어울리지 않게 이웃에 횟집까지 서너 집이 생겼다.

하지만 이곳에는 아직까지 관리사무소가 설치되어 있지 않으므로 순례나 답사를 가고자 하는 사람은 미리 대천성당에 연락을 해 두는 것이 좋다.

자진하여 처형당한 다섯 성인

앞서 이야기한 대로 갈매못은 세 사람의 외국인 선교사와 두 사람의 전교회장이 처형당한 곳이다. 그들이 서울에서 이곳으로까지 끌려온 것은 마침 고종이 병을 앓는 데다가 그의 혼인날이 한 달밖에 남지 않았기 때문이다. 당시 궁중에서 무당을 불러 점을 쳐 보니 임금이 계신 한양에서 피를 흘리게 되면 혼사에 해롭다고 하여 서울로

충청 수군절도사가 주둔했던 장교청 건물

당시 충청 수영에 근무했던 수군절도사의 공적을 기리는 송덕비들,
비바람에 깎여 역사적 흔적을 찾아보기 힘들다

부터 멀리 떨어진 곳, 즉 충청도 수군절도사 영이 있던 이곳에서 사형을 집행한 것이다. 갈매못에 당도하기 직전에 얕은 언덕이 있는데, 그 언덕 위가 바로 수영이 설치된 곳이었다. 그 옛날에는 관덕정 등 정자와 40여 동의 건물이 있었으나 지금은 장교청, 공해관 등 두 채만이 복원되어 있고, 23개에 이르는 빗돌들이 서해를 바라보면서 역사를 증언하고 있다. 바닷바람에 깎인 탓인지 빗돌에 새겨진 글자를 읽기 힘들었으나 선정비, 불망비들이 대부분이었다.

중종 때에 서해안 방어 기지의 하나로 쌓았다는 오천성의 잔재 또한 많지 않았다. 다만 군사적 필요성에 의해 성밖과 바다가 훤히 내려다보이는 위치에 쌓은 만큼 전망만은 썩 훌륭했다.

나는 다섯 사람이 수영 관아에서 갈매못 현장까지 끌려간 마지막 길을 걸으면서, 당시 그들의 심정은 어떠했을까 헤아려 보았다. 이곳에서 순교한 다섯 사람은 하나같이 자진하여 죽기를 결심한 신앙 열의를 지니고 있었다.

우선 다블뤼 주교를 도와 교리서를 번역하며 교회 서적을 출판하던 황석두를 보자. 그는 내포에서 체포되어 한양으로 압송 당하는 다블뤼 주교를 몇 십 리 길이나 뒤따라가서 체포된 인물이다. 입교한 이후 주로 외국인 선교사와 생활해 왔다는 점만으로도 설명이 되는 신앙 열의이다.

연풍의 부유한 양반 집에서 3대 독자로 태어난 황석두는 과거 보러 한양 길에 나섰다가 우연히 한 주막에서 천주교인과 사귀게 되어 입교했다. 부친의 반대를 무릅쓰고 3년 동안 벙어리 행세를 하여 가족들을 설득시켰던 그는 페레올 주교 밑에서 절제와 금욕 생활로 몸을 깨끗이 한 것으로 전해지고 있다.

당시 페레올 주교는 황석두의 아내가 남편과 떨어져 순결을 지키며 살기로 승낙했기 때문에 그에게 사제 서품을 주려고 생각한 일까지 있었다고 한다. 그러나 당시 교황청에서는 황석두의 아내가 들어가 있을 수도원이 조선에 없다는 이유로 이를 허락하지 않았다. 황석두는 평소 검소한 생활을 함으로써 사람들로부터 신용과 존경을 받았는데, 중국의 예수회 선교사 알레니가 한문으로 저술한 『회죄직지(悔罪直指)』 등 수많은 신심 서적을 번역하고 갖가지 교회 서적을 편찬하는데 크게 기여했다.

배론 신학당의 집주인이던 장낙소 역시 황석두와 다름없는 신심을 우리들에게 보여준 사람이다. 거듭된 박해를 피해 고향 수원을 떠나 이 산 저 고을로 돌아다니다가 제천 배론에 자리를 잡은 그는 자신의 집을 신학교로 쓰게 하는 한편, 자신은 신학교에 달린 토지의 농사일과 잔일을 맡아 했다.

병인박해를 맞아 뿌르티에, 쁘티니콜라 신부와 함께 잡혔을 때 그는 함께 잡히기를 청했다. 그러나 두 신부는 포졸에게 돈을 주어 그를 놓아주게 했는데, 장낙소는 피신하지 않은 채 소를 타고 두 신부의 뒤를 따랐다. 돌아갈 것을 권해도 자꾸 따라오자, 신부는 포졸들로 하여금 그를 강제로 돌려보내도록 했고, 결국 장낙소는 울면서 집에 돌아가고 말았다. 그러다가 다른 포졸에게 붙잡혀 끝내는 자신의 소원대로 신부들과 함께 처형당했다.

외국인 선교사 역시 마찬가지였다. 합덕읍 신리공소에 머물고 있던 다블뤼 주교는 지방에서까지 신부와 교우들을 마구 잡아들인다는 소식을 듣자, 처음에는 배를 타고 조선을 빠져나갈 생각을 했으나 이내 마음의 안정을 되찾고는 스스로 관아에 나가 잡힐 결심을 하게 되었다.

그리하여 예산 봉산면의 쇠재에서 활동 중인 위앵 신부, 예산 고덕면의 거더리에서 전교하고 있던 오매트르 신부에게 사람을 보내 "착한 목자는 그의 양들을 위해 목숨을 바친다"라고 권했다. 이들 세 사람은 자신을 체포한 포졸들에게 다른 교우들은 풀어 줄 것을 청하여 많은 신자들이 풀려났고 동리 사람들 역시 다치지 않았다고 한다.

이처럼 자진해서 죽음의 길로 내달린 다섯 사람의 유해는 현재 연풍에 있는 황석두를 제외하고 절두산 순교성지에 모두 모셔져 있다. 하지만 그들이 남긴 고귀한 얼과 뜻은 아직도 이곳 갈매못에 서려 있다는 생각을 떨칠 수가 없었다.

이런 나의 생각을 알아준 까닭일까, 사적지 주변에 안개가 자욱하게 깔린다. 새삼 '순례자의 노래'가 기도하듯 튀어나온다. 잘 아는 가사이지만 다시 한번 읊조려 보자.

인생은 언제나
외로움 속의 한 순례자
찬란한 꿈마저 말없이 사라지고
언젠가 떠나리라

인생은 나뭇잎
바람이 부는 대로 가네
잔잔한 바람아 살며시 불어 다오
언젠가 떠나리라

인생은 들의 꽃
피었다 사라져 가는 것
다시는 되돌아오지 않는 세상을
언젠가 떠나리라

인생은 언제나
주님을 그리는가 보다
영원한 고향을 찾고 있는 사람들
언젠가 만나리라

문득 갈매못을 떠나면서 다섯 사람이 한양에서 이곳까지 2백50리 길을 걸어오다가 중간에 막걸리로 목을 축이면서 잠시 쉬었다는 바위를 답사하지 못한 게 아쉬움으로 남았다.

그 바위는 아산에서 북쪽으로 45번 국도를 따라 평택을 향해 가다 나오는 아산시 음봉면 삼거리라는 마을에 있다. 다섯 사람은 이 바위에서 목을 축이고는 마지막 설교를 한 다음 성가를 불렀다고 하는데, 현재 절두산 순교자기념관의 광장에 있다. '오성바위'라고 부른다.

이름없는 이들을 위한 기도

다락골·칠갑산·수리치골·황새바위·공산성
장깃대 나루터·계룡산

청양 다락골의 줄무덤

우리 나라 지명을 보면, '청(靑)'자가 들어간 고장 치고 산골 마을
이 아닌 곳이 없다. 경북 청송이나 대구 아래 있는 청도가 그렇듯이
충남 한복판에 있는 청양 역시 그렇다. 대체로 지명에 '푸를 청'자가
있는 지역은 나무가 많아서 붙여진 이름인데, 나무가 많으면 공기가
맑고, 공기가 맑으면 마음이 맑다고 한다. 청양의 경우, 볕이 많아
'볕 양'자까지 붙였으니, 글자만 갖고 풀이하면 청양은 더할 나위 없
이 살 만한 고장이다.

그런 기분 때문일까, 갈매못을 떠나 청양으로 향하는 나의 발걸음
은 무척 신났다. 비록 찾아가는 청양 다락골이 최양업 신부의 고향이
자 무명 순교자 묘가 있는 곳이라는 점에서 영광과 상처를 함께 간
직하고 있는 고장이지만, 답사자로서는 찾아가는 여정이 기대와 보
람으로 충만하기를 기대한다.

갈매못에서 청양 다락골을 가려면 다시 주포 삼거리까지 나와서
우측으로 방향을 틀어 남쪽으로 내려가야 한다. 보령 시내에 들어와

줄무덤 가는 길/화성면 사무소에서 다락골까지 새마을 도로가 뚫려 있다

서는 36번 국도를 따라 가는데, 보령시와 청양군의 경계 마을인 청양군 화성면 장계리를 지난 지 얼마 안되어 화강교라는 작은 다리를 건너게 된다. 보령에서 이곳까지의 거리는 20킬로미터 정도이다.

이 다리를 건너자마자 삼거리가 나오면서 초입에 '양업로(良業路) ─성지 줄무덤 가는 길'이라 쓴 돌 표지판을 볼 수 있다. 서울에 한강대교와 양화대교 사이의 강변북로를 '대건로(大建路)'라 하는데, 이곳 청양에는 양업로가 있는 셈이다. 우리 나라 가로명 가운데 천주교와 관련된 곳은 대건로와 양업로 뿐이다.

이 양업로를 따라 구불구불한 도로를 2.5킬로미터 정도 가면 농암리 마을이 나온다. 길 좌측으로 최양업 신부의 생가 터인 새터가 있고, 다시 2킬로미터쯤 산 속으로 들어가면 줄무덤이 있다. 생가 터와 줄무덤 모두 '다락골'이라 부른다. 행정구역상 충남 청양군 화성면 농암리이다. 이곳까지 오는 길은 여러 갈래이다. 내가 이곳에 처음 찾아왔던 1984년에는 솔뫼 성지 순례를 마친 터인지라 합덕-신례원-예산을 거쳐 32번 국도를 타고 공주로 향하다가 대덕리에서 621번 지방도로로 바꾸어 청양으로 왔다. 그 뒤로는 청양을 거치지 않고 예산에서 곧바로 화성으로 통하는 도로를 이용했는데, 대덕리 못미처 신양리라는 곳에서 619번 지방도로를 이용하면 곧바로 당도한다. 이 길을 가면 예당저수지를 지나게 되어 답사자의 여독을 씻어 준다. 호수면서도 마치 바다 같은 분위기를 풍기는 저수지, 특히 주변의 봉우리들이 더욱 청아하고 우람하게 느껴진다.

언젠가 전국 장수촌을 취재하면서 예당저수지 근처에 위치한 응봉면 등촌리를 찾은 일이 있었다. 공기가 맑고 산세가 좋아 장수 노인이 많다는 이 마을에서 산초 기름에 붕어를 튀겨 먹는다는 별미 소식을 듣고는 군침을 삼킨 적이 있었다.

이곳 노인들은 아무리 늙어도 인근 국사봉에 올라가 약초를 캤다고 하는데, 예산 응봉과 청양 화성은 가까운 거리이면서 비슷한 산세이므로 다락골에 살던 순교자들도 하느님의 영원한 세상을 염원하지 않았다면 이곳 노인들처럼 약초를 캐어 백수를 쉽게 누리지 않았을까 싶다.

답사 코스로 보면, 새터에 먼저 들러야 하지만 나는 줄무덤을 먼저 찾았다. 보령 갈매못에서 젖은 순교자의 영상이 지워지지 않은 탓일까, 새터를 지나쳐 산 속으로 내달렸다. 다락골을 한자로 표기하면 '누동(樓洞)'이라고 하는데, 산 속의 마을은 그 이름에 어울리게 높은 지대의 산자락에 자리잡고 있었다. 인가는 30여 호 정도이다.

이곳은 처음에는 '월내리(月內里)'로 불렸는데 순수 우리말로 '달안골'이라 한 것이 다락골로 바뀌어 전해졌다고 한다. 다래가 많이 나서 '다랫골'로 불렸다고도 한다.

대체로 두메산골이라고 하면 적적하고 찌든 기색이 있기 마련이다. 그런데 이곳은 어딘가 넉넉한 구석이 있다. 풀잎 냄새 속에서 홀

줄무덤으로 가는 길에 마련된 십자가의 길에는 항아리 모양의 특이한 14처가 있다

줄무덤은 세 군데나 있어 이정표를 보고서야 찾을 수 있다

러나오는 산새 소리도 더 맑게 들리는 것 같다. 줄무덤은 얕은 마을

뒷동산에 있다. 매우 경사진 산길을 오르는 동안 소나무 숲 내음이 코끝에 닿았다. 박해 시대에 우리 신앙선조들은 험한 산 속으로 어렵게 피난했지만 나로서는 숲 내음이 그저 좋기만 했다.

이곳의 산길은 십자가의 길을 겸하고 있다. 가파른 산길을 따라 항아리 모양의 14처가 눈길을 끄는데, 우리 고유의 멋이 제법 운치가 있어 보인다.

소나무가 우거진 산 중턱에 이르자 길이 두 갈래로 나뉘면서 좌측은 제1 줄무덤, 우측은 제2, 제3 줄무덤임을 가리키는 안내 푯말이 석양에 붉게 노을져 있다. 보령에서 오전에 출발했건만, 이곳에 도착한 시간은 황혼 녘이었던 것이다.

발길을 제1 줄무덤으로 옮겼다.

아무도 없었다. 산새들만 푸덕거린다. 양지바른 산등성이에 무명 순교자들의 묘비가 여러 줄로 세워져 있는데, 마치 사열이라도 받으려는 듯한 모습이다. 하얀 묘비 표시마저 없었다면 무심코 지나칠 무덤들이다. 제3 줄무덤에서는 봉분은 조금 흐트러졌을 망정 빗돌은 가지런히 놓여 있다.

이곳에 잠든 순교자는 모두 36기이다. 제1 줄무덤에 14기, 그 아래 제2 줄무덤에 10기, 등성이 너머 제3 줄무덤에 12기이다. 하지만 그들이 누구인지는 모른다. 병인박해 때 홍주감영에서 순교한 교우들의 시신을 엄중한 감시를 뚫고 밤중에 훔쳐다가 최씨 종산인 이곳에 안장했다고 만 전해지고 있다. 어느 무덤은 펑퍼짐하게 크게 주저앉아 한 사람이 아닌 여러 사람을 합장한 것처럼 보이기도 한다.

줄줄이 이은 줄무덤 앞에서 나는 잠시 고개를 숙였다.

흔히 십자가 하나가 산 사람들을 깨우쳐 준다고 하는데, 십자가가 줄줄이 세워져 있으니 그 십자가의 숫자만큼 우리들을 깨우쳐 주기 위함일까. 어쩌면 임자 없는 이 줄무덤이야말로 이 세상을 구원하기 위한 하느님 계획의 일환인지도 모를 일이다. 어쩌면 하느님을 한없이 사랑했기에 이름마저 온전히 바친 영혼의 표시일 것이다.

순교지를 답사할 때마다 뇌리를 떠나지 않는 것이지만, 이곳에서도 역시 이들이 세월을 뛰어넘어 오늘의 우리들에게 전해 주고 싶은 메시지가 무엇일까 되새겨 봤다.

신앙을 증거하기 위해 죽음마저 두려워하지 않은 용기 있는 신앙적 자세를 깨우쳐 주고 싶었을까, 아니면 이름 석 자만을 드러내는 삶이 얼마나 허망한 것인가를 일깨워 줌으로써 사회적 명성만을 추구하는 우리들에게 참된 삶이란 무엇인가를 가르쳐 주려는 것일까. 세월의 무상함을 곱씹게 하는 분위기는 줄무덤에서 나와 들른 새터에서도 마찬가지였다. 잡초만 무성했고, 이웃에 네댓 가구가 모여 사는 산기슭 밑으로 우물 하나가 외롭게 보존되어 있을 뿐이다.

새터는 최양업 신부의 생가 터이다. 따라서 그의 부친 최경환의 고향이기도 하다. 주지하다시피 최양업 신부는 순교자가 아니다. 성인 품에 오르지도 못했다.

그러나 '피의 순교'는 아니지만 '땀의 순교'를 한 인물이기에 나는 그를 특별히 기억하고 싶다. 김대건 신부가 1년 남짓 사목 활동을 한 데 비해, 최양업 신부는 12년간 박해를 피하여 낮에는 숨어 다니면서 신자 마을을 찾아 수십 리 길을 걸어다니는 등 눈부신 전교 활동을 했던 것이다.

생각해 보자. 순교자가 성인 품에 올랐는가 오르지 못했는가 하는 잣대는 살아 있는 사람들이 붙인 하나의 제도에 불과하다. 성인 품에 올랐다면 우리가 특별하게 기억해야겠지만, 그렇지 못하다고 해서 우리가 순교자들을 기억하지 못한다면 잘못된 것이다. 곰곰이 생각해 보면, 우리들이 세계에서 네 번째로 성인이 많은 나라에 살고 있는 것도 성인 품에 오르지 못했거나 이름을 남기지 않은 무명 순교자들의 신앙유산 덕택이다.

이곳에 경주 최씨 일가가 자리를 잡은 것은 신해박해 직후이다. 본

무명 순교자의 묘 앞에는 아무런 글귀도 없이 하얀 십자가만 세워져 있다

시 한양에서 살던 최양업 신부의 증조부 최한일은 일찍부터 천주교를 믿어 왔다. 이존창의 권화로 열심히 신앙생활을 해 오던 그는 교우 집안과 혼인하여 인주를 낳고 일찍 세상을 떠났는데, 인주의 어머니가 바로 이존창의 누이이다.

신해박해가 있자 그는 박해를 피해 이곳에 정착했다. 그리고 황무지를 개간하면서 차차 살림이 넉넉해지자 점점 사람들이 모여들어 새로운 마을을 이루었던 것이다. 이 때 모자가 개간했던 땅이 바로 새터이다.

최인주에게는 아들이 셋 있었다. 막내가 바로 최양업 신부의 부친 최경환이다. 어려서부터 열심히 신앙생활을 해 온 최경환은 비록 한문 교육은 많이 받지 못했으나 열렬한 애덕과 하느님의 신비에 대해 상당히 해박한 지식을 갖게 되었다. 그는 밭에서 일할 때나 집에 있을 때, 혹은 길을 가다가 이웃 사람과 이야기를 나눌 때라도 천주교 교리와 신심에 관한 이야기만을 화제로 삼았다. 그는 세속적인 평판이나 현세적인 삶에 관심을 두지 않았다.

순박한 그의 심성을 보여주는 예를 들어보자.

우선 물건을 살 때면 제일 나쁜 것이나 흠이 있는 것만을 골랐다. 사람들이 그런 그의 우매한 행동을 탓하면 "나쁜 물건을 사는 사람도 있어야 하지 않겠소 그런 사람이 없으면 장사꾼들은 어떻게 살아갈 수 있단 말이오" 라고 답했다.

어느 해인가, 추수할 무렵에 굉장한 폭우가 쏟아져 농사를 망치고 말았다. 온 마을 사람들이 한숨을 지으면서 탄식하고 있을 때, 그는 여느 때와 달리 더욱 밝은 표정을 지었다. 이를 이상하게 여긴 사람들이 그 까닭을 묻자, 이렇게 말했다.

"여러분, 무엇 때문에 절망과 비탄에 잠겨 있습니까? 모든 일은 하느님께로부터 오는 것입니다. 왜 여러분은 세상의 모든 일이 하느님의 뜻에 따라 되는 것임을 믿지 않습니까? 우리가 게을러 농사를 망쳤다면 모르겠지만, 하느님의 섭리로 추수를 망친 것인데 슬퍼할 까닭이 무엇입니까?"

만일 요즘 사람들이 최경환의 입장이라면 그와 비슷한 행동을 했을까. 나 역시 그러하기가 쉽지 않다고 생각한다. 어찌 보면 최경환은 믿음을 지나치게 맹종하는 모습을 보여준다. 그러나 주어진 현실 여건에 최선을 다하는 그 신심이야말로 각박한 오늘의 현실을 살아가는 우리들이 간직해야 할 삶의 참모습이 아닐까 싶다. 최선을 다하고 하늘의 뜻을 기다리는 심성은 우리 겨레의 덕목이기도 하다.

그는 이웃 사람들이 시기할 만큼 형제들과 화목하게 지냈고 부모에 대해 극진한 예로써 효를 다했다. 아랫사람에 대해서도 그 신분을 따지지 않고 자상하게 보살폈다. 그는 아무리 바쁘더라도 신심 독서를 거르지 않았다. 아침저녁으로 기도를 드렸다.

118

새터/최경환·최양업 부자 탄생지. 집은 허물어져 없어지고 공터 옆에 우물만 남아 있다

　최양업 신부가 스승 신부들에게 보낸 편지에는 이렇게 적혀 있다. 최양업 신부의 편지 모음집 『너는 주추 놓고 나는 세우고』에서 인용해 보자. 이 책에 수록된 편지들은 박해 시대의 교회 실상을 가장 잘 전하고 있어 순교자 영성에 접근하는데 크게 도움이 된다.

　"아버지는 순박했고 신심이 뛰어났습니다. 가난한 친척들과 이웃들에게 미리 알아서 구제의 손길을 펼치는 자세도 유별났습니다. 집안의 종들에게조차도 '영감님'이나 '마나님'이라고 부르지 말고 '아버지'와 '어머니'라고 부르게 명했습니다. 할아버지는 죽으면서 세 아들에게 세 가지 유언을 남겼습니다. '서로 무엇을 줄 때 거저 주어라' '보증을 서거나 혼인 중매를 절대로 서지 말아라' '이웃들과는 항상 화목하게 지내라'는 것이었습니다."

　이런 최경환의 신심은 오히려 새터를 떠나게 만든 계기이기도 했다. 생활이 넉넉해지자 가족들의 신앙심이 점차 냉담해지기 시작했다. 바쁜 것을 핑계삼아 기도에 참여하지 않는가 하면, 세속의 쾌락을 좇아 재물을 탐하는 양태까지 보였고, 가까운 일가친척들 중에는 천주교를 믿지 않는 사람들까지 있게 되었다.

결국 그는 가족들에게 고향과 재물을 버리고 떠날 것을 청했다. 살기는 힘들지 몰라도 영혼을 구원하기 편한 곳을 찾아 떠나자는 제안이었다.

그러나 아무도 관심을 기울이지 않자, 그는 혼자 집을 떠났고, 그의 결심이 예삿일이 아님을 뒤늦게 안 가족들이 함께 동행하니 모두 스물 다섯 명이었다. 이렇게 보면, 새터야말로 최씨 일가족이 새로운 삶을 이룬 생활의 현장이면서 신앙을 위해 현세의 터를 버린 결단의 장소이기도 하다.

이들은 한양으로 갔다가 천주교 집안인 것이 탄로 남으로써 3년 만에 다시 피난하여 안양 수리산으로 들어가 살았다. 즉, 최경환의 장남 최양업 신부 역시 새터에서 태어나 10대 초까지 살았을 것으로 보여진다.

칠갑산의 장승들

앞서 이야기한 대로 청양에서 서울로 돌아오는 길은 예산을 거쳐 아산-천안으로 이어지는 길이 가장 빠르다. 그러나 나는 이번 답사 일정에 공주 황새바위를 포함시켰기에 공주-대전을 거쳐 돌아올 작정이었다.

이처럼 일정을 잡은 까닭은 청양에서 공주로 가는 여정에 칠갑산을, 공주에서 대전으로 가는 여정에 계룡산을 둘러보고 싶어서다. 아무리 천주교 사적지 답사이긴 해도 여행의 즐거움이 동반되어야 덜 단조롭고 주변을 고루 사색할 수 있는 여유를 갖기 때문이다.

아무튼 청양 다락골을 떠나 하룻밤을 칠갑산에서 머물기로 하고 길을 서둘렀다. 산에 가까워질수록 '콩밭 매는 아낙네야'로 시작되는

120

칠갑산과 지천구곡/일곱 군데의 명당 자리가 있어 칠갑산이라 부른다는
그 품에 안겨 흐르는 지천구곡

가락처럼 구수한 산골의 정경이 다가온다. 명성과는 달리 6백 미터
가 채 안 되는 산세이지만 봉우리가 줄을 이어진 탓인지 길이 구불
구불하다. 골짜기가 깊어 아흔 아홉 고개라 불렀는데, 대치터널이
생겨 한결 수월하다. 옛날처럼 한티고개를 넘나드는 재미가 사라진
게 아쉽지만. 산 속으로 들어갈수록 나무가 우거져 있다. 이곳에 장
승들이 많은 까닭을 알 만하다.
　　특히 대치터널 조금 못미처 왼쪽에 농산물 직판장이 있고 그 길가

칠갑산에는 유난히 장승이 많다. 청양 사람들의
순박한 정서를 웅변해 준다

에 다소 엉성하게 벌려 서 있는 장승들의 모습은 참으로 인간적이어
서 인상적이다. 턱밑 부분을 깎아서 얼굴과 몸을 구분했을 뿐 전혀
다른 조각은 없는데, 얼굴에 먹으로 그려 놓은 눈, 코, 입 모양이 제
각각이다. 때로는 장난꾸러기나 짓궂은 아이 같고, 때로는 놀림감이
라도 되듯 무안한 표정을 짓고 있어 사람들의 성격을 그대로 드러내
주고 있다.

　따지고 보면, 이곳 장승들은 칠갑산의 품에 깃들어 살면서 서로의
고마움을 나눌 줄 아는 마을 사람들의 자화상이기도 하다. 장승제를
지내면서 "아무쪼록 일 년 무사하게 하여 주시기 바랍니다" 라고 축
원하는 사람들의 소박한 삶에 깃들어 있는 꿈이 묻어 있는 것이다.

122

칠갑산 자연휴양림은 산책로와 산림욕장이 있어 도심에 찌든 마음을 달래기 제격이다

　천주교 신자인 나로서도 미신이나 형식적인 의례가 아니라 신나는 한판 놀음이자 신명의 솟구침인 장승제에 참여하지 못한 게 안타까웠다.

　이곳 장승이 서 있는 대치면 대치리 한티 마을에서 칠갑산 휴게소까지는 5.8킬로미터 정도 된다. 휴게소로 가는 길은 한티고개를 넘던 구도로가 제격이다. 나 역시 구 도로를 이용하여 고개 정상에 닿았다. 콩밭 매는 아낙네의 조각상이 인상적이다.

　정상에서 잠시 머문 뒤, 왔던 길을 4킬로미터쯤 되돌아 나와 칠갑산 자연휴양림을 찾아가 하룻밤을 묵었다. 통나무로 지은 집 현관에 쓰여진 '명상의 집'이란 글귀가 정겹게 느껴졌다. '명상의 숲'도 있다는 관리인의 말을 듣고 플래시로 밤길을 밝히면서 잠시 산책을 했다.

　이튿날, 대치터널을 통과하여 휴게소에서 바라본 칠갑산은 참으로 장관이었다. 산중에 일곱 군데의 명당 자리가 있어 칠갑산이란 이름이 붙었다는 이야기만큼 눈앞에 펼쳐진 봉우리들이 제각기 명당임을 뽐낸다. 골짜기마다 아침 안개가 깔리는 그 모습은 나의 마음을 절로 고즈넉하게 만든다.

칠갑산에는 장승 외에 볼거리가 많다. 무엇보다도 신라 철불과 금동불을 간직한 천년 고찰 장곡사가 있다. 장곡사는 규모가 작은 아담한 사찰이지만 대웅전이 두 채 있다는 점에서 가볼 만하다.

우리 나라 사찰 가운데 유일하게 대웅전이 두 채 있는 이곳은 또한 불교의 교리에 따라 석가여래가 있지 않고 약사여래, 비로자나불, 약사불이 있는 게 독특하다. 석가여래는 금동불로 보물 제337호로 지정되어 있고, 두 채의 대웅전 역시 보물 제181호와 제162호로 각각 지정되어 있다. 고려 시대의 건축물들이다.

장곡사를 가려면 청양에서 3.2킬로미터 떨어진 대치면 주정리에서 왼쪽으로 645번 지방도로를 따라 부여 방면으로 5.8킬로미터 정도 가서 장곡리 마을에 닿아야 한다. 칠갑산 휴게소에서 시작되는 등산로도 있다.

시간이 넉넉하다면 장곡사를 거쳐 비단 폭 같은 냇물이 층암 절벽 밑으로 아홉 굽이를 휘감는 지천구곡까지 가보고 싶었는데, 길을 서둘러 떠나야 하는 게 아쉬웠다. 특히 지천구곡은 맑은 물과 넓은 자갈밭, 백사장 등이 뛰어난 풍광과 함께 어우러져 여름철의 피서지로서 으뜸이라는데, 언젠가 한 번은 꼭 들르고 싶은 곳이다.

교우촌 수리치골의 의미

칠갑산을 내려오는 길에도 장승은 여전히 눈에 띄었다.

휴게소에서 1.5킬로미터쯤 가면 길 왼편에 붉은 기와집과 버스 정류장 사이로 좁은 시멘트 길이 나 있는데, 50미터 정도 안쪽을 눈여겨보면 당산나무 밑에 선 자웅과 솟대를 보게 된다.

이곳 사람들은 솟대를 '오릿대'라고 부르는데, 해마다 남녀 한 쌍

수리치골/공주의 은신처 중 가장 깊숙하고 넓어 교우들이
안심하고 피난했던 곳으로 유명하다

을 만들어 전해에 만든 것과 나란히 세우고, 그 전해의 것은 뽑아서
장승 뒤에 눕혀 놓는다고 한다. 가까이 다가가 보니, 장승 뒤로 한 무
더기의 솟대들이 뒹굴고 있다. 긴 소나무 장대 끝에 앉은 오리 형상
의 솟대는 먹으로 점을 찍어 눈을 그려 놓은 것이 생동감을 한층 더
해 준다.

　이곳에서 조금 더 가면, 정산 네거리가 나오고 예산, 부여로 통하
는 39번 국도와 만난다. 직진하면 공주까지 곧장 가는 빠른 길이지
만, 교우촌인 수리치골을 들르려면 이 네거리에서 좌회전해야 한다.
좌회전하면 우측으로 논 한가운데에 9층 석탑이 우뚝 서 있음을 볼
수 있다. 제대로 가자면 네거리에서 직진하여 50미터쯤 가야 한다.

　이 석탑은 우선 9층이라는 점에서 눈길을 끈다. 역사 기록에 의하
면 우리 나라에서는 경주 황룡사에 9층 목탑이 있었다고 하는데 불

타 버렸고, 익산의 미륵사터 탑이 9층이었던 것으로 추정되는데 현재 6층만이 남아 있을 뿐이다. 따라서 현재 남아 있는 탑이라고는 오대산 월정사의 8각 9층 석탑과 갈 수 없는 땅 북한에 있는 묘향산 보현사의 9층 석탑이다. 자연히 이곳에서 만난 9층 석탑이 예사롭지 않다. 잠시 길가에 차를 세워 놓고 멀리 9층 석탑을 바라본 나는 다시 길을 재촉했다.

39번 국도를 따라 12킬로미터쯤 가자 솔치고개가 가로막는다. 구불구불한 고갯길을 다시 넘고 얼마 안 되어 길 우측으로 수리치골 안내 푯말이 보였다. 대롱 초등학교 못미처 있다. 안내 푯말을 따라 좌측으로 좁은 길을 따라 7킬로미터쯤 올라가면 용수리를 지나 봉갑리 마을에 당도한다.

수리치골은 봉갑리 마을 깊숙이 국사봉 기슭에 자리잡고 있다. 우거진 숲과 병풍처럼 둘러싸인 봉우리들이 깊은 산골임을 말해 준다. 옛 교우촌 자리에 꾸며진 게쎄마니 동산과 그곳에 이르는 오솔길에 세워진 나무 십자가 역시 독특하다.

수리치골은 박해를 피해 교우들이 은거했던 교우촌의 하나이다. 그 옛날 이곳 공주 지방에는 수리치골 외에 둠벙이, 용수골, 덤티, 굴실, 진밭, 지석골, 덤골, 먹방이 등 많은 교우촌이 있었는데, 수리치골은 그 중에서 가장 깊숙한 산골에 가장 넓은 지역을 차지하고 있던 교우촌이다.

이곳은 또 우리 교회로서는 특별한 곳이기도 하다. 지금으로부터 1백50여년 전 다블뤼 신부에 의해 우리 나라로서는 처음으로 성모성심회라는 신심 단체가 조직된 곳이 바로 수리치골이었던 것이다. 오늘날 거의 모든 성당에 조직되어 있는 이 단체는 결성 직후 박해 속에서 살아가는 교우들의 신앙생활에 기둥 역할을 했었다.

참고로 이 성모성심회는, 우리 나라에서 결성되기 10년 전인 1836년에 파리에서 창설되었는데, 성모성심을 특별히 공경하고 성모성심

126

황새바위 언덕으로 올라가는 입구에 유물전시관이 있다

의 전구를 통해 죄인들의 회개를 하느님께 간구하는 것을 설립 목적
으로 하고 있다. 여기서 '성모성심'이란 예수 그리스도의 모친 성모
마리아의 거룩한 마음으로 예수 성심과 긴밀히 결합되어 있는, 하느
님과 인간을 향한 성모의 사랑을 상징한다. 17세기 성 요한 에우데스
에 의해 최초로 순결하고 흠없는 성모성심에 대한 신심 운동이 펼쳐
졌다. 현재 이곳 수리치골에는 미리내 성지에서 창설된 성모성심수
녀회의 수련원이 자리잡고 있다.

공주 황새바위의 내력

이제 마지막 답사 코스인 공주 황새바위로 떠나 보자. 우선 공주라
고 하면 더 이상 설명할 필요가 없는 역사의 고도이다. 하지만 나는
공주를 들를 때마다 그 기구한 역사적 발자취를 한국 천주교회사와
비견한다.

공주가 역사의 중심에 등장한 것은 불과 64년이란 짧은 기간이지만 백제의 도읍이란 면모가 있었다. 그러나 백제 도읍지가 부여로 천도하고 백제마저 멸망한 뒤에, 공주는 역사의 무대에서 사라진 것처럼 보였다. 그러다가 우리가 다시 공주를 기억하게 된 것은 동학혁명의 마지막 격전지로 인식되면서부터였다. 다시 말하면 공주를 찾는 마음은 화려했던 옛 왕도에 치우치지 말고, 아픈 역사를 되살리는 자세도 겸해야 한다는 점이다.

공주와 천주교의 인연은 다른 지역과 마찬가지로 아픈 역사의 끈으로 맺어져 있다. 우선 이곳에서 신앙의 선혈을 뿌린 선인들의 기록을 보면 공산성에서 발굴된 기왓장만큼이나 많다. 명백하게 기록에 올라 있는 치명자만 해도 2백48명이다. 이름을 남기지 않은 무명 순교자 역시 적지 않은데, 그 현장이 바로 황새바위이다.

황새바위는 금강을 가로지르는 금강교를 건너 시내로 진입하면서 오른쪽으로 백제 무령왕릉 가는 길목의 왼쪽에 위치하고 있다. 금강교를 건너 왼쪽에 위치한 것이 바로 공산성이므로 황새바위와 공산성은 마주 보고 있는 셈이다. 황새바위는 소나무가 우거진 야트막한 둔덕이어서 초행길이라도 찾기 쉽다. 입구에 있는 기와집은 성지 안내소를 겸한 순교자 유물관이다.

가파른 돌계단을 50미터쯤 올라가면 넓은 평지가 있고, 왼쪽으로 높이 13.8미터에 너비 3미터의 돌계단을 피라미드형으로 쌓아 올린 순교탑, 오른쪽으로 순교자 2백48위의 명패를 벽에 새긴 돌무덤 형태의 경당이 자리잡고 있다.

순교탑은 한국 천주교회 2백 주년을 기념하여 공주 교동성당에서 세운 것으로, '우리는 살아도 주님을 위해서 살고 죽어도 주님을 위해서 죽습니다'라는 성구가 안에 새겨져 있다. 그리고 여섯 평 남짓한 대리석 경당의 안내판에는 '진리가 너희를 자유케 하리라 하신 말씀대로 이곳 순교자의 숭고한 삶을 귀감으로 삼고자 빛나는 이름을

황새바위/순교자의 숭고한 뜻을 기리기 위해 세운 순교탑은 경당과 함께
1986년 한국건축가협회상을 받았다

황새바위 아래에 옛 관아였던 관풍정을 옮겨지었는데 화재가 있어 불탄 목재 잔해만 남았다

벽면에 새기고 이 경당을 세우다'라는 글귀가 쓰여 있다. 경당 한쪽으로는 오래된 빗돌이 열두 개 세워져 있는데, 사람들은 복음 전파의 사명을 위해 순교한 열두 사도를 의미하는 자리갯돌이라고 하지만 내가 보기에는 조경물의 하나였다.

이곳이 황새바위라고 불린 것은 황새가 서식했던 바위라고 해서 붙여진 이름이라고도 하고, 그 바위의 생김새가 죄수들의 목에 씌우는 칼, 즉 항쇄(項鑷)처럼 생겼고, 또 목에 큰칼을 쓴 죄인들이 언덕 바위 앞으로 끌려 나와 죽어 갔다고 해서 '항쇄바위'라 불렀다고도 한다.

하지만 황새가 날아와 앉은 바위가 족쇄 모양이라고 해서 '황새'와 '족쇄(또는 항쇄)'의 합성어인 '황쇄'라고 하는 것이 정설이다. 이 '황쇄'라는 말을 발음하기가 어려우므로 편하게 발음하다 보니 오늘처럼 '황새'로 불리게 되었다는 것이다.

내가 이곳을 처음 답사한 것은 1980년 여름이었다. 그 이듬해, 나는 졸저(拙著)『다시 찾는 한국의 성지』란 책에서 이곳의 지명을 '황쇄바위'라 했고, '황새+족쇄=황쇄바위'란 합성어로 기록했다. 당시 몇몇 독자들로부터 "다른 기록에는 모두 황새바위인데 잘못된 것이 아니냐?" 하는 우정어린 충고를 받은 기억이 있다.

이번 답사기에는 '황새바위'로 쓰기로 했다. 1955년에 발행된 공주 천주교회 연혁에 '황새바위'라 적혀 있고, 또 우리 교회의 모든 출판물이 이곳을 '황새바위'로 통일하고 있기 때문이다.

그런데 이곳을 아무리 둘러봐도 그 족쇄 모양의 황쇄 바위를 볼 수 없다는 게 안타깝다. 학생들이 공부하는 책상 만한 크기라는데, 눈에 띄지 않는다. 이유는 간단하다. 부서지고 말았던 것이다.

1970년대 초까지만 해도 이 바위는 관청에서 보관하고 있었다고 한다. 그러나 소문을 듣고 외국 관광객들이 자꾸 몰려들어 사진을 찍으려 하자 이곳 관청에서는 귀찮게 여겨 아예 바위를 깨서 없애 버

황새바위에 세워 놓은 돌은 순교터의 한 상징이 되고 있다

렸다는 것이다. 공주를 찾아온 외국인들이 족쇄바위를 사진 찍고자
한 것은 이 바위에 담긴 뜻을 고귀하게 여겼기 때문이었다. 어쩌면
족쇄 모양으로 생겼다는 바위에 대한 호기심도 크게 작용했을지 모
른다. 그러나 우리는 조상들의 피와 눈물이 서린 그 유물을 보관하기
는커녕 귀찮다고 깨 버렸다. 참으로 역사적인 유물에 대한 우리의 안
목을 통탄하지 않을 수 없다.

특히 순교자의 후손인 우리 교회와 신자들이 그것을 제대로 지킬
줄 몰랐다는 것은 아무리 반성해도 지나침이 없을 것 같다. 천연적으
로 물려준 바위를 보존하지 못했으니, 과연 우리 후손들에게 뭐라고
설명해야 할까.

참으로 망연한 심정이다. 대전교구가 이곳을 사들여 관리를 서두
른 때가 1980년이었으므로 우리 교회가 좀더 빨리 관심을 기울였다
면 하는 아쉬움이 못내 크기만 하다.

다시 강조하지만, 순교자의 얼을 받들자면 원형을 잘 보존해야 한다. 아무리 많은 비석과 기념조형물을 건축한다 해도 그 옛날 우리 선조들의 삶이 녹아 있는 유물이나 유적을 있는 그대로 보존하고 잘 가꾸는 것만은 못하다.

물론 기념조형물도 필요하다. 하지만 그것이 관광객이나 순례자들의 단순한 볼거리의 대상물이어서는 안된다. 세상에는 영혼이 없고 얼이 빠진 유물이 그 얼마나 많은가.

"눈에 보이는 기념 상징 내면에 담긴 얼과 정신을 되새기자" 라고 강조한 대전교구장 경갑룡 주교의 말이 새삼 떠오른다. 이 말은 경갑룡 주교가 순교탑과 경당 축성식 때 참석하여 행한 강론의 핵심이었다. 당시 나도 참석하여 그 말을 들었지만, 이 말의 의미를 새긴 것은 훨씬 뒤였다. 많은 교회 사적지를 답사하면 할수록 가슴 깊이 와 닿는 구절이다.

고문받아 '고맙습니다'

공주에는 비교적 일찍 천주교가 전파되었다. 이 땅에 자생적으로 교회가 설립된 1784년 이존창에 의해 전교된 지역이다.

그러나 그에 못지 않게 공주는 수많은 천주교인들이 형장의 이슬로 사라진 곳이기도 하다. 특히 이곳은 충청도를 관할하는 관찰사의 감영이 자리잡은 비교적 큰 고을이어서 충청도 각 지방에서 잡힌 신자들이 배교를 거부했을 때 이송 받아 처리했다. 자연히 순교자가 많을 수밖에 없었다.

물론 이곳 감영에서도 관리들이 수많은 천주교인들에게 배교할 것을 강요했을 것이다. '배교'라는 말은 곧 살려주겠다는 말일텐데, 우리 신앙선조들은 결코 '배교'라는 단어를 입에 담지 않았다. 말하자면 삶과 죽음의 두 갈래에서 스스로 죽음을 선택한 것이다. 살 수 있는 기회가 주어졌는데도 죽음을 선택한 순교자들이었던 것이다.

이들은 수많은 사람들이 지켜보는 가운데 공개 처형을 당했다. 당시 사형이 집행되는 날이면, 건너편 공산성에 사람들이 구름 떼처럼 몰려들었다고 한다. 그러나 오늘에는 황새바위에 공산성을 찾은 관광객이나 답사자보다 더 많은 순례 인파가 들어차 있다.

공주에서 우리가 특별하게 기억할 인물은 이존창과 성인 손자선, 그리고 순교자 가운데 가장 높은 벼슬(승지)을 지낸 남종삼의 부친 남상교이다. 이존창은 앞서 여사울을 답사하면서 언급했으므로, 여기서는 손자선과 남상교에 대해서만 이야기해 보기로 한다.

손자선은 합덕 거더리 마을의 독실한 신앙 가정에서 태어나 신자로서의 본분을 3대째 잘 지키고 있었다. 그가 살던 마을에는 다블뤼 주교가 거처하고 있었는데, 그의 나이 스물두 살 때 다블뤼 주교가 잡히게 되었다.

당시 포졸들은 많은 교우 집의 돈과 재물을 강제로 빼앗았는데, 어느 날 관아에서 압수한 돈과 물건을 찾아가라는 기별이 왔다. 천주교인을 색출하고자 관아에서 퍼뜨린 거짓 소문이었다. 그러나 손자선은 이 말을 곧이 듣고 관아를 찾아갔다가 "성교를 믿느냐?"라는 물음에 "나의 봉교함은 의심할 바 없다"라고 대답했다가 그만 구금되고 말았다.

혹독한 고문을 받은 손자선은 해미를 거쳐 이곳 공주감영으로 옮겨졌는데, 얼마나 고문을 심하게 받았는지 걸음을 옮길 수 없어 포졸들이 어깨에 둘러멨다고 한다.

그는 공주감영에서도 혹형을 받았다. 배교할 것을 강요하는 고문이 계속되었지만 조금도 마음을 바꾸지 않았다. 오히려 거꾸로 매달려 매를 맞고 얼굴에 인분까지 덮어쓰는 형벌이 가해질 때마다 그는 늘 웃는 얼굴로 "고맙습니다"라고 인사했다.

포졸들이 때리다가 지쳐 "무엇이 고마우냐?"라고 물으면, 그 때마다 "예수 그리스도께서 십자가에 못 박히실 때에 나와 같은 큰 죄인

십자고상/황새바위 성지에서 발굴된 유물로
공주 교동성당에서 소장하고 있다

을 위하여 피를 많이 흘리시고 목이 말라 가래침을 잡수시며 돌아가
셨거늘, 나를 이 모양으로 대접하여 주니 이제야말로 내 죄를 보속하
게 되었다" 라고 답했다. 그는 "네 이빨로 네 살을 물어뜯지 않으면
명령에 따른 것으로 여기고 놓아주겠다"라는 꼬임에도 "만 번 죽어
도 배교는 못하겠다!"면서 양팔을 한 입씩 물어뜯어 기절하기도 했
다. 당시 그의 나이 27세였다.

이곳에서 옥사한 남상교 역시 그의 아들 남종삼과 마찬가지로 충
주목사, 돈령부사 등 벼슬을 역임한 선비였다. 언제 입교했는가는 정
확하게 밝혀지지 않고 있는데, 일찍부터 신앙생활을 해 온 것으로 추
정된다.

즉, 아들이 대원군과 외국 선교사와의 회동을 은밀하게 추진하고

134

있다는 사실을 전해 듣고는 "너는 충성스러운 신하의 도리를 다했다. 하지만 그로 인하여 너는 목숨을 잃을 것이다. 네가 사형선고를 받고 서명을 요구하면 천주교에 욕된 표현은 일체 지우도록 명심하라!" 라고 하여 신앙에 대한 굳은 신념을 보였던 것이다.

그는 아들이 서소문 밖 네거리에서 순교한 후, 고향 제천에서 잡혀 공주 감옥에 수감되었다가 84세의 고령으로 순교했다. 사망 원인은 굶주림이었다. 감옥에 있을 때 가까운 유림 선비들이 찾아와 "큰 벼슬도 지낸 분이 이렇게 굶어 죽어서야 되겠습니까. 감옥에서 나와서도 기도할 수 있고 성교를 준행하고 전교할 수 있지 않습니까?" 라고 하면 "내가 하느님을 믿고 있는데 어떻게 배반하는 말을 할 수 있겠소" 라고 답했다고 한다.

이처럼 죽음 앞에서도 항상 의연하고 꿋꿋한 순교자들의 열정과 용기는 어디에서 나오는 것일까. 나는 도저히 인간의 힘으로 이루어질 수 없다고 생각한다. 혹 유별난 한두 사람이 있을 수는 있을 것이다. 그러나 이 땅에서 순교한 대부분의 신앙선조들이 그같은 모습을 보여주었다는 점에서 '하느님의 섭리'라고 단정해 본다.

나의 생각으로는 하느님이 순교자들을 통해 우리를 사랑하고 있다는 증거를 보여준 것이다. 후손들이 조상의 은공을 기리고 새기는 것처럼 순교 선인들을 올바로 아는 것이 하느님의 은총을 깨닫는 길로 통한다고 강조하고 싶다.

소금장수의 혈세

여기서 잠시 공주 지방에 전해 오는 소금장수 이야기를 해볼까 한다. 천주교 신자가 아닌데도 순교한 이 소금장수 이야기는 이곳에서는 새삼스런 화젯거리가 아니다. 하지만 다른 지방 사람들은 잘 모르고 있을 것이기에 간단하게 적어 보기로 한다.

이곳에 일찍 아내를 여읜 홀아비가 있었다. 워낙 가난하여 이 집저 집 다니며 얻어먹고 살았는데, 누군가 소금장수 노릇을 할 것을 권했다. 밑천이 없었으므로 사채 놀이하는 사람한테 가서 빚을 얻어다가 소금 몇 말을 사서는 지게 짐을 지고 이 동네 저 동네로 돌아다니면서 소금을 팔았다.

당시만 해도 소금은 귀한 물건이어서 장사는 그럭저럭 괜찮았다. 남의 돈을 갚고도 세끼 밥은 먹을 수 있었다. 어느 해인가, 장사가 신통치 않았다. 귀한 물건인지라 너도나도 소금 장사에 나섰기 때문이었다.

어느 날, 그는 신세 타령을 하면서 우금치고개를 넘어 집으로 돌아오던 길이었다. 우금치고개는 공주에서 부여 가는 40번 국도 상에 있는데, 동학혁명군이 마지막으로 처절한 패배를 당한 곳으로서 현재 동혁혁명군 위령탑이 세워져 있다. 이 탑은 사적 제387호로 지정되어 있기도 하다.

아무튼 그 때는 몹시 더운 여름철이었다. 지게를 받쳐 놓고 풀밭에 앉아 땀을 닦으며 공주 쪽을 내려다보고 있었는데, 금강 쪽에서 하얗게 소복한 사람들이 둥실둥실 춤을 추면서 하늘로 올라가는 것이 보였다. 이상한 광경이라고 생각하면서 한참을 쳐다보고 있었는데, 몇 사람이 똑같이 춤을 추면서 하늘로 올라가는 것이었다.

집으로 돌아오면서 소금장수는 사람들에게 무슨 일이 있느냐고 물었다. "천주학쟁이를 잡아죽이고 있다"라는 말을 들은 소금장수는 순간적으로 발길을 관아로 돌렸다. 아까 언덕 위에서 덩실덩실 춤추며 하늘로 올라간 사람들이 생각났기 때문이다.

소금장수는 별로 희망이 없는 이 세상에서 일찍 죽으나 늦게 죽으나 마찬가지라는 생각이 문득 떠올랐다. 차라리 가난하게 살 바에는 죽어서나 좋은 데나 가보고 싶었다. 천주학쟁이를 자처하면 언덕 위에서 본 사람들처럼 웃으면서 저승에 갈 수 있지 않을까 생각했다. 자세한 사연은 모르지만 천주교 신자들이 옳은 일을 위해 죽어 가고 있다고 느꼈던 것이다.

소금장수는 관아에 들어서면서 "나도 천주학쟁이요, 나도 잡아가시오!"라고 소리쳤다. 문을 지키고 있던 포졸은 처음에는 멍하니 바라보기만 했다. 미친놈으로 생각했던 것이다. 하지만 소금장수는 계속해서 "나도 천주학쟁이요, 나도 잡아가시오!"라고 외쳤다.

마침내 그는 감옥에 갇혔다. 미친 소금장수로만 생각하다가 워낙 천주학쟁이라고 떠들어대니 혹 천주교인일지 모른다고 여겼던 것이다. 심문해 본 결과, 천주학쟁이는 아니었다. 하지만 "이런 놈은 나라에서도 쓸모가 없으니 차라리 죽여 버리자"는 쪽으로 결정이 났다. 결국 소금장수는 순교자와 같이 처형되었는데, 그가 소원했던 대로 훨훨 날아서 그리스도 앞으로 갔을 것은 분명하다.

공산성에 오르면

황새바위에서 내려와 발길을 공산성으로 돌려본다. 황새바위에서 공개 처형이 있는 날이면 길 건너 공산성에 인파가 구름처럼 몰려 흰 꽃이 핀 듯했다고 하는데, 공산성에서 황새바위를 바라보면 어떤 모습일까 궁금했다.

하기야 공산성은 천주교와 관계없이 그 자체로서 순례자이건 답사자이건 간에 한 번쯤 둘러볼 만한 곳이다. 백제 시대의 유구야 남아 있지 않지만 눈에 보이지 않는 역사의 숨결을 느끼기에 이보다 좋은 곳은 없기 때문이다.

해발 1백10미터의 공산성은 4대문과 연못, 누각, 비석 등 문화재로 가득차 있다. 백제 왕도를 지킨 이 산성은 북쪽으로 금강이 흐르고, 동서로 길고 남북으로 폭이 좁은 장방형의 천연의 요새이다. 백제 시대에 토성으로 쌓았던 것을 조선조에 들어와 돌로 개축하여 오늘의 모습이 되었다고 하는데, 산성의 전체 길이는 2.2킬로미터에 이른다.

입구를 지나 10여 분 올라가면 공산성의 한가운데에 이르는데, 오른쪽에 진남루, 왼쪽에 공북루, 정면으로 광복루가 자리잡고 있다. 진남루 가까이 1624년 이괄의 난 때 인조가 머물다가 평정 소식을 듣고 나무 두 그루에 벼슬을 내렸던 자리라는 쌍수정이 수려하게 자리잡고 있다.

바로 이 쌍수정에서 건너편을 바라보면 황새바위가 한눈에 들어온다. 소나무가 우거져 조그마한 섬이 바다 한가운데에 떠 있는 것 같다. 새삼 나뭇가지에 목을 매달아 놓았던 황새바위 언덕을 바라본 사람들의 심정이 어떠했을까 헤아려진다.

그들은 천주학을 어떻게 생각했을까.

당시 조정에서 말하는 것처럼 '나라를 원망하는 무리' '세상의 변혁을 바라는 사람'들로 여겼을까, 아니면 신분을 차별하지 않고 서로를 '교우'라 부르며 한 형제처럼 지내는 것을 부러워했을까. 모르긴 해도, 그들 중 상당수는 내심으로는 천주교 신자를 이해하고 부러워했을 것이 틀림없다고 본다. 우선 교인들은 양반이니 상놈이니 하는 신분을 따지지 않았다.

천인 중에서도 가장 천대받던 백정 출신인 황일광의 경우를 보자. 샤를르 달레의 『한국천주교회사』를 보면, 황일광에 대한 기록이 다음과 같이 적혀 있다.

"황일광은 어린 시절과 젊은 시절에 자기 집안에서 모든 사람들의 멸시와 천대를 받아 가며 지냈다. 그것은 그와 같은 신분의 사람들이 대대로 물려받은 슬픈 유산이다. … 천주교를 배우자마자 그는 기꺼이 받아들였고 … 신도들은 그의 신분을 잘 알고 있었다. 그러나 그것 때문에 그를 나무라기는 고사하고, 애덕으로 형제 대우하기를 게을리 하지 않았다. 어디를 가나 양반 집에서까지도 그는 다른 교우들과 똑같이 집안에 받아들여졌는데. 그로 말미암아 그는 농담조로 '사람들이 너무 점잖게 대해 주기 때문에 내게는 이 세상에 하나, 또 후세에 하나, 이렇게 천당 두 개가 있다'라고 말했다."

138

천연의 요새 공산성은 백제의 대표적인 토성으로 훗날 돌로 개축했다

그런가 하면, 기해박해 때 대구감영에 갇혀 있던 교인들은 감옥 속에서 짚신을 삼아 팔았고, 밤이 되면 등불을 밝혀 함께 성서를 읽으며 큰 소리로 공동 기도를 바치면서 얼마나 화목하고 평화롭게 지냈던지, 이웃 마을 사람들조차 감탄하면서 "천주학은 도대체 무엇인가?" 하고 되물었다고 한다.

윤권명이란 사람은 교우가 되면서 자기 종들을 모두 풀어 자유인으로 만들고 자신의 수입을 가난하고 불쌍한 사람들과 나누어 가졌고, 집으로 찾아오는 비신자들을 가르쳐 교우가 되게 권하는 일을 가장 중요한 사명으로 여기고 헌신했다. 그러다가 임종하자 마을 사람들이 깊은 감명을 받고 함께 슬퍼했다고 한다.

이렇게 본다면, 믿음에 살고 이웃사랑을 실천한 신앙선조들은 비록 난폭하고도 무자비한 폭력 앞에서 목숨은 버렸지만 겸손과 사랑의 승리, 더 높은 정신적 자유를 누린 승리자인 셈이다. 이같은 그들의 숭고한 애덕 정신을 당시 일반 백성이 몰랐을 리 없었을 것이다. 어쩌면 그 순교 대열에 끼지 못한 자신의 나약함을 탓하지는 않았을까. 순교자 영성이란 단어가 우리들의 일상적인 삶에 어떤 모습으로 비쳐져야 할 것인가를 조금은 알 것 같다.

공산성을 떠나기 전에 눈여겨볼 곳이 또 한 군데 있다.

입구에서 가장 먼 곳에 위치한 공복루에서 금강 쪽을 바라보면서 그 옛날에 한 외국인 선교사가 어처구니없게 죽음을 당한 장깃대 나루터가 있다.

'어처구니없다'는 말은 이곳에서 청나라 병사에 의해 프랑스 선교사 모세 신부가 학살당한 시점이 박해 시기가 아니라 이 땅에 신앙의 자유가 얻어진 1894년이었기 때문이다. 동학란에 이은 청일전쟁이 한창일 때, 때마침 호남 지방에서 전교하다가 한양으로 올라가던 모세 신부는 청군 패잔병들의 포로가 되어 까닭 없는 죽음을 당했다.

이곳은 옛날에 호남 지방에서 한양으로 올라가는 지름길의 길목에 위치하고 있었다. 오늘의 장깃대 나루터에는 나룻배가 없다. 다만 나룻배가 아닌 고깃배 한 척이 한가롭게 시간을 낚고 있을 뿐이다.

역사는 언제나 강물처럼 무심히 흐르는 것일까. 더욱이 공복루가 서늘한 강바람을 맞으며 걸터앉아 노을지는 금강을 가장 아름답게 바라볼 수 있는 곳이라는 점에서 장깃대 나루터를 바라보는 내 마음은 어둡기만 했다.

무령왕릉과 마곡사

공주에서 둘러볼 곳은 공산성 외에 한두 군데가 아니다. 그 중에서도 무령왕릉과 공주박물관은 꼭 둘러볼 것을 권한다. 특히 무령왕릉은 공주를 관광 도시로 만드는데 크게 공헌한 일등 공신이다. 아마도 이 왕릉이 발굴되지 않았다면 공주는 그저 한적한 시골 소도시로 머물렀을 것이다. 이 왕릉이 발굴된 것은 1971년이었다. 곁에 자리잡고 있는 송산리 6호 고분에 자꾸 물이 스며드는 것을 막기 위해 보수 공사를 하다가 우연히 발견했다고 한다.

무령왕은 백제 25대 왕으로 왕릉에는 왕과 왕비가 합장되어 있었다. 자연 암반을 파내 공간을 만든 뒤 벽돌을 쌓아 만들었는데, 연꽃 모양을 새긴 벽돌들이 극락세계를 염원하는 불교적 내세관의 극치를 보여주고 있다. 여기서 발굴된 유물은 모두 1백8종 2천96점에 이른다. 그 중 12점이 국보로 지정되어 있다. 공주박물관에 가면 그 소장품들을 볼 수 있다.

이밖에 공주대교를 건너 예산으로 가는 32번 국도를 따라 15.7킬로미터 정도 가면 오계리가 나오고, 여기서 다시 5번 시도로를 따라 8.6킬로미터쯤 가면 닿게 되는 마곡사도 가볼 만하다.

절을 둘러싸고 태극 모양의 계류가 휘감아 돌아 흐르며 산벚과 소나무가 어우러진 풍치가 보면 볼수록 사람의 마음을 끌어당기는 절경이다.

이중환의 『택리지』나 『정감록』에서 난세를 피할 수 있는 우리 나라 십승지지(十勝之地)의 한 곳으로 손꼽은 곳이기도 하다. 참고로 '십승지지'는 공주의 유구, 무주의 무풍, 보은의 속리산, 부안의 변산, 성주의 만수동, 봉화의 춘양, 예천의 금당곡, 영월의 정동 상류, 운봉의 두류산(지리산), 풍기의 금학촌이다.

백제 의자왕 때 신라 사람인 자장율사가 창건했다고 전하는 마곡사는 고려 보조국사가 재건할 때 구경오는 사람들로 골짜기가 꽉 찬 모습이 삼밭에 삼(麻)이 선 것과 같아서 '마곡사'라 불려졌다고 한다.

경내를 둘러보면서 꼭대기에 금속으로 된 라마 식의 탑 장식을 마치 모자를 쓴 듯이 얹고 있는 5층 석탑, 저승에 가서 염라대왕 앞에 가면 "마곡사 싸리나무 기둥을 몇 번 돌았느냐?"고 묻는다는 이야기가 전해지는 대웅보전, 그리고 앞뒤 지붕의 길이가 같지 않아 옆에서 보면 앞으로 쏠린 느낌을 주는 독특한 건축인 영산전 등은 눈여겨볼 필요가 있다. 이 세 개는 모두 보물로 지정된 값진 우리의 문화유산이기도 하다.

그런가 하면, 남쪽으로 40번 국도를 따라 부여 쪽으로 가다가 오르는 고갯마루 오른편에 서 있는 우금치 동학혁명군 위령탑도 눈길을 끈다. 특히 이 탑은 5·16으로 정권을 잡은 박정희 대통령이 자신의 군사 쿠데타를 동학혁명의 전통을 잇는 것으로 보이게끔 세웠다는 역사적 아이러니를 담고 있다.

공주를 떠나면서

이제 공주를 떠나기에 앞서 이곳 출신의 순교자 최지혁의 이야기를 마지막으로 해보자. 그는 김대건 신부가 순교한 후 이 땅에 외국인 선교사를 맞아들이는데 가장 많은 공헌을 세운 사람이다.

어렸을 때부터 부친에게 교리를 배워 입교한 최지혁은 38세 때 다블뤼 신부에게 세례를 받았다. 그로부터 20년 뒤, 아내와 여섯 남매가 체포되어 순교하자, 만주로 건너가 리델 주교를 도와 『한불자전(韓佛字典)』『한어문전(韓語文典)』을 편찬했다.

특히 그는 인쇄에 필요한 자모체를 필사하기도 했는데, 그의 한글 활자는 훗날 일본 나가사끼에서 인쇄하던 교리서 발간에 사용되기도 했다. 그가 편찬한 『한불자전』은 이 땅에 천주교가 토착화하는데 크게 공헌했을 뿐만 아니라 우리의 말과 문법의 연구에 선구적인 역할을 했다.

그 뒤, 조선을 왕래하며 선교사들의 조선 입국에 큰 도움을 준 그는 리델 주교가 체포된 1878년에 체포되었는데, 당시 리델 주교가 포졸들이 들이닥친다는 전갈을 받으면서 "참된 천주교 신자가 될 날이

동학사에서 본 계룡산/산자락이 신기가 넘칠 만큼 깊고 품이 넓어
민간신앙의 중심지가 되었다

왔구나. 나는 보기 좋게 잡히련다. 천주를 위하고 다시없는 영광을
위하여 목숨을 버릴 생각을 하고 있을 뿐이다" 라고 했을 때, 그 역
시 "저도 늙은 몸이니 죽는 것은 조금도 두렵지 않습니다. 다만 주교
님이 돌아오신 지 얼마 안 되어 성사를 받지 못한 교우들이 많이 있
습니다. 억울한 일입니다" 라고 답했다고 한다.

그의 신심이 얼마나 두터웠던가를 짐작할 만하다.

이 때, 리델 주교는 프랑스 공사의 도움으로 죽음을 면하고 만주로
추방되었으며, 최지혁은 굶어 죽고 말았다. 당시 그의 나이 70세였다.

공주를 떠나 서울로 돌아오는 길에는 명산 계룡산이 자리잡고 있다. 다시 한번 우리 국토의 아름다움을 만끽할 수 있어 흐뭇하다. 산자락을 잇는 능선이 '닭 벼슬을 쓴 용'의 모양을 닮았다고 해서 붙은 이름이니만큼 그 산세를 한마디로 설명하기가 어렵다. 부드럽고 포근하게 느껴지기도 하고 신기(神氣)가 넘칠 만큼 깊고도 품이 넓어 보인다.

『정감록』을 떠올린 탓일까, 아니면 신흥 무속종교의 본산지라는 느낌 때문일까. 비록 이중환이 『택리지』에서 '산 모양은 반드시 수려한 돌로 된 봉우리라야 산이 수려하고 물도 또한 맑다. 또 반드시 강이나 바다가 서로 모이는 곳에 터가 되어야 큰 힘이 있다' 라고 하면서 개성의 오관산, 한양의 삼각산, 문화의 구월산과 함께 꼽은 명산이지만, 천주교 신자인 내게 다가오는 느낌은 그저 덤덤하다.

다만 이 계룡산 자락에 자리잡고 있는 천년 고찰 갑사, 그에 못지않은 고즈넉한 맛을 간직한 신원사, 유성에서 가까운 동학사는 들러볼 만하다. 특히 동학사에서 갑사로 넘어가는 고갯길은 당일치기 코스로서는 우리 나라에서 다섯 손가락 안에 들어가는 유명한 등산길이기도 하다. 가쁜 숨을 몰아가면서 고갯길에 이르면 남매탑이 있어 한층 운치가 있다.

사람들은 명승 절경을 즐긴다. 주말이나 공휴일이면 수많은 관광버스들이 몰려든다. 그리고 하나같이 아름다운 우리 국토에 찬탄을 금치 못한다. 한마디로 기쁜 마음으로 문화유산을 답사하거나 관광여행을 즐기는 것이다.

그렇다면 교회 사적지를 답사하는 우리들의 마음도 이제는 바뀌어야 하지 않을까. 왜 우리는 이른바 '성지순례' 길에 나서면서 항상 심각한 표정에 무거운 분위기만을 연출해야 할까. 여행을 하는 것은 마찬가지인데, 지나치게 어두운 느낌만을 갖는다면 별로 기분 좋은 여정이 될 수 없을 것이다.

물론 답사하는 곳이 생명을 바친 죽음의 현장이다. 그러나 그 죽음을 딛고 일어선 영광의 현장이라는 점도 떠올려 보자. 천상의 잣대가 있다면 현세의 잣대도 있기 마련이다.

죽음을 달갑게 맞은 순교자들은 오늘을 살아가는 우리들로 하여금 죽음을 두려워하지 말 것을 가르치고 있다. 그리고 죽음을 두려워하지 말라는 것은 곧 주어진 현재의 삶에 충실함을 의미한다. 따라서 우리들도 이제부터는 기쁜 마음으로 순교지를 순례해야 할 것이라는 생각이 든다.

단순하게 생각하면 계룡산에서 맛보는 기쁨이나 황새바위에서 순교자를 떠올리며 느끼는 기쁨이 같아야 한다. 왜냐 하면, 그 기쁜 마음은 우리의 일상에서 주어진 현재에 충실한 삶이 신앙 실천의 올바른 자세라고 믿기 때문이다. 공주 땅의 순교자들로부터 내게 심어진 영성은 다음과 같은 성경의 한 구절이었다.

"나에게는 그리스도가 생의 전부입니다. 그리고 죽는 것도 나에게는 이득이 됩니다."

한국교회 순교사의 축소판

풍남문·전동성당·초록바위·서천교·숲정이

전주 풍남문과 전동성당

교회 사적지를 순례하거나 답사할 때, 나는 혼자 가거나 한두 사람과 일행을 지어 떠나기를 즐긴다. 관광버스 한 대를 빌려 40명이 넘는 교우들과 함께 가는 경우도 종종 있는데, 그럴 때면 여행한다는 홀가분함보다는 안내를 해야 한다는 중압감이 앞선다. 『다시 찾는 한국의 성지』를 펴낸 탓에 일행을 인솔하거나 사적지에 얽힌 역사를 설명해 줄 것을 요청받기 때문이다.

여러 사람들과 어울려 순례 여정을 계획하면 달랑 한두 군데만 보고 서둘러 돌아올 수밖에 없다. 출발할 때부터 버스 안에서 묵상을 한다, 성가를 부른다, 기도를 바친다 하여 분위기를 무겁게 잡고는, 순교지에 가서도 미사를 드리고 나면 돌아오기를 서두른다. 좀처럼 순교지 가까이 있는 또 다른 사적지나 문화재를 둘러볼 기회를 갖지 못한다.

바로 이 점이 교회 사적지를 순례하는 것과 문화유산을 답사하는 사람들과의 차이점일 지 모른다. 문화유산을 답사하는 경우, 대개 초심자들은 어디에 가든 무엇 하나 놓치지 않을 요량으로 발걸음을 자주 움직이는데 반해, 제법 경력이 붙은 답사자는 돌아다니기보다는 눌러앉기를 좋아하고 많이 보기보다는 오래 보기를 즐긴다.

교회 사적지를 답사하는 경우는 이와 정반대이다. 초급자들은 한 군데 오래 머물면서 묵상과 기도, 그리고 미사 예절로 신심을 두텁게 하기를 원하지만, 경력이 있는 사람들은 사적지 주변의 문화재를 둘러보거나 근처의 관련 사적지, 유적지 등을 찾으면서 그곳에 얽힌 역사적 맥을 짚는데 골몰한다.

그 어느 것이 바람직하다고 단정짓기는 힘들다. 하지만 답사를 많이 하다 보면 점점 높은 경지에 다다르게 되고, 사적지 한두 군데에서 신심을 굳히기보다는 여러 군데를 돌아다니면서 이 땅에 서린 순교 역사를 찾는 데 더 많은 관심을 기울이게 된다.

그런 점에서 이번에 떠나는 전주 일원의 사적지 답사는 초심자에게도 고급 수준의 답사를 한다는 자부심을 심어 주는 괜찮은 코스이다. 우리 나라 순교사의 축소판이라 할 박해의 중요 사건을 한눈에 들여다볼 수 있는 사적지가 가까운 거리에 몰려 있는 데다가 참수에 의한 우리 나라 최초의 순교자, 동정(童貞) 부부 순교자가 탄생한 곳, 그리고 김대건 신부가 이 땅에 처음으로 발을 디딘 곳이 있기 때문이다. 부지런하다면 1박2일 일정으로 모두 둘러볼 수 있어 꽤나 경제적인 답사가 될 수 있다.

전주를 찾아가는 길은 별도로 설명하지 않아도 될 것이다. 다만 전주 시내에 들어와서 어느 곳을 먼저 갈 것인가 할 때, 나는 지척에 있는 풍남문과 전동성당을 먼저 찾아갈 것을 권하고 싶다. 전라도 지방의 천주교회사를 한데 집약시켜 놓은 장소라 해도 과언이 아니기 때문이다. 전동성당과 풍남문은 전주 시내에서 전북 도청을 관통하는 남문로의 남쪽 끝 부분인 네거리에 있다.

먼저 풍남문으로 가자. 당대의 명필 이삼만이 쓴 '호남제일성(湖南

군문효수로 사람 목을 매달아 놓았던 풍남문. 왼쪽으로 전동성당이 보인다

第一城)'이란 편액이 답사자의 눈길을 끌지만, 천주교인들을 처형했다는 느낌은 그 어디에서도 찾아볼 수 없을 만큼 깔끔하게 복원된 성곽이 더욱 인상적이다.

풍남문은 고려 때 쌓은 전주성의 남문에 해당되는데, 풍남문이란 이름은 조선조 태조가 자신의 조상이 살았던 전주를 '풍패지향(豊沛之鄕)'으로 삼은 데서 연유한다. 즉, 한고조가 자신이 태어난 고장을 '풍패'라고 일컬었듯이 이성계는 전주를 '풍패지향'으로 여겨, 남문은 '풍남문', 서문은 '패서문', 객사는 '풍패지관'이라 각각 이름지었던 것이다.

풍남문에서 동쪽으로 1백여 미터 거리에 있는 전동성당은 풍남문을 둘러싸고 있던 성벽을 헐어 낸 돌로 주춧돌을 세웠다는 점에서 풍남문과 인연이 깊다. 이 성당을 짓기 시작한 1907년에 마침 전주성 성곽이 철거되고 풍남문 종각과 포루 등이 헐렸는데, 성당 초대 주임

풍남문 성곽 / 풍남문에 바로 잇대어 쌓은 성곽만 복원되어 있다

이었던 보두네 신부가 이 돌을 사들여 밑돌로 삼았던 것이다. 성당 건물이 완공된 것은 1914년이지만 부대 시설을 완비하여 축성식을 가진 것은 1931년이었다. 호남 최초의 로마네스크 양식의 서양식 건물로서, 국가 지정 기념물 제288호로 지정되어 있다.

전동성당에는 여느 성당과 달리 볼거리가 많다. 우선 성당 창문 유리를 십자가의 길로 삼고 있는 것부터가 이채롭다. 이 지역에서 순교한 열두 명의 순교자와 본당 주보성인, 초대 본당신부를 채색한 스테인드 글라스로 꾸며져 있는데, 제대를 바라보고 왼쪽으로는 정문호, 손선지, 한재권, 조윤호, 윤지충, 보두네 신부, 그리고 오른쪽으로는 조화서, 이명서, 정원지, 프란치스코 사베리오, 유중철·이순이 동정부부, 유항검·유관검 형제의 순서로 배치되어 있다.

마당에는 순결을 상징하는 흰 대리석으로 조각된 유항검과 동정부

150

부 기념상, 그리고 왼편 유치원 앞 뜰에 우리 나라 최초의 순교자인 윤지충과 권상연의 기념 동상이 세워져 있다. 그 곁에는 성모동굴상이, 또 1993년 순교 동상을 건립할 때 발견했다는 자연석 제단과 방주 모양의 큰 좌대가 놓여져 있다.

1992년 한국 순교자 대축일을 맞아 지하 1백3미터를 팠을 때 암반을 뚫고 솟아오른 '생수'도 이채롭다. 순례자들은 물론이고 인근 주민들에게까지 이 생수는 넉넉한 식수 역할을 해낸다. 1백3미터와 1백3위 성인과 어떤 연관성이 있지 않을까 하는 막연한 기대를 가져 보는 것도 이곳만이 갖는 하나의 즐거움이다.

박해를 불러온 화근

이쯤 해서 풍남문과 전동성당을 가리켜, 왜 우리 나라 교회의 '순교의 일번지'라 부르게 되었는지, 그 내력을 들여다보자. 간단하게 말하면, 이곳에서 순교한 윤지충과 권상연이 한국 천주교회 최초의 순교자이기 때문에 전주가 신앙의 꽃으로 자리잡고 있는 것이다.

최초의 순교자가 나온 것은 1791년에 있었던 신해박해 때였다. 화근은 오늘날 충남 금산 땅인 전라도 진산에서 윤지충과 그의 외종사촌 권상연이 제사를 폐하고 신주(神主)를 불태운 이른바 '진산 사건'이었다.

윤지충은 고산 윤선도의 6대 손으로 스물 다섯 살에 진사에 급제한 장래가 촉망되는 청년이었다. 그의 고모는 경기도 남양주의 마재로 정재원에게 출가하여 정약전, 약종, 약용 형제와 딸 하나를 낳았고, 이 딸이 이승훈에게 출가했으므로 윤지충은 정씨 형제들과 고종사촌지간이 되며, 이승훈은 고종사촌 매형이 된다. 또 윤지충의 어머니는 권상연의 고모이므로 윤지충과 권상연은 내외종간이 된다. 윤지충은 '호남의 사도'라 불리는 유항검과 이종사촌간이기도 하다.

이렇게 볼 때, 윤지충이 천주학을 접한 것은 지극히 자연스런 일이라고 할 수 있다. 어쩌면 훗날 윤지충은 전라감사로부터 심문을 받을 때 명례방 집회에 갔다가 『천주실의』『칠극』 등의 책을 보았다고 진술했던 것은 곧 자신에게 천주학을 전해 준 내사촌들, 즉 정씨 일가를 보호하기 위한 수단이 아니었는가 생각된다. 당시 김범우는 이미 세상을 떠난 사람이기 때문에 그를 연고자로 내세워도 아무런 뒤탈이 없었던 것이다.

한편, 권상연은 조선조 인조 때 이름높은 문장가인 권사의 자손으로서 윤지충의 이웃에 살고 있었다. 그에게는 고모가 다섯이 있었는데, 그 중 두 사람이 유항검과 윤지충의 부친에게 출가했으므로 권상연은 유항검, 윤지충과 고종사촌 지간이 된다. 그런데 윤지충의 부친이 처가 마을에 살면서 윤지충을 낳았고, 권상연 역시 같은 마을에서 태어났으므로 윤지충과는 한마을에서 태어난 것이다. 따라서 권상연이 입교한 것은 윤지충에 영향을 입은 바 크다고 볼 수 있다.

윤지충이 모친상을 당하고도 교리를 지키기 위해 제사를 지내지 않고 신주를 불사른 이유는 무엇일까. 지금 생각하면 참으로 한심한 이야기이지만, 조상 제사를 모셔서는 안된다는 교리 해석은 당시의 상황으로서는 신자들에게 큰 갈등을 안겨 준 문제였다. 가문을 중시하고 조상에 대한 제사를 각별하게 지내는 것을 미덕으로 여겼던 우리 풍습에서 제사를 지내서는 안된다는 해석은 충격이 아닐 수 없다. 아무리 시행착오라고 해도, 또한 초기의 지식인들이 편협한 울타리 속에서 교리를 잘못 해석했다고 해도 그것은 분명 우리 교회가 잘못 걸어온 역사이다. 따라서 그같은 잘못을 범한 원인을 찾는 일 못지않게 그 사건에 대한 역사적 평가 또한 새로 자리매김을 해야 할 것이다.

사건의 원인은 의사 소통이 잘못된 데서 비롯되었다. 권일신에게서 교리를 배운 예비신자 윤유일은 1790년 신부 파견을 요청하는 밀서를 갖고 중국에 건너가 북경교구장 구베아 주교를 만났다. 바오로

전동성당/우리 나라 최초의 순교자가 나고 호남의 첫 사도가 피를 흘린 '순교의 일번지'

라는 본명으로 세례를 받고 견진성사까지 받은 그는 구베아 주교에게 '사사여사생(事死如事生)' 하는 조상 제사 문제에 대해 물었다가 '그런 제사는 옳지 않다'는 해석을 듣는다. '사사여사생'이란 죽은 사람을 섬기기를 산 사람과 똑같이 한다는 뜻이다. 그런데 이 말을 잘못 받아들인 구베아 주교는 "그러면 죽은 사람에게 밥을 주면 먹느냐, 술을 따라 주면 마시느냐?"고 물었고, 윤유일이 "그렇지 않다" 라고 답하자, 그 같은 제사는 지내지 말라고 한 것이다. 교리에 어긋난다는 해석이었다.

한마디로 필담(筆談) 커뮤니케이션이 미흡해서 빚어진 오류였다. 조상에 대해 정성 들여 제사를 지내는 것이 어째서 교리나 천주 공경에 위배된 행위인가. 그럼에도 불구하고 조상에 대한 제사를 하느님 외에 또 다른 신을 섬기는 것으로 잘못 받아들인 구베아 주교는 제사가 교리에 어긋난다고 결정한 것이다. 어처구니없게도 필담 커

전동성당 제대는 성스러운 분위기가 물씬 풍긴다

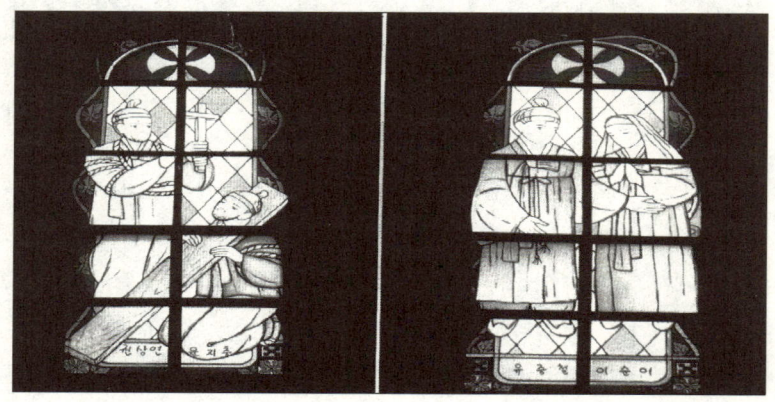
전동성당 창문엔 순교자들의 행적을 그려 넣은 스테인드 글래스가 눈길을 끈다

뮤니케이션의 잘못이 이 땅에 정결했던 수많은 신앙인들을 박해의 현장으로 끌어낸 것이다. 어쨌든 모친상을 당한 윤지충은 권상연과 상의하여 성심 성의껏 정중하게 상례를 치렀다. 북경 주교의 가르침에 따라 음식은 차리지 않았으며, 부모의 상징적 표현으로 관습상 모셔 온 신주 또한 불태워 땅에 묻었다.

그러나 이같은 그의 행실을 지켜 본 친척들과 이웃 사람들은 분노

154

했다. '무군무부(無君無父)의 불효자'라 하여 관아에 고발했다. 삼강 오륜을 최고의 덕목으로 삼고 있던 당시, 윤지충이 보여준 행동은 그 야말로 사악한 행동의 표본이 되고 말았다. 더욱이 조문도 받지 않고 모친의 시신마저 내버렸다는 소문마저 과장되어 번지자, 급기야 한 양에서는 윤지충을 처형시키고 그같은 행동을 사주한 천주교를 탄압 해야 한다는 상소가 빗발쳤다.

마침내 윤지충과 권상연은 전주감영으로 압송되었고 정조로부터 처형시켜도 좋다는 허락이 떨어졌다. 정조로서는 안타까운 결정이었 지만, 워낙 많은 천주교 배척의 상소가 쏟아졌으므로 어쩔 수 없는 선택을 한 것이었다. 그러나 혹 이것이 선례가 되어 천주교인들의 희 생이 계속되어서는 안된다고 마음을 바꾼 정조는 사형 집행을 유예 하라는 어명을 다시 내렸다.

그러나 파발꾼이 전라감영에 당도했을 때에는 이미 윤지충과 권상 연의 처형이 끝난 뒤였다. 참으로 안타까운 일이었다. 혹 파발꾼이 조금만 일찍 도착했더라면 그처럼 처절한 피비린내가 전주 땅에 진 동하지 않았을 텐데. 그러나 생각을 바꾸면, 이것 역시 하느님의 오 묘한 섭리가 작용한 것 아닐까 여겨진다. 이 땅에 피거름을 주지 않 고서 오늘과 같은 선교의 수확을 거두지 못했을 것으로 짐작되기 때 문이다.

9일 지났건만 선혈은 흐르고

여기서 잠시 윤지충과 권상연이 전주감영에서 재판을 받을 때 남 겼던 기록을 살펴보자. 전라관찰사에게 적어서 남겼다는 이 '공술서' 는 조상에 대한 제사를 소홀하게 했다고 해서 천주교를 배척한 지식 인들에게 도전한 우리 나라 교회의 최초의 공식 변론서이다.

훗날 교우들의 영적 독서로 수없이 읽혀졌으며 정약종의 아들 정 하상이 순교하면서 쓴 『상재상서』의 뼈대가 되기도 했다. 그 내용을 한 토막 인용해 본다.

"우연히 명례방 역관 김범우의 집에 갔다가 『천주실의』『칠극』이란 책을 보았습니다. 이것을 읽고서 천주는 만민의 아버지시요, 하늘과 땅과 천신과 사람과 기타 만물의 창조주이심을 알았습니다. 이가 바로 중국 경서에서 상제(上帝)라 일컫는 분입니다. 천지간에 사람이 생겨나는데 비록 부모로부터 혈육을 받았으나 근본인즉 천주께서 주신 것입니다. 한 영혼이 육신에 결합되는데 이들을 결합시키는 이는 천주이십니다. 임금께 대한 충성의 근본도 천주의 계명이요, 부모께 대한 효성의 근본도 천주의 계명입니다. 중국 경서에 있는 바, 상제를 공경하라는 가르침과 천주교의 천주 공경에 대한 가르침을 서로 비교해 보고 크게 일치함을 깨달았습니다.

제4계에 부모를 공경하라 하였으니, 만일 우리 부모가 참말로 그 위패 속에 계시다면 천주교 신자들도 다 그것을 공경해 마땅합니다. 그렇지만 위패는 나무로 만든 것입니다. 나와 혈육의 관계도 없고 생명과도 관계가 없습니다. 그 목패는 나의 출생과 양육에 아무런 수고도 하지 않았습니다. 우리 조상의 영혼이 한 번 이 세상에서 떠났으면 이런 유형의 물건에 붙어 있을 수는 없습니다. 부모의 생명은 위대하여 존경할 바인데, 한 목수가 만든 물건을 어찌 부모로 삼을 수 있습니까? 목패는 바른 이치에 근거를 둔 것이 아니므로 내 양심이 복종할 수 없습니다. 비록 이로 인하여 귀관이 내 양반 급을 박탈할지라도 나는 천주께 득죄할 수는 없습니다. 그러므로 내 손으로 목패를 땅속에 묻었습니다. 죽은 사람과 그 목패에게 술과 먹을 것을 드리는 것도 천주교회에서 금하는 바인즉, 그 법을 또한 지켜야 합니다.

덕행은 영혼의 양식이요, 물질적 음식은 육신의 양식입니다. 아무리 훌륭한 술이 있고 맛있는 안주가 있을지라도 영혼을 생양할 수는 없습니다. 옛 사람의 이른바 '죽은 이라도 산 사람처럼 마땅히 섬기

156

전동성당 안에 세워진 유항검과 동정부부상

라'는 말씀은 이 나라 경서의 근본 원칙이 되어 있음은 귀관이 인정할 것입니다. 그런데 사람이 살아 있는 동안도 그 영혼이 술과 음식으로 생양되지 못하거늘, 하물며 죽은 다음의 영혼이 술과 음식으로 생양될 수 있겠습니까? 부모께 아무리 효성 있는 사람이라도 주무실 때 음식을 드리지 않으니 잠자는 동안은 음식을 먹을 만한 때가 아닌 연고입니다. 같은 이유로, 사람이 죽음의 긴 잠에 들어 있을 때 음식을 드림은 더구나 헛된 일이요 거짓 행습입니다. 그런즉, 죽은 부모를 자식이 어찌 헛된 일과 거짓 행습으로 섬길 수 있으리이까?"

오늘날에도 읽으면 읽을수록 신앙의 깊은 맛을 느끼게 해주는 명문이라는 생각이 든다. 논리정연하고 조리 있게 자신의 견고한 신앙을 드러낸 이같은 문장이야말로 살아 있는 글이 아닐까.

윤지충과 권상연의 시신은 처형당한 직후에도 처참하게 내버려져 있었다. 두 사람의 머리는 장대 끝에 높이 매달려 풍남문을 오가는 사람들의 눈길을 끌었고, 그 시신은 형장에 그대로 내동댕이쳐져 있었다.

9일째 되는 날, 비로소 가족들에게 인계되어 장례를 치르도록 했는데, 시신을 거두고자 찾아온 가족들은 또 한번 놀랐다. 조금 전에 참수를 당한 듯 선혈이 붉은 것을 목격했기 때문이다. 당시 초겨울이었지만 방안의 물그릇이 꽁꽁 얼 정도로 추웠기 때문에 가족들의 놀라움은 더욱 컸던 것이다. 함께 자리를 한 모든 사람들이 기적이 일어났다면서 경탄을 금치 못했다. 어떤 이들은 두 사람에게 죄가 없음을 하늘이 증명한 것이라고 외쳤다. 교인들 역시 기쁨의 눈물을 흘리며 하늘을 우러러 주님을 찬미했다.

윤지충과 권상연으로부터 비롯된 '진산 사건'은 한양에서 이승훈, 권일신 등이, 충청도에서 이존창, 최창주 등이 체포되는 등 파장이 컸지만, 대부분의 교우들이 배교하고 석방됨으로써 일단락 되는 등 전주와는 전혀 다른 모습을 보여주었다. 그 때문에 치명 당한 윤지충, 권상연의 의연한 죽음이 새삼 돋보인다.

두 사람이 사형 당한 현장은 지금의 전동성당 근처로 추정된다. 하지만 두 사람의 무덤은 아직까지 발견되지 않고 있다.

능지처참 당한 '호남의 사도'

윤지충과 권상연이 순교한 때로부터 10년째 되던 해에 전주에는 또 한번 박해의 회오리바람이 세차게 불어닥쳤다. 천주교에 대해 비

158

우리 교회의 첫 순교자인 윤지충, 권상연

교적 온화한 정책을 썼던 정조가 죽고 순조가 열한 살의 어린 나이로 즉위하자, 노론 벽파인 영조의 계비 정순왕후가 수렴청정하면서 천주교와 남인 시파를 타파하려는 데서 신유박해가 일어난 것이다. 전주에서 가장 먼저 체포된 사람은 유항검이었다. 그는 한국 순교사의 꽃인 동정부부 유중철·이순이의 아버지이고, '호남의 사도'라 불리는 초기 교회의 지도자였다.

진주 유씨 소재공파의 8대 손인 그는 과거 시험에 전념하던 어느날 남인 학자들이 천주교 신앙 운동을 일으키고 있다는 소문을 들었

성모동굴/전동성당 왼편에 성모상을 모신 동굴이 있어 신자들이 기도하는 곳으로 이용한다

다. 이종사촌인 윤지충으로부터 교리 서적을 빌어 본 그는 성이 안
찼던지 경기도 양근 고을에 살고 있는 권철신을 찾아갔다. 그리고 권
철신의 아우 권일신으로부터 교리를 배우고는 이승훈에게 세례를 받
아 호남 지방의 첫 신자가 되었다.

　가성직 제도가 만들어진 이듬해, 즉 1876년에 가성직단의 일원으
로 선출된 그는 고향에서 전교 활동을 하다가 어느 날 가성직 제도
가 교리에 어긋나며 독성죄(瀆聖罪)를 범한다는 사실을 깨달았다. 그
는 이를 시정하기 위해서는 중국 북경의 주교에게 문의 편지를 내고
외국 선교사를 입국시키는 길밖에 없다고 판단하고 그에 필요한 경
비를 흔쾌히 내놓았다. 그리하여 주문모 신부가 입국하여 전라도 지
방으로 내려오게 되자 자기 집에 머물게 하면서 함께 전교 활동을
열심히 했다.

　신유박해가 시작되자 호남 지방에서 '사학 괴수'라는 죄목으로 가

160

장 먼저 체포된 것도 이런 이유에서였다. 동생 유관검, 그리고 윤지충의 아우 윤지헌 등과 함께 체포된 그는 한양으로 압송되어 넉 달 동안 갖은 악형에 시달렸다가 대역부도죄로 능지처참형을 선고받고 전주감영으로 다시 보내졌다.

유항검이 처형된 때는 1801년 10월 24일이었다. 당시 그의 나이는 46세였다. 풍남문 밖에서 수많은 군중이 지켜보는 가운데 그는 육시형을 당했다. 육시형이란 대역죄를 범한 자에게 과하던 최대 극형으로서, 죄인을 일단 처형한 후에 그 시신을 머리, 왼팔, 오른팔, 왼다리, 오른다리, 몸통의 순서로 여섯 토막을 내어 전국 각지로 보내 백성들에게 보여주는 형벌이다. 우리 순교사 중에서 가장 참혹한 이 형벌을 받은 사람은 유항검과 황사영이 있다.

풍남문에 이어 전동성당을 둘러보고 나오면 길 건너편에 단아하게 자리잡고 있는 옛 건물이 눈길을 끈다. 이성계의 영정이 모셔져 있는 경기전(慶基殿)이다. 하느님에 대한 순종과 믿음의 확신으로 치명 당한 순교자들의 넋이 서려 있는 곳 바로 앞에 박해자의 조상 유적이 있다는 게 아이러니인지도 모른다. 하긴 전동성당을 지을 때, 옛 전라감영을 빤히 바라보는 위치로 일부러 골랐다는 사실을 아는 사람은 별로 많지 않을 것이다.

초록바위와 서천교

이제 발길을 돌려 시내를 가로질러 흐르는 전주천변으로 가 본다. 전동성당에 │ 남쪽으로 빠지는 대로를 따라 4백 미터쯤 가면 전주천에 닿는다. 그리고 다리를 건너자마자 우측으로 '천주교 순교지 초록바위'임을 알리는 작은 빗돌을 볼 수 있다. 바위라고는 하지만 나무로 우거져 작은 둔덕 같은 느낌을 준다.

초록바위는 서울 서소문 밖에서 순교한 남종삼의 열네 살 난 아들 남명희와 홍낙민의 손자 홍봉주의 아들이 죽음을 당한 곳이다. 당시 나이가 어린 죄인들은 감옥에 가두어 두었다가 15세가 되면 처형시켰는데, 이들 역시 열다섯 살에 이르자 물 속에 수장 당하는 형벌로 죽음을 당한 것이다.

어린 소년들이었지만 그들의 신심은 어른 못지 않았다. 남종삼의 아들 남명희는 전라감사로부터 "너마저 죽으면 집안의 대가 끊기니 배교하라"는 권고를 받을 때마다 입을 꼭 다문 채 고개만 가로 저었다. 어린 소년의 심지가 어른 못지 않게 굳음에 탄복한 감사는 때로는 애원을 해보기도 했다. 그러나 소년의 대답은 한결같이 "천주님은 천지의 대군주이시고 대부모이신데 어찌 배교할 수 있겠습니까?"라는 한 마디뿐이었다.

참으로 대견스런 자세가 아닐 수 없다. 그 아버지에 그 아들이라는 옛말을 실감케 해주었다. 마침내 처형당하는 날이 되었다. 포졸들이 "애야!"라고 부르자 명희 소년은 "국법이 지엄하여 죽기는 하나, 그래도 나는 양반의 자손이다. 어디서 함부로 '애야'라고 하느냐!" 하면서 당당했다고 한다.

남명희의 죽음은 남씨 집안에 3대가 순교 당하는 순간이기도 했다. 즉, 소년의 부친 남종삼은 서울 서소문 밖 네거리에서 홍봉주와 함께 처형당했고, 어머니 이소사는 유배지인 창령에서 9년간 고초 끝에 숨을 거두었던 것이다. 다행히 어머니와 함께 유배당한 그의 동생 규희와 두 여동생은 어머니를 잃던 해에 유배지에서 풀려났다. 하지만 남규희는 훗날 딸 하나를 낳고 요절했으며, 산모마저 유복자 남상철을 낳은 지 한 달만에 숨을 거두고 말았다. 그 뒤 남상철은 3남 5녀를 두었고, 우리 나라 최초의 세 자매 수녀를 배출했음은 가톨릭 교계에서 잘 알려진 일이다.

이렇게 본다면 초록바위는 어린 소년이 순교를 당한 현장이라는 점에서 다른 사적지와 달리 애틋한 정을 불러일으키는 곳이다.

초록바위를 둘러보고 나서 발길을 돌려 전주천 둑길을 따라 시내 쪽으로 향했다. 다가동에서 서완산동을 잇는 서천교가 나오고 완산 동쪽 보도 블록 한 쪽에 놓인 작은 십자가 빗돌이 눈길을 끈다.

'성인 조윤호 순교터'라고 새겨져 있다.

이곳 역시 초록바위와 마찬가지로 어린 나이의 순교자가 목숨을 바친 아픔을 간직하고 있는 곳이다. 이곳에서 죽음을 당한 조윤호의 나이는 열여덟 살이었다. 부친 조화서는 숲정이에서 순교했는데, 아 버지와 아들을 같은 날, 같은 장소에서 처형하지 않는다는 관행에 따라 조윤호는 부친보다 열흘 늦게 이곳 서천교 아래에서 치명했다. 걸 인들로 하여금 새끼줄로 목을 감아 끌고 다니게 했다고 전해지는데, 오늘의 처지에서도 그의 죽음은 참으로 비참한 모습이었다.

아버지와 아들인 조화서와 윤호의 돈독한 신앙심은 참으로 우리들 에게 많은 것을 생각하게 한다.

이들 부자는 1866년 병인박해 때 함께 체포되었는데, 전주감영에 서 견디기 힘든 형벌을 받으면서도 서로 격려하며 끝까지 신앙을 지 켰다. 그런가 하면, 먼저 사형장으로 끌려나가는 부친이 아들에게 "네 마음을 변치 마라. 관장 앞에서 진리대로만 답해라. 네가 불행히 도 마음을 변할까 그것이 두렵구나. 각별히 조심해라"라고 하자, 아 들 역시 "저에 대해서는 조금도 염려하지 마십시오. 아버님도 조심하 시기 바랍니다"라고 답했다고 한다.

아버지로서 아들의 죽음을 슬퍼하기보다 아들의 신앙심이 흔들릴 것을 걱정했고, 아들 역시 아버지의 죽음을 슬퍼하기보다 자신의 굳 은 신앙심을 확인시켜 주고 싶어했다는 이 대화를 우리는 어떻게 받 아들여야 하는가. 삼강오륜의 관점에서 보면 참으로 어처구니없는 이야기이지만, 나는 위대한 인간 승리라고 본다.

그 어느 인간이 죽음을 두려워하지 않겠는가. 더욱이 가문을 중시 여기는 당시의 문화적 풍토에서 외아들이 죽으면 대가 끊긴다는 것을 뻔히 알면서도 아들이 혹 배교의 유혹에 넘어가지 않을까를 걱정한 대목은 단순한 신앙의 승리가 아니라 신앙을 온몸으로 느끼고 살아온 인간의 승리임에 틀림없다.

그러기에 이들 부자간의 대화를 엿들은 형리들이 "네 아들과 함께 죽는다면 자손 없는 집안이 되지 않겠느냐? 그래도 좋으냐?" 라고 했을 때, 서슴없이 "나는 이 세상에서 죽을지라도 다시 살 자리가 있습니다" 라고 하지 않았을까.

서천교에서 치명한 조윤호는 충청도 신창에서 조화서의 외아들로 태어났다. 그의 부친은 경기도 수원 사람이었는데, 기해박해 때 조부(조 안드레아)가 순교 당하자 충청도 신창으로 이주한 것이다.

조윤호의 신앙은 어려서부터 깊었다. 최양업 신부의 복사로 활동했던 부친의 영향을 받았던 탓이다. 열여섯 살 때, 부친을 따라 전주 근교 성지동으로 이사하여 이 루시아와 결혼했다. 하지만 결혼 생활은 불과 2년이었다. 마을을 기습한 포졸들에게 아버지와 함께 체포되어 마침내 아버지보다 열흘 늦게 죽음을 당하고 말았다.

숲정이를 빛낸 사람들

다음으로 조윤호의 부친 조화서가 순교 당한 현장 숲정이로 발길을 돌려보자. 숲정이는 숲이 칙칙하게 우거져 '숲머리'라고 불리던 곳으로, 조선조 시대에 군인들을 훈련시키는 장대가 있었기에 전주 감영에서 주로 처형장으로 사용했던 곳이다. 따라서 박해가 있을 때마다 많은 신앙인들의 유혈이 낭자했던 곳이기도 하다. 현재 지방문화재 제71호로 지정되어 있다.

숲정이는 전주 진북동 한복판 주택가에 위치하고 있다. 금암광장에서 태평로 쪽으로 1킬로미터쯤 가면 연초제조창이 있는 네거리가 나오고, 여기서 우회전하여 3백 미터쯤 가면 된다. 진북 초등학교를 찾으면 쉽게 찾아갈 수 있다.

숲정이 / 동정부부였던 이순이가 참수 당하고 신부 영입을
시도했던 신태보가 순교한 아픈 역사의 현장이다

　숲정이는 올해 새롭게 단장되었다. 아파트 숲에 가린 데다가 숲정
이라는 이름에 어울리지 않게 몇 그루의 나무가 있었을 뿐인데, 깔끔
한 모습으로 다시 꾸며졌다. 하지만 둥근 조형물은 어쩐지 사찰의 사
리탑을 연상시키는 느낌이 들었다.

　아쉬운 것은 또 하나 있다. 전에는 해성 중고등학교가 바로 곁에
있어서 학생들이 보다 쉽게 이곳을 드나들면서 신심을 북돋우고 묵
상할 수 있었을 텐데, 이젠 그 학교가 다른 곳으로 이사하고 말았다
는 게 안타깝다. 그래도 체육관으로 쓰던 윤호관이 남아 있고 여기에
서 청소년을 위한 각종 교육과 행사가 벌어지고 있다는 게 다행이다.
1935년 이 지방 신자들이 '천주교인 순교지'라는 빗돌을 하나 세우면
서 밭으로 일구고 있던 땅을 사들여 학교를 지었는데, 그 학교가 전
주 해성 중고등학교이다. '해성'이란 이름은 전주교구의 주보인 성모

마리아의 별칭 '바다의 별'에서 따온 것이다. 그러다가 1992년 가을에 학교가 삼천동으로 옮겨가고 이곳에는 체육관으로 쓰던 윤호관을 순교자기념관으로 꾸미면서 1천백 평 규모의 순교 터로 단장한 것이다. '윤호관'이란 성인 품에 오른 조윤호의 이름을 딴 것이다.

숲정이에서 순교한 인물은 풍남문 근처에서 육시형을 당한 유항검의 일가족들이었다. 그의 처(신희)와 제수(이육희), 며느리(이순이), 조카(유중성) 등이 처형되었다.

그 뒤, 1839년의 기해박해 때에는 신태보, 이대권 등 다섯 명이, 1866년의 병인박해 때에는 앞서 서천교에서 언급한 조윤호의 부친 조화서를 비롯하여 정문호, 손선지, 한재권, 이명서, 정원지 등 여섯 명이 죽음을 당했다. 그리고 1867년에는 여러 명의 무명 순교자들이 치명했다. 이 중에서 1866년에 순교한 일곱 사람은 1984년 성인 품에 올랐다.

여기서 내가 특별하게 기억하고 싶은 인물은 불요불굴의 신앙심을 기록으로 남겨 우리들에게 신앙생활의 사표가 된 신태보와 이순이다. 신태보가 13년이란 긴 세월 동안 감옥에서 쓴 옥중 수기, 그리고 20세의 꽃다운 나이에 처형당하기 직전에 친정으로 보낸 이순이의 편지는 교회사의 귀중한 사료일 뿐만 아니라 오늘을 살아가는 우리들에게 커다란 감명을 주는 글이다.

먼저 신태보에 대해 살펴보자.

그에 대한 인적 사항은 기록상에 나타난 것이 거의 없다. 다만 구전으로만 전해 올 따름인데, 전국 방방곡곡을 두루 돌아다니며 전교 활동을 열심히 한 인물로써 그 명성이 자자했다고 한다. 한때 정하상과 함께 외국 선교사의 영입에 노력했으며, 강원도 산골에 있을 때나 한양에 있을 때나 늘 교리서를 등사하여 교우들에게 나누어주는데 골몰했다고 한다.

그가 체포된 것은 경상도 상주에 머물 때였다. 경기도, 전라도, 경상도 등 3도에 '사교를 퍼뜨려 민심을 어지럽게 한 주모자'로 지목되어 잔인한 형벌을 받았다. 예컨대, 그의 두 팔은 등뒤로 묶이고 양 무릎과 발목이 묶인 막대기를 팔과 등 사이에 가로지르고 두 개의 굵은 몽둥이를 열 십자로 두 정강이 사이에 끼워 넣고서 두 사람이 몽둥이 끝을 타고 앉는, 말하자면 주리를 트는 고문을 당하기 일쑤였다. 결국 다리뼈가 으스러진 그는 감옥에 옮겨와서도 앉을 수도 없었고 손발을 쓸 수도 없었다. 먹는 것조차 힘들었다. "공자, 맹자가 가르치는 성현의 도리로도 충분하니 국왕이 금하는 외교를 버리라"는 취조에 대해 그의 답은 한결같았다.

"우리들의 종교를 금하는 까닭이 오직 외국으로부터 들어온 것이기 때문이라고 하나 어느 집에서든 책이며 옷이며 가구 중에 외국에서 들어온 물건은 꼭 한두 개씩은 있습니다. 또 우리 몸에 병이 들어 의원을 대서 효험이 없을 적에는 중국 의원의 진찰을 받아 낫는 수도 있습니다. 사람에게는 영혼의 병이랄 수 있는 일곱 가지 악이 있는데, 이는 천주교로써만 고칠 수 있습니다. 공자, 맹자의 가르침을 모르는 바 아니지만, 이들 성현을 모신 묘우(廟宇)에서는 한 사발의 밥과 한 덩어리의 고기 때문에 서로 의견이 달라 싸우므로 묘우는 덕을 가르치기는커녕 악을 가르치는 곳으로 변했습니다. 겉으로는 몸을 삼가고 예의를 지키는 듯하나 속마음은 썩고 있습니다.

그러므로 우리 종교는 먼저 마음을 가다듬고 일곱 가지의 정욕을 고치며 십계로서 안과 밖을 바로잡습니다. 천주교야말로 공맹(孔孟)의 가르침도 다 갖추고 있습니다. 이제 유교 외에 천주교가 나타났습니다. 국왕은 어느 것이 참되고 어느 것이 거짓인가를 알아내실 때까지는 천주교를 금지시키겠지만 우리 종교야말로 참된 종교입니다.

모든 것은 도리에 맞아야 합니다. 두 사람이 참과 거짓을 두고 서로 논할 때 한쪽이 상대편보다 먼저 참된 이치를 발견하는 수가 있듯이, 교리 문제에 있어서도 나라에서 진리를 발견하기 전에 백성이 먼저 알아낼 수도 있습니다. 우리 나라에 지금 일어나고 있는 일이 바로 이것입니다."

우리는 그의 옥중 수기에서 대쪽같은 신앙이 13년이라는 긴 옥고를 치르면서도 조금도 흐트러짐이 없었음을 확인할 수 있다.

신태보보다 65년 전에 이곳에서 순교한 이순이의 편지 또한 읽는 이들로 하여금 가슴을 저리게 하고 눈시울을 뜨겁게 한다. 옥졸들의 감시의 눈을 피해 여동생과 올케에게 쓴 편지의 한 토막을 인용한다. 이 글은 샤를르 달레의 『한국천주교회사』에 있다.

"우리는 다같이 천주를 위하여 순교자가 되기를 철석같이 맹세했습니다. 나의 애정은 다른 감옥에 갇힌 남편 요한에게로 끊임없이 달려갔습니다. 10월 9일 시동생이 끌려갔습니다. 얼마 후에 남편과 시동생이 죽었다는 소문을 들었습니다. 고문이 시작되자, 나는 천주를 믿음으로써 목숨을 바치겠다고 확실히 말했습니다. 형리는 정강이를 때리고 수갑을 채워 옥에 가두었습니다. 내가 순교자가 된다면 나의 모든 죄는 없어지고 천 배나 만 배나 되는 그야말로 헤아릴 수 없는 복안에 들어가게 될 것입니다"

이순이의 부모는 이수광의 8대 손인 이윤하와 권일신의 여동생이었다. 따라서 두터운 신앙의 가계에서 자란 그녀는 성모 마리아를 닮아 평생 동정이기를 결심했는데, 때마침 주문모 신부의 중매로 유항검의 장남 중철과 동정부부로서의 인연을 맺었다. 그 뒤 4년간 정결한 생활을 해 온 그녀는 시아버지 유항검이 체포될 때 남편과 같이 잡혀 처형당했다.

그녀는 참수형을 받을 때 망나니가 웃옷을 벗기려 하자, 스스로 벗게 해 달라고 청했다. 그리고는 아주 침착한 자세를 조금도 흐트리지 않고 머리를 도끼 밑에 놓았다는데, 이를 가리켜 다블뤼 주교는 "전조선 모든 순교자 중 우뚝 솟은 하나의 진주"였다고 찬탄을 금치 못했다. 그래서일까, 그녀가 처형당하자 그녀의 몸에서는 흰 피가 흘렀다고 한다. 이들 부부의 무덤은 전주 시내 어디서나 잘 바라보이는 치명자산 증턱의 양지바른 곳에 자리잡고 있다.

"한 알의 밀알이 썩어야 생명을 낳는 아주 소박한 진리를 죽음으로 증거한 그 장한 넋을 기리는 현양탑이 그들의 피로 다져진 여기 숲정이에 서 있습니다."

안내판에 쓰어져 있는 이 글귀를 읽고 또 읽고 있을 때, 이곳을 찾아온 또 다른 답사 일행을 만났다. 전주북중, 전주고 출신으로 구성된 재경 천주교 신자 모임의 일행들이었다. 그들은 모임 명칭을 '숲정회'라고 했다. 관광버스를 타고 정기적으로 고향을 찾아 피정겸 성지순례를 한다고 했다.

머나먼 타국에서 동포를 만난 듯 기뻤다. 그저 단순하게 교우라고 했어도 기분 좋은 일인데, 이렇게 순교 사적지를 답사하는 멋을 아는 사람을 만났다는 게 흐뭇했다. 나는 그들에게 전주에서 잘하는 음식점을 소개해 줄 것을 청했다. 늦은 저녁 시간이었지만 전주 곳곳을 둘러보느라 아직 식사를 못했기 때문이다. 물론 뜻과 배짱이 맞는 그들과 전주의 별미 모주를 한 잔 하고 싶기도 했다.

숲정회원 일행과 찾아간 곳은 '삼백집'이었다. 콩나물국을 뚝배기에다가 삼백 그릇까지 만들어 팔고는 더 이상 팔지 않는다는 뚝배기 고집을 지닌 전통의 음식점이라고 한다. 검은 설탕을 넣고 끓인 막걸리에 계피 등 일곱 가지 양념을 집어넣은 모주를 반주 삼아 저녁 식사를 끝낸 시각은 어느새 밤 12시가 넘었다.

동정부부의 마지막 선택

치명자산·초남마을

치명자산 정상에 올라

일간지에서 기자로 재직할 당시, 동료들은 나에게 교회 사적지를 혼자 답사하는 재미가 무엇이냐고 묻는다. 똑같은 지역을 한두 번도 아닌 열댓 번씩 다니는 이유가 무엇이냐고 묻는 그 질문의 이면에는 이 땅의 교회 사적지는 어디를 가든 그 모양새가 비슷비슷하다는 냉소적 견해가 숨어 있었다.

사실 20년 가까이 답사를 계속해 온 내가 보기에도 우리 나라 교회의 사적지를 스케치하면 대개 엇비슷하다. 잘 꾸며진 곳일지라도 십자가상과 성모 마리아상, 제단이 있고 무덤과 빗돌이 있다. 유물이래야 형벌을 가했던 도구뿐이고, 발굴된 묵주나 십자가, 유해를 담던 항아리 등은 절두산 순교자기념관에 대부분 보관되어 있어서 현장에서는 볼 수가 없다.

현장 또한 처형당한 곳 일색이고, 옛 관아 건물이 대부분이다. 다르다면 십자가의 길을 각기 나름대로 특색 있게 만들어 놓고 있다는 정도인데, 전체적으로 보아 신앙유산이라고 하기에는 뭔가 부족하다

치명자산에서 본 전주 시가지/순교자의 묘를 높은 곳에 세운 의미가 부각되듯
전주 시내 어디에서나 바라볼 수 있다

는 느낌을 지울 수가 없다. 물론 그런 질문은 지금도 받는다. 이젠 웬만큼 달변가가 되어서 교회 사적지를 일반적인 문화유산 답사의 시각에서 바라봐서는 안된다거나, 무엇인가 순교자 영성이 있을 터이니 잘 묵상해 보라며 위기를 넘기지만, 그래도 마음 한구석에는 좀더 인상 깊게 각인될 수 있는 현장이었으면 좋겠다고 바란다. 단 한군데 예외가 있다면, 지금 찾아가는 전주 치명자산이다.

천주교 신자가 아니더라도 이곳에 가면 뭔가 색다를 것 같다는 기대감을 갖게 한다. 우선 이곳에 닿으려면 해발 3백여 미터의 중바위 정상 가까이 올라야 한다. 산 속 깊숙이 차가 올라갈 수 있는 도로가 있지만 차를 세워 놓고도 무려 1백55개의 계단을 걸어 올라가야 하는 게 등산하는 것이나 다름없다. 대부분의 사적지들이 차를 타고 안에까지 들어갈 수 있는 것과는 입구에서부터 다르다.

치명자산에서는 기도하는 성모 마리아의 모습으로 보이는 기묘한

172

성모상을 닮은 바위와 십자가/수많은 사람들이 사진에 담아두고자
사진을 찍어 바닥이 반들거린다

바위를 만나게 된다. 아마 많은 사람들이 그 모습을 사진으로 보았을
것이다. 2미터 아래 세워져 있는 돌 십자가를 향해 기도하는 그 기묘
한 모습을 보는 순간, 대부분의 순례자들은 가슴과 두 손을 모으게
된다.

이곳의 진수는 산 중턱을 깎아낸 가파른 골짜기에 세워진 동굴식
기념 성당이다. 전면을 돌로 장식하여 흡사 중세 유럽의 수도원을 연
상케 하는 성당 안에 들어가면 좌우 벽면이 모두 모자이크로 채색되

어 있다. 성당의 위편은 평평하고 넓어 여러 사람들이 얼굴을 맞댈 수 있는 노천극장처럼 만들어져 있다.

한데, 이곳을 찾으면서 아쉬운 점은 가파른 산 중턱에 성당을 짓다 보니 자연경관이 이만저만 훼손된 것이 아니라는 점이다. 물론 순교 와 동정의 월계관을 함께 보여준 이곳을 '성지 공원'으로 꾸미고자 1987년부터 1994년까지 6년 동안 노력을 기울인 교회의 뜻을 모르는 바는 아니지만, 자연 환경을 될 수 있는 대로 보호하면서 동굴 성당 을 만들 수는 없었을까 하는 생각을 해보았다.

치명자산이란 지명은 교회에서 붙인 이름이다. 어떤 이들은 이곳 을 '루갈다산'이라고 부르기도 한다. 이곳에 묻힌 이순이의 세례명이 루갈다인데, 그녀의 신심을 추앙하려는 뜻에서 부르는 것이다. 전주 시민들에게 '치명자산' 가는 길을 물으면 대개는 알아듣는데, "아! 중 바위요"라고 되묻는 사람도 있다. 중바위라는 산 이름이 치명자산으 로 더 많이 알려지게 된 것은 반갑기 그지없다.

치명자산을 가려면 전주 시청 앞에서 기린로를 따라 8백 미터 정 도 남원 방향으로 가야 한다. 전주 지방병무청을 지나 전주 공업전문 대학으로 가는 길로 접어들어 1.2킬로미터 정도 가면 군경묘지가 나 오고, 이곳에서 산길로 8백 미터 정도 경사진 산길을 올라가면 동고 사 입구인 샘터에 이른다. 신라 헌강왕 때 창건된 이 절은 신라의 마 지막 왕인 경순왕의 둘째아들 범수가 '범공'이란 법명으로 입산하여 망국의 설움을 달랬다는 이야기를 안고 있는 절이다.

이 샘터에서부터 난간에 손잡이를 갖춘 돌계단이 정상까지 이어져 있는데, 얼마나 많은 사람들이 오르내렸는지 바닥이나 난간이 반질 반질하다. 정상 가까이 있는 십자가와 성모상을 닮은 바위를 찍기 위 해 올라서야 하는 돌난간 역시 반질거렸다.

하지만 이 길이 예로부터 이용된 것은 아니었다. 원래 이곳을 오려 면 군경묘지를 가는 전주 공업전문대학으로 들어서지 않고 남원으로

마치 유럽의 수도원을 연상케 하는 동굴식 성당의 전면

가는 대로를 곧장 가다가 승암교를 건너야 한다. 지금도 그곳에는 치명자산 입구임을 알리는 푯말이 있다. 말하자면 이곳에 올라오는 길은 가파르고 험한 산길이었다. 그래서 산 아래에는 십자가의 길 14처와 전주교구 성직자 묘지가 있다.

아무튼 정상에 오르면 먼저 어른 대여섯 명이 두 팔을 둘러 감싸안을 수 있는 커다란 묘가 눈에 띈다. '동정녀 아루갈다 유혜, 그 형제 유요안 종선의 묘'라고 새긴 비석이 서 있는데, 사도 법관으로 유명한 고(故) 김홍섭 판사가 전주지법에 재직할 당시 들인 정성의 결과라는 이야기가 있다. 비석에 새겨진 '유혜'라는 이름은 이순이의 또 다른 이름인데, 그녀의 남편 유중철의 아명은 '종선'이다.

무덤 곁에는 이런 루갈다의 글귀가 새겨져 있다.

"모든 도덕을 구함이 좋으나 그 중에 으뜸은 신망애(信望愛) 삼덕이니, 이 삼덕이 영혼에 참으로 들어가면 다른 모든 도덕이 절로 따

성당 내부의 전면/제대 위쪽으로 유항검 일가 묘소가 있다

르리라."

무덤 아래로는 작은 운동장만한 성당 지붕이 널찍하게 놓여져 있다. 다시 가파른 계단을 내려가 성당 안으로 들어가면 제대를 바라보고, 왼편에 이순이가 쓴 편지의 글귀를, 오른편에는 동정부부 유중철·이순이를 모자이크로 채색하고 있다.

일가족 7명이 잠든 곳

지방기념물 제68호로 지정되어 있는 이곳에는 신유박해 때 순교한 유항검의 일가족 7명이 잠들어 있다. 유항검과 그의 처, 큰아들 내외, 둘째아들과 조카, 그리고 동생 부인 등이 합장되어 있다. 이들의 유해는 원래 생가가 있는 초남리 근처에 있었는데, 1914년 전동성당 주임이었던 보두네 신부가 자신이 묻힐 자리로 사 두었던 땅, 즉 이곳으로 옮겨 안장한 것이다.

그렇다면 왜 동생 부인은 묻히고 동생 유관검은 제외되었을까. 유관검 역시 그의 형과 함께 잡혀 처형당했지만, 그는 20여 일간 계속

176

치명자산에 오르는 십자가의 길

되는 고문을 이기지 못하고 7～8명의 교우 이름과 교회 사정을 털어놓아 교회를 곤궁에 빠지게 했었다. 말하자면 배교를 한 셈인데, 전주감영에서 그의 형에 대해 진술한 내용을 보면 그의 신심의 일단을 알 수 있다. 즉, 그는 형이 신주를 폐기하여 인륜을 끊고 조상의 은혜를 끊어 버린 것 같아서 동생의 입장에서 보기에 망극하므로 충고했지만 점점 더 했다고 말했던 것이다.

앞서 숲정이에서 언급한 조화서 부자의 대화에 비견하면 현격한 차이를 발견하게 된다. 아들의 죽음을 슬퍼하기보다 아들이 배교의 유혹에 흔들릴 것을 우려한 아버지, 그리고 아버지의 죽음을 슬퍼하기보다 자신의 굳건한 신앙을 확인시켜 주려 한 아들의 대화와는 참으로 격을 달리하는 진술이 아닐 수 없다.

치명자산을 이야기하면 다른 누구보다도 동정부부 유중철·이순이의 죽음에 초점이 맞춰진다. 일찍이 요셉과 마리아를 닮고자 했던 동정부부가 신앙을 위해 기꺼이 목숨을 던진 경우는 세계 어느 곳에서도 그 유례를 찾기 힘들다고 한다.

유항검과 그의 동생 유관검이 풍남문 근처에서 다른 세 사람과 함께 처형되자 그의 일가족에게도 화가 미쳤다. 당시의 형법에 의하면, 대역부도죄인이나 모반 대역죄인은 능지처참하고 그 가족은 연좌형으로 처형했던 것이다. 즉, 16세 이상의 아들은 교수형에 처하고, 15세 이하의 자녀와 처는 노비로 삼으며, 시집을 가도록 약속해 둔 여자는 친정으로 보냈고, 그 밖의 모든 식솔들은 3천 리 밖으로 유배를 보냈다. 그리고 가산은 몰수했다.

이에 따라 아버지와 함께 체포되어 그 동안 전주 감옥에 갇혀 있던 큰아들 유중철은 동생 문석과 함께 교수형에 처해졌고, 유항검의 처 신희는 함경도 경원부로, 여섯 살 난 아들 일석은 흑산도로, 세 살 난 일문은 강진 신지도로, 그리고 아홉 살 난 딸 섬이는 거제도로, 며느리 순이는 평안도 벽동으로, 조카 중성은 함경도 회령으로, 유관검의 처 이육희는 평안도 위안으로 각각 보내져 노비로 삼으라는 명령이 내려졌다.

하지만 이들은 법에 의해 빨리 처형되기를 재촉했으나 묵살 당하고 유배 길을 떠났다가 몇십 리 못 가서 다시 돌아왔다. 새로 재판을 받으라는 명이 내려져 유항검과 유관검의 처, 큰며느리와 조카는 전주로 돌아와 또다시 배교하라는 강요와 함께 모진 고문을 당했다.

전라감사가 한양으로 장계를 올리면서 이들이 밝힌 결안초를 보면 이들의 죽음이 신앙고백에 따른 것임을 확인할 수 있다.

즉, 유항검의 처 신희는 "천주교는 죽는 것을 영광으로 여긴다. 남편이 그 의로 죽었는데, 어떻게 살아 있으면서 숭봉하는 도리를 생각하지 않겠는가. 빨리 죽기를 원할 뿐이다" 라 했고, 유관검의 처 이육희는 "국법이 비록 엄하지만 천주교도 소중하다. 살기를 꾀하여 배교하기보다 순절하는 것이 낫다" 라고 했다. 유항검의 조카 유중성 역

178

시 "죽기를 원할 뿐이다. 다시 무슨 말을 할 수 있겠는가" 라고 답하여 자신들의 신심이 얼마나 굳은가를 확인시켰다. 이순이에 대한 기록은 없다. 하지만 그녀의 수기를 읽으면 신심의 일단을 엿보기에 충분하다.

"10월 9일 유문석 요한이라는 제 시동생을 데려갔는데 왜 그런지를 몰랐어요. 그래서 '어디로 가는 거죠' 하고 물었더니, 옥졸의 대답이 '관장의 명령이다. 그를 큰 옥으로 데려가서 제 형과 함께 가둘거다' 하는 것이었습니다. 저는 몸이 두 쪽으로 잘리고 천 개의 칼로 찔린 것 같았습니다. 옥졸들은 그를 데려갔어요. 저는 시동생에게 '천주의 성의가 이루어지기를' 하고 말한 다음, 그에게 '제가 남편과 같은 날 함께 죽기가 원이라는 것을 형님께 전해 주세요' 하고 간절히 부탁하고 두세 번 그 부탁을 되풀이한 다음 서로 손을 놓고 저는 돌아섰습니다.

저희들 네 사람은 주의 보호밖에는 의지할 곳이 없어 몹시 당황한 채 있었습니다. 일각도 못 되어서 그들이 죽었다는 소식이 왔습니다. 인정에 받은 충격은 제게 있어서는 대단한 것이 아니었고 요한의 행복이 제 마음을 기쁨으로 채웠습니다. 그러나 제 마음속에 약간 근심이 있습니다.

'오, 천주여, 그는 어떻게 되었나이까? 이렇게 급작스러운 죽음을 잘 준비하였사옵니까?' 하고 생각했습니다. 만 개의 칼이 제 마음을 찢어 놓은 듯해서 생각을 어디로 돌려야 할지 몰랐습니다.

이렇게 한 시간쯤 지난 다음에야 다소간 평온이 다시 돌아옴을 느꼈습니다. '이런 종류의 죽음 자체가 벌써 천주의 은혜가 아니겠는가. 요컨대, 그는 그래도 공로가 조금 있었으니 그렇게도 착하시고 그렇게도 자비로우신 천주께서 그를 저버리실 수 있을까?' 제 마음은 좀 가라앉았습니다. 그러나 제 생각은 끊임없이 그에게로 향했습니다. 어떤 친척에게 여쭤 보니 그분은 '걱정 말아요, 그 사람은 미리부터

이순이 루갈다 편지와 십자고상

결정을 잘 짓고 있었어요' 하고 말해 주었습니다.

마침내 편지 한 장이 집에서 왔어요 그 편지에는 이렇게 적혀 있었지요 ―옷에서 자기 누이에게 보내는 쪽지가 발견되었는데― 그 쪽지는 '나는 누이를 격려하고 권고하며 위로하오 천국에서 다시 만납시다' 라는 내용이었습니다. 그때야 비로소 제 모든 걱정은 사라졌습니다. 사실에 있어서 그의 모든 처신을 생각하면 뉘우칠 것이 하나도 없었습니다. 그는 세속 정신을 떨쳐 버린 진짜 교우라고 할 수 있는 사람이었습니다. 그는 부지런하고 열심하고 정직하여 모든 사람의 존경을 받았습니다."

여기서 누이라는 단어가 나오는 까닭은, 이들 동정부부가 남편과 아내를 오라버니와 누이로 부르고 있었기 때문이다.

일가족 중 풀려난 사람은 유항검의 노모와 그의 형 유익겸의 처, 그리고 약혼한 유항검의 딸이었다. 이들은 가산이 몰수된 터인지라 자신이 살던 집에 들어가지 못하고 초라한 초가에서 살았는데, 그 뒤의 소식은 전혀 알 길이 없다.

치명자산 묘소에는 유항검 일가족이 묻혀 있다

　치명자산은 늘 많은 사람들로 북적거린다. 내가 오전의 한나절을 머무는 동안에도 이곳을 찾은 사람은 50여 명을 헤아렸다. 그 중에는 젊은이도 여럿 있었고, 손에 손을 맞잡고 수녀를 뒤따르고 있는 유치원 어린이도 보였다. 물론 성가집과 기도서를 가지런히 두 손으로 맞잡은 할머니와 주부가 단연 많았다. 이곳 성당에서 매일 미사를 봉헌하는 사람들이다.

　물론 이곳을 찾는 사람들이 모두 묵상과 기도를 바치는 순례자들은 아니리라. 산책삼아 놀러 온 사람들도 있을 것이다. 그렇다면 그들이 생명은 물론 가문의 단절까지 감수한 유항검 일가족의 묘소라는 사실을 알게 된다면 어떤 생각을 할까. 동정부부라는 점에 호기심을 가질까, 아니면 신앙의 힘이 그토록 위대할 줄 몰랐다고 여길까. 나는 자신들의 이웃에 살고 있는 천주교 신자들이 유항검 일가의 고결한 신앙과는 너무나 거리가 먼 생활을 하고 있음을 비웃지는 않을까 하는 걱정부터 앞선다.

최초의 수도원 초남 마을

발길을 유항검의 생가 터가 있는 초남 마을로 돌려보자. 전주 시내에서 호남제일문을 지나 전주 인터체인지 가까이 가면 왼쪽으로 들어서는 지방도로가 있는데, 입구에 원통기도원 푯말과 동정부부 생가를 안내하는 빗돌이 세워져 있다. 위치 상으로 보아 호남 고속도로를 사이에 두고 전주시의 반대편에 위치하고 있으며, 전주시 북서쪽 끝머리에 있다.

전형적인 농촌 길을 따라 5킬로미터 남짓 가면 남계리 초남 마을에 당도하는데, 마침 가을철이라 넓은 들판에 고개 숙인 벼이삭, 그리고 먹음직스럽게 영근 과일들이 풍요로운 들판 내음을 물씬 맡게 해준다.

유항검의 생가 터는 전형적인 농촌 마을 한가운데에 자리잡고 있다. 마을 뒤로는 얕은 동산이 있고 앞으로는 넓은 들판이 시야를 탁 트이게 한다. 생가 터는 마을 도로에서 조금 뒤로 물러나 있다. 처음 찾아가는 사람은 마을 주민들에게 물어 봐야 쉽게 찾을 수 있다.

생가 터는 잘 가꾸어진 정원 같다. 잔디가 깔려 있고 주위에 관목들로 둘러싸여 있다. 철망으로 만든 출입구가 눈에 거슬리기는 하지만 전체적으로 아담한 분위기이다.

안에 들어서면 미나리꽝이었던 낮은 자리에 세워진 십자고상이 눈길을 끈다. 그 고상을 매단 기둥 아래에 돌자갈을 깔은 것은 이 자리

동정부부가 살았던 유항검의 생가 터

가 물에 잠겼다는 표시이다. 그 옛날, 유항검 일가가 처형당하고 관
아에서는 이 집을 '역적의 집'이라고 하여 집터를 파서 물을 댔는데,
훗날 이곳을 단장하면서 물밑에 있던 돌자갈을 모아 십자고상 기둥
주변에 둘러놓았다.

　생가가 없어졌으므로 유항검이 살던 집을 볼 수 없다는 게 안타깝
다. 전해지기로는 유항검은 이곳에서 퍽 잘 살았던 부농이었다고 한
다. 전국 각지로부터 찾아온 문객들에게 찹쌀밥을 대접했는데, 그것
을 위해 경작한 논이 쉰세 마지기였다는 것이다.

　이곳을 찾아온 사람 가운데에는 우리 나라에 입국한 중국인 주문
모 신부도 포함되어 있다. 특히 주 신부는 이 집에 머물면서 유항검
의 큰아들이 하느님에게 자기 자신을 봉헌하기 위해 평생 동정(童貞)
이기를 결심한 사실을 알고는 역시 똑같은 결심을 한 서울에 사는
이윤하의 딸 순이와 형식상 부부로 맺어 줌으로써 우리 나라 최초의

유항검의 생가 터/집의 흔적은 사라지고 십자가가 세워졌다.
십자가 주변의 돌은 이곳에 물이 있었다는 표시이다

동정부부를 낳게 했다. 그렇다면 우리는 동정부부를 어떻게 받아들이고 이해해야 할까. 사전적 의미로 말하면,, 동정녀란 결혼을 하지 않은 여자로서 종교적 목적을 위해 동정을 지키며 정결한 생활을 하는 사람을 가리킨다. 이미 신약 시대에 교인들 사이에서 동정 생활에 대해 특별한 의미를 부여한 사람들이 모여 모임을 가졌는데, 이 모임은 3세기경에 이르러 기도와 금욕 생활을 위한 모임으로까지 발전했다. 그리고 그 모임을 교회가 직접 관할하게 됨으로써 오늘날 여자수도회를 창설한 기초가 되었다.

하지만 동정부부란 거의 없었다. 형식적으로는 결혼을하되, 실생

184

유중철·이순이 유해가 모셔졌던 백사발

활에서는 동정녀나 다름없는 생활을 하는 동정부부는 매우 드문 형
태였다. 더욱이 조선조 사회에서는 혼자 사는 것을 죄악시했다. 신체
적으로 커다란 결함이 있는 사람들로 치부했다. 조상을 섬기고 가계
를 존속시키는 것을 인륜의 대사로 여겼던 만큼 혼인을 하지 않거나
자식을 낳지 못하면 칠거지악을 범한 것으로 여겼고 조상에게는 불
효를, 나라에는 불충을 저지른 것으로 인식하던 사회였던 것이다. 따
라서 동정부부로 살았다는 것은 자신의 순결을 하느님에게 바쳤다는
의미 이상의 것을 내포하고 있다. 그런 점에서 보면, 이곳 초남 마을
의 유항검 생가는 천주교에서 '완덕의 수도장'이라고 말할 정도의 생
활 실천의 현장이었던 것이다.

　두 사람의 결혼 생활은 1797년 혼례를 올리고 1801년 치명했으므
로 4년 남짓에 불과하다. 이들 부부 역시 인간인지라 동거하면서 10
여 차례의 위기를 겪었다고 한다. 무엇보다도 본능적인 정욕을 떨구

어 내는 게 힘들었다고 한다. 불쑥 정욕이 솟구칠 때마다 두 사람은 유혹을 물리칠 수 있는 은총을 하느님에게 간구함으로써 어지러운 마음을 달랬다고 한다. 그리하여 낮에 뗐다가 밤에 달았던 문지방이 있었는데, 그 장지문 사이로 밤새 기도 소리가 들렸다고 전한다.

혹자는 이들이 과연 동정부부로서 부부 생활을 정결하게 했는지 안했는지 그 누가 알 수 있느냐고 엉뚱한 의문을 제기한다. 또 혹자는 정상적인 부부 생활을 한다고 해서 하느님에 대한 정결한 신심을 훼손하는 것은 아니지 않느냐고 반문한다.

나는 두 사람이 동정부부로서 얼마나 정결하게 살았는가에 대해 답변할 아무런 자료가 없다. 하지만 두 사람은 자신들이 알고 있는 지식의 범위에서 하느님에게 바칠 수 있는 지고한 사랑의 표시가 바로 동정부부였다는 점에 비중을 두고 싶다.

인간은 아는 만큼 느끼고 느낀 만큼 생각한다고 한다. 다시 말하면 유중철·이순이 동정부부는 하느님에 대한 최고의 사랑을 간직하려면 동정을 지키는 것이라고 믿었고, 다만 현실적으로 그것이 불가능하기 때문에 부부라는 형식을 갖추었던 것이 아닐까. 혹 이들이 결혼을 절대시하지 않는 사회에 살았다면 분명 결혼하지 않았을 것이다. 가문의 대를 잇거나 남녀는 결혼함으로써 비로소 성인 대접을 받던 풍속으로 미루어 이들은 최선의 선택을 한 것이다. 더욱이 당시의 상황은 천주교를 종교로 허용하지 않았다.

우리는 이들 부부의 선택을 오늘의 시대라는 잣대로만 해석해서는 안될 것으로 생각한다. 오히려 세속의 유혹을 물리치기 위해 바친 기도와 은총의 간구야말로 우리가 본받아야 할 높은 정덕이 아닐까.

이순이의 옥중 편지

여기서 이들 동정부부가 어떤 삶을 살았는가를 더듬어 보자. 전주교구가 1989년 교황청에 보낸 『시복시성 청원서』의 '이순이 루갈다

약전'을 보면 이런 대목이 있다.

"이 한 쌍의 부부가 동정 생활의 장한 의지를 보호한 힘은 그리스 도께 대한 열렬한 사랑이었다. 인간의 본능까지도 극복할 수 있도록 힘을 준 이러한 사랑은 그녀로 하여금 하느님의 나라와 영혼의 구원에 최후 목적을 두게 하는 반면, 현세와 세상 사물을 물거품처럼 여기게 하였으므로, 그녀는 세상의 어떤 것에도 애착을 두지 않고 자유스러울 수가 있었다."

이번에는 이순이가 옥중에서 친정어머니와 언니, 그리고 올케에 보낸 편지를 보자.

"어머니 너무 상심하지 마시고 모든 걱정을 억제하세요. 이 세상을 꿈으로 보시고 영원을 어머님의 본향으로 생각하시고 늘 경계를 게을리 하지 마세요. 그리고 모든 일에 있어서 천주의 명령을 따르신 뒤에 어머님이 세상을 떠나실 때에는 천하고 약한 자식인 제가 끝없는 행복의 화관을 머리에 쓰고 천상 기쁨이 넘치는 마음으로 어머님의 손을 잡아 영원한 고향으로 모셔 드리겠습니다."

친정어머니 곁에서 효도를 할 수 있는 기회를 잃게 된 마당에 어찌 인정을 져 버리겠는가. 옥에 갇혀 있으면서도 그녀는 자식으로서 어머니에게 천국과 영복의 문을 열어 드릴 수 있다는 확신을 심어 주었다는 점에서 우리는 하느님을 뜨겁게 사랑하고 오직 간절한 소망은 치명의 은혜뿐이라는 두터운 신심을 엿볼 수 있다.

"제가 시집에 이르렀을 때에, 제 모든 불안의 대상이고 제 모든 날의 걱정이던 것을 쉽게 얻었습니다. 남편과 아홉 시에 함께 있게 되었는데, 열 시에는 우리 둘이 동정을 지킬 것을 맹세하고, 우리는 4년 동안 남매와 같이 지냈습니다. 그 동안에 우리는 열 번 가량 유혹을 받아 하마터면 모든 것을 잃을 뻔했습니다. 그러나 우리들이 간구한 보혈(寶血)의 공으로 마귀의 계략을 피했습니다. 이 말은 어머님이 저 때문에 걱정하실까 봐 드리는 말씀입니다."

그녀의 옥중 편지는 박해 시대 때 교우들이 나누어 필사했기에 여러 필사본이 있을 것으로 보이지만 오늘날 전해진 것은 『이 루갈다 초남리 일기 남매』이다. 이 필사본에는 4통의 일기와 서한이 들어 있는데, 그녀가 친정어머니와 두 언니, 그리고 이경도가 어머니에게 보낸 서한, 이경언의 일지 등이 기록되어 있다. 그녀의 오빠 이경도는 여동생이 처형당한 그 해에 스물두 살 때 서울에서 순교했고, 막냇동생 이경언은 그로부터 25년이 지나 전주에서 순교했다.

편지 내용을 더 인용해 보자. 먼저 그녀가 두 언니에게 보낸 서한의 일부이다.

"내가 죽은 것을 산 이로 아시고, 산 것은 죽은 줄로 아시며 나 잃음을 서러워 마시고 예전에 주 잃음을 서러워하시며 다시 잃을까 염려하시고, 온갖 서러움을 도리어 왕실(往失)을 울며 힘써 이전의 생활을 보속하고 성모를 의탁하고 심중을 화평케 하여 천주의 어좌가 되기를 힘쓰고 매사에 안심순명을 하시면, 이 서러움을 주어 단련코자 하시던 본의에 합당하여 천주께서 반드시 사랑하시며 안위하시리니, 천주의 은총을 얻고 공 세울 기회에 쓸데없이 마음을 상하게 하여 천주께 죄를 짓는다면 저런 일이 있사오리까.

자세히 살피고 살펴 매사에 순명하고, 조용한 마음으로 이전의 죄를 보속하고, 착함을 행하여 공을 세우사 비록 적은 허물이라도 큰 허물처럼 살펴 대죄처럼 통회하고, 선을 행할 기회라면 적은 선이라도 버리지 말고, 천주의 도우심에 완전히 의탁하여 구사선종(求思善終)하시면 늘 힘써 사랑하는 마음을 실천하고, 통회의 열매가 아주 없을지라도 힘써 실천하며 간절히 구하면 주시리니, 잠시 방심하였거든 놀라고 깨우쳐 열심히 천주께 드리면 점점 주께 가까워지오니 소원을 윤허하사 천주를 뵈오며 형제모녀 쉽게 만나면 아니 좋겠습니까. 남을 용서하며 자기를 성찰하고 화목을 힘써 어머님은 천주의 뜻에 합하는 늙은이가 되시고 형님네는 사랑하는 딸이 되시면 아니 좋

188

겠습니까."

이번에는 그의 막냇동생 이경언이 자식들에게 남긴 글을 보자.

"내 아들딸아, 천주의 성의를 충실히 따르고 어머니께 효도의 본분을 지키도록 하여라. 다른 모든 사람들에게도 공손하고 사랑하는 마음을 가져라. 그래서 이 세상에서 착한 길을 따르면 분명히 천국에 올라가게 될 것이다. 나는 불쌍한 죄인이니 이런 말을 할 자격이 없다마는 그래도 나는 아버지이니 아이들에게 착한 일을 하라고 격려하는 것이 내 본분이다. 또 옛 어른들의 이 지혜로운 격언을 마음속에 깊이 새겨 주기를 부탁한다. 비록 가벼운 잘못이라도 절대로 저지르지 말며 아무리 하찮아 보이는 선(善)이라도 항상 힘써 행하라는 것이다."

원문을 쉽게 풀어쓴 글이지만 읽기가 쉽지 않다. 하지만 글의 행간에서 나는 세례받은 지 얼마 되지 않았고, 또 종교 교육도 제대로 받지 못했을 한 처녀의 영혼이 그 얼마나 아름답고 순박한가에 감탄을 금치 못했다. 더욱이 이 글이 죽음을 눈앞에 둔 위기의 순간에 쓰여졌다는 점에서 하느님을 향한 그녀의 사랑이 얼마나 진하게 묻어나고 있는가를 알아챌 수 있다.

그러고 보면, 그녀가 살았던 마을에 보리와 담배를 많이 재배하고 있음이 예사롭지 않게 생각되었다. 보리 이삭에는 꺼끄러기가 많아서 수확할 때 여간 힘드는 게 아니다. 땀난 몸에 한 번 붙었다 하면 고통을 받게 마련이다. 담배 또한 독한 냄새가 나기에 거두어 말리기가 곤혹스럽기는 마찬가지이다. 그렇다면 이곳에서 이런 어려운 농사를 감수하는 이유가 무엇일까. 혹 순교자의 마음을 제대로 알고 있는 데서 나오는 생활의 자세가 아닐까 짐짓 단정해 본다.

아, 그토록 기다리던 목자여!

천호산·여산동헌·여산 숲정이·나바위성당

자녀와 함께 천호 성지를

다음 일정인 천호산 답사는 여러 가지로 찾아가는 이의 마음을 설레게 한다. 우선 지명 자체가 남다른 느낌을 준다. '하느님이 순교자의 피를 담은 병'이라는 뜻의 천호산(天壺山)이란 이름도 그렇고, 이를 '하느님의 부르심을 받은 백성들이 모여 사는 사람들의 마을'이란 뜻의 천호산(天呼山)으로 바꾸어 부르는 것 또한 그러하다.

이곳은 자녀와 함께 떠난 순례 여정이라면 반드시 둘러봐야 할 곳이다. 박해 시대에 우리 신앙선조들이 어떻게 살았는가를 실제로 보여주는 산 교육의 현장으로, 이만한 곳을 만나기 힘들 것이다.

손바닥만한 밭뙈기를 일구면서 도토리묵을 쑤어 먹지만 밤마다 온 마을 사람들이 한데 모여 두서너 시간씩 저녁 기도를 바치던 신앙선조들의 숨결을 온몸으로 느낄 수 있다.

박해를 피해 정든 고향을 떠난 신앙인들이 가난과 굶주림에 시달리면서 때로는 초근목피로 연명하는 상태였지만 그곳에는 이웃사랑이 넘쳐흐르고 평화와 행복이 깃들어 있다. 마치 사도행전에 나오는

천호성지 순교자 묘/천호는 '하느님이 순교자의 피를 담은 병'과
'하느님의 부르심을 받았다'는 두 가지 뜻이 있다

초대 교회의 공동체를 방불케 한다. 그 옛날, 이 일대 산기슭과 산너
머에는 4백 개가 넘는 신앙공동체가 있었다고 한다. 신앙을 지키며
살던 우리 선조들은 관아로부터 언제나 빼앗기고 쫓기는 생활이었지
만, 교우들끼리 서로 돕고 위로하고 사랑과 인내로서 그 모든 고난을
이겨냈다. 심한 흉년이 들어 다른 산간 마을에서 굶어 죽는 사람들이
많았으나 교우촌에서 죽은 사람은 없었다는 사실이 그것을 단적으로
웅변해 준다.

　이곳을 가려면 호남 고속도로를 이용하다가 익산 인터체인지를 빠
져 나와 천호산으로 가는 방법이 가장 빠르다. 익산 인터체인지에서
대략 10킬로미터 떨어진 곳에 위치하고 있다.

　인터체인지에서 나오자마자 좌회전하여 봉동쪽으로 5백 미터쯤
가면 비봉과 천호산으로 갈라지는 지방도로가 좌측에 보이고, 비봉

쪽으로 3킬로미터 가면 비봉 마을 입구의 평치교가 나온다. 이 다리를 건너 지서 앞에서 좌회전하여 7킬로미터 정도를 가면 산기슭에 아담하게 자리잡은 천호공소와 교우촌 천호 마을이 있다. 그리고 마을을 들어서는 길목의 표지판을 따라 1킬로미터 정도 산길을 올라가면 목적지에 이른다.

나는 국도를 이용했다. 전주 근교 초남 마을에서 되돌아 나와 전주 시내를 향하면 동산동이 나오고 이곳에서 좌회전하여 1번 국도를 4킬로미터 정도 가면 삼례에 닿는다. 삼례에서 우측으로 익산-대전을 잇는 27번 국도를 10킬로미터쯤 달리면 봉동이 나오는데, 여기서 다시 좌측으로 방향을 틀어 739번 지방도로를 따라 가면 앞서 말한 비봉 마을의 입구에 닿는다.

목적지에 가까워질수록 대둔산과 천호산을 잇는 호남 지방의 신앙 산맥에 다가가고 있음을 느낄 수 있었다. 논보다는 밭이 많이 눈에 띄었고, 깊은 산세가 호남 지방과는 다른 맛을 느끼게 했다.

마을 입구에 도착하면 먼저 버섯 형태의 조형물이 긴 여행에 지친 순례객을 정겹게 맞아 준다. 마을 안으로 더 가면 호남교회사연구소가 눈에 띄는데, 아담한 단층 건물의 이 연구소가 1백50년간 하느님을 부르며 살아온 신앙의 터전에 자리잡고 있다는 것부터 흐뭇한 느낌을 준다. 마당을 대나무가 둘러싸고 있어 선비의 대쪽같은 정서가 흐르고 있다.

그 뒤로 37가구가 사는 천호 마을은 박해 때 '다리실' '용추네'로 불리던 곳이다. 1839년 기해박해를 전후하여 충청도 신자들이 숨어들어와 신앙공동 체를 이룸으로써 교우촌이 만들어졌다. 때문에 이곳에서는 천주교 신자가 아닌 집이 한 가구뿐이라고 한다.

사적지는 마을 뒤편으로 조금 올라가면 된다. 전주교구가 1984년에 조성한 순교 성인과 순교자 묘역, 피정의 집, 십자가의 길 등이 잘 가꾸어져 있다. 완주군 화산면 되재 마을의 신자들이 1939년에 세운 낡은 묘비가 이곳의 험한 역사를 일깨워 준다. 다만 숨어 지내느라 굴에서 미사를 지냈다고 하는데, 그 미사 굴을 직접 보지 못하는 게 안타깝다.

이곳에는 전주 숲정이에서 치명한 손선지, 정문호, 한재권, 이명서 등 성인 네 사람이 잠들어 있다. 완주 사람인 손선지, 정문호, 한재권 의 유해는 전주 서천교 넘어 진북사 범바위 밑 도랑 가에 가매장되 었다가 이곳으로 옮겨졌고, 이명서는 진안 어은골에 묻혀 있었는데, 이곳으로 다시 옮긴 것이다. 그밖에 순교자 무덤에는 10명의 무명 순 교자가 묻혀 있다. 무덤 앞에서 잠시 묵상과 기도를 드리고 발길을 돌렸다.

언젠가 읽은 글이 떠올랐다.

"순교의 고통과 죽음은 하느님이 주신 시험과 시련이 아니라 하느 님을 사랑하는 사람들이 선택한 사랑의 표현이다. 순교의 원동력은 기도에 있었다. 형장으로 가는 길은 기도의 길이었기 때문에 죽음 앞 에서 초연할 수 있었다. 그래서 인생의 마지막 절망인 죽음 앞에서 오히려 희망을 보았고, 비굴하지 않게 적극적으로 죽음을 맞이할 수 있었다."

백지사의 현장, 여산 동헌과 숲정이

천호 성지를 답사하는 맛을 깊게 음미하려면 이곳에서 8킬로미터 남짓 떨어진 여산 사적지까지 도보로 걷는 것도 하나의 방법이다. 해 발 5백 미터의 산등성이를 타고 걷다 보면 문수사, 백운사 등 고찰과 석회암 자연 동굴인 천호동굴을 곁들여 구경할 수 있고, 멀리 곧게 뻗은 호남 고속도로를 바라보면서 수많은 차량의 행렬이 꼬리를 물 고 있는 모습이 볼 만하다.

나 역시 일정이 넉넉했다면 이 코스를 따라 답사하고 싶었으나 여 의치 못한 사정 탓에 739번 지방도로를 이용하여 여산으로 들어섰다.

여산 땅은 전주교구의 제2 성지라 불린다

약 8킬로미터에 달하는 이 길은 천호에서 이곳까지 오는 유일한 도로로서 말끔하게 포장되어 있다. 만일 호남 고속도로를 이용하는 사람이라면 연무대 인터체인지를 빠져 나와 1.5킬로미터 정도 가면 전주, 강경, 논산 방면으로 갈라지는 삼거리를 만나게 되는데, 이곳에서 전주 쪽으로 좌회전하면 된다. 연무대 입소대대를 지나 도 경계선을 넘으면 오른편으로 여산 숲정이 성지, 왼편으로 고딕식으로 지은 여산성당을 볼 수 있다.

여산은 마을 전체가 사적지나 다름없다.

충청도에서 전라도로 들어서는 첫 고을인지라 일찍부터 학문과 행정의 중심지를 이루어 천주교 전래가 다른 지역에 비해 앞섰고, 따라서 여느 지역보다 긴 박해의 역사를 갖고 있다. 특히 이곳에서는 일정한 형장 없이 이곳 저곳에서 마구 처형이 자행되어 마을 전체가 순교지나 다름없다.

동헌 앞마당에서는 백지사(白紙死), 감옥에서는 옥사, 궁터에서는

여산 숲정이/사형 터인 이곳에 백지사 기념비가 세워졌다

화살로 쏘아 죽였고, 숲정이나 장터 등에서는 교수형에, 그리고 여자들은 우물 속에 던져 죽게 했던 것이다. '백지사'란 손을 뒤로 묶고 얼굴에 물을 뿌리면서 백지를 여러 차례 붙여 질식시키는 가혹한 처형 방법이다. 국법으로 금지되어 있으나 지방 관리에 의해 산발적으로 행해졌다.

먼저 숲정이를 둘러본다. 숲정이는 논 한가운데 자리잡고 있어 쉽게 찾을 수 있다. '여산 순교 성지'라고 쓴 자연석 맞은 편으로 자갈을 바닥에 깔아 놓은 대형 주차장이 있다. 차에서 내려 안으로 들어가면 커다란 맷돌 위에 십자가를 장식한 독특한 조형의 백지사 기념비가 눈길을 끈다. 그리고 자연석의 제대와 흰 돌로 조각한 그리스도 상이 숙연한 느낌을 갖게 한다. 한쪽으로는 순례객을 위한 식수대와 햇빛을 가리게 해주는 야외 휴게소가 있다. 전체적으로 4천여 평에 달하여 아이들의 교육장으로도 적합하다.

196

옛 동헌/순교자들을 재판하거나 얼굴에 백지를 붙인 뒤 질식사시켜 죽인 처형장이기도 하다

　동헌은 여산 초등학교 건너편에 자리잡고 있다. 전라북도 유형문화재 제93호로 지정되어 있건만, 현재 경로당으로 쓰이고 있다. 건물 주변에는 수백 년 묵은 아름드리 고목들이 남아 있어 유적을 더욱 돋보이게 한다. 마당에는 옛 부사들의 선정비, 불망비 등 빗돌들이 늘어선 중에 척화비도 끼어 있다.

　이밖에 하사관학교 쪽으로 가다 보면 여자들을 우물에 빠뜨려 죽게 한 '뒷말 치명터'와 장날을 골라 여러 사람들이 보는 앞에서 교인들을 참혹하게 죽인 '배다리'가 있다.

　여산에서는 대부분의 사람들은 병인박해 가운데도 무진년(1868년)에 순교했다. 당시 이곳에는 사법권을 지닌 부사와 영장이 있었기 때문에 고산, 금산, 진산 등 대둔산과 천호산의 산골짜기에 숨어살다가 잡힌 교인들이 끌려와 모진 형벌 끝에 죽음을 당했다.

　기록에 의하면, 1868년 한 해에 무려 26명의 순교자가 났는데, 그 중 17명은 고산 널바위 마을 사람들이었다고 한다. 특히 김성첨 일가 6명의 죽음은 대아리 저수지에 잠겨 버린 널바위의 대표적인 애화로 남아 있는데, 오늘의 지명은 완주군 동상면 광암리이다. 대아리 저수지에서 동쪽으로 5킬로미터쯤 협곡을 따라 산천리, 왕재, 은천리를 지나면 널바위 마을이 있었다고 하지만, 막상 가면 흔적조차 찾기 어렵다.

함양 출신으로만 알려진 김성첨은 여산으로 끌려와 "얼마나 많은 사람들에게 천주학을 가르쳤으며, 마을에서 발견된 서적과 상본 등은 모두 네가 준 것이라는데 그 출처를 밝히라!"는 심문을 받고는 집안 대대로 천주교 가정이어서 모두 부모로부터 물려받은 것이고, 이미 부모가 돌아가신 터인지라 그 출처는 알 수 없다고 했다. 또 신자들은 잡혀 온 사람들, 즉 조카 3형제와 아들 등 3대에 걸친 6명을 포함한 마을 사람 17명이 전부라고 둘러댔다.

구전에 의하면 이들은 얼마나 혹형과 굶주림에 시달렸는지, 옷 속에 있는 솜을 뽑아 먹다가 풀밭인 처형지로 끌려나오자 짐승처럼 풀을 뜯어먹었다고 한다. 그에 앞서 김성첨은 굶주림을 견디지 못하여 신음하는 교우들에게 "우리가 이 때를 기다려 왔는데, 천당진복을 누리려 하는 사람이 이만한 괴로움도 이겨내지 못하겠느냐. 부디 감심으로 참아 받자" 라고 격려했다고 전한다.

그가 교수형을 받을 때, 나이는 62세였다. 그의 유해는 다른 순교자와 함께 천호산 기슭의 무명 순교자 묘에 잠들어 있다.

김대건 신부가 첫발 디딘 곳

이제 마지막 답사지인 익산 나바위로 길을 떠나자.

여산에서 799번 지방도로를 이용하여 강경읍에 닿으면 23번 국도와 만나는 네거리가 나온다. 여기서 좌회전하여 익산 방면으로 3킬로미터쯤 가면 멀리 평야 지대에 불룩한 거북의 등처럼 솟은 모습이

나바위 성지 문 앞에 발바닥 모양의 큰돌 표지판이 있다

한 폭의 그림처럼 눈앞에 전개된다. 그 옛날 우암 송시열이 너무 아름답다고 해서 붙인 해발 50여 미터 높이의 '화산(華山)'이다. 이곳에는 조선조 때 국가의 긴급한 소식을 전하던 봉화대가 설치되어 있었고, 정부미를 실어 나르던 창고가 있어서 '나암창'이라고도 불렸다고 한다.

가까이 다가가면 도로 우측에 '나바위 성지'임을 알려주는 커다란 자연석이 세워져 있는데, 거인의 왼쪽 발자국 형태를 띠고 있는 이 빗돌이 가리키는 방향으로 마을 한가운데를 지나 얕은 둔덕을 올라서면 바로 나바위성당 앞에 이른다.

이끼가 돋아 자란 것 같은 커다란 소나무들이 주위를 감싸고, 아담한 바위산에 풀이 덮이고 나무가 우거진 능선이 흘러내린 곳에 뾰족탑의 성당이 자리잡고 있다. 붉은 벽돌과 검은 회색 전돌을 섞어 지은 성당의 지붕은 한식 기와를 이어 한식과 양식의 절충식 건물로서

우리 나라 고유의 건물 양식에 기와를 얹은 나바위성당, 지방문화재로 지정돼 있다

나바위성당 옆 회랑은 전통미가 돋보이게 한다

사적 제318호로 지정되어 있다. 숲길을 따라 뒷산인 화산에 오르

김대건 신부 순교비/김대건 신부 일행이 중국에서 타고 왔던
라파엘 호를 본따서 절반 크기로 만들었다

면 김대건 신부가 이곳까지 타고 온 배(라파엘 호)의 돛대 절반 높이
와 같은 '안드레아 김 신부 순교비'가 서 있고, 그 뒤로 망금정이 있
다. 나바위성당의 초대 신부가 기도와 묵상과 독서의 편의를 위해
1915년에 지은 작은 정자이다.

정자에서 앞을 바라보면 멀리 금강이 흐르고, 강줄기를 따라 동쪽
으로 옥녀봉, 서쪽으로 용두봉의 작은 봉우리가 불쑥 나와 있다. 옛
날에는 이 정자가 세워진 화산 바로 밑을 금강이 굽이쳐 흘렀다고
하는데, 지금은 5백 미터 가까이 비닐 하우스로 뒤덮인 평야 지대가

되었다. 바로 이곳이 중국에서 사제 서품을 받은 김대건 신부가 이 땅에 첫발을 디딘 곳이다.

때는 1845년 10월 12일 밤이었고, 페레올 주교, 다블뤼 신부, 그리고 11명의 조선 교인들이 함께 있었다. 실로 우리 나라에 교회가 창설된 지 61년 만이었고, 김대건 신부로서는 같은 해 1월에 육로로 고국 땅을 밟은 이래 두 번째이다.

순교비에 새겨진 비문을 읽어보자. 순교비에는 두 편의 시가 적혀 있는데, 그 제목은 '선구의 화산' '이름도 숭고하다'이다.

선구의 화산
성 김대건 안드레아
탁덕에 오르시던 거룩한 갈바리아
오늘도 제단이니 영원한 사제로다
금강물 굽이굽이 화산이 장하도다
대한의 수선탁덕 비로소 맞아 주니
선구의 화산이어라

이름도 숭고하다
교우여 기억하라, 성인의 귀한 이름
본명은 안드레아 아명은 재복(再福)이니
또 다시 복자였고 이젠 성인 품에 오르셨네
겨레여 명심하라 영웅의 높은 이름
보명(譜名)은 지식(芝植)이요 관명은 대건이니
민족의 대건이어라

생각해 보면 당시 김대건 신부의 감회는 대단했을 것이다.

'이 땅에 목자를!' 애타게 기다리는 불쌍한 신앙인들에게 이제야말

망금정에 올라가는 길을 따라 14처가 돌로 조각되어 있다.
기도와 함께 묵상할 수 있는 산책로이다

로 목자를 안내할 수 있게 되었고 그 자신도 조선인으로 처음 신부
가 되어 목자로서 본격적인 일을 하게 되었기 때문이다.

1784년 이 땅에 교회가 세워진 뒤 처음으로 맞이한 중국인 주문모
신부는 6년 만인 1801년에 순교했고 그 뒤 33년간은 목자 없는 암흑
기를 보내야 했다. 그 사이에 수많은 교회 지도자들이 북경을 찾아가
서 신부 영입을 도모한 끝에 앵베르 주교, 모방 신부, 샤스탕 신부 등
3명의 프랑스 선교사를 맞이했으나 1839년에 모두 순교하고, 김대건
신부가 들어올 때까지 6년간 이 땅에는 사제가 한 사람도 없었던 것
이다.

김대건 신부가 도착하기까지 어려움도 적지 않았다. 1845년 11월
20일자로 리브와 신부 앞으로 보낸 김대건 신부 자신의 서한을 보자.

"공경하는 신부님, 저희들은 9월경 강남을 떠났습니다. 높은 파도

나바위에서 바라본 금강/황산대교 너머가 충남 강경이다

와 폭풍우로 여러 번 시달리고 바람은 더욱 거세어져 그만 키가 부러졌습니다. 그래서 배가 침몰되지 않도록 돛대를 베어 버린 채 항해를 계속했습니다. 역풍과 거센 바람은 저희를 제주도에까지 떠나려 가게 했습니다. 그후 여러 날을 지나 강경이라고 부르는 항구에 도착하여 천주님의 도우심으로 아무런 역경을 당하지 않고 교우들의 영접을 받았습니다."

　김대건 신부 일행이 상해를 떠난 것은 8월 31일이었다. 강남 주교좌에 들러 베시 주교와 작별하고 9월 1일 양자강 어구로 나왔는데, 이 때 몽고로 부임하는 페브르 신부의 배를 만나 산동반도까지 예인 받기로 했다. 그런데 9월 초순 세 차례나 황해로 출발했으나 역풍으로 실패하고, 마침내 9월 중순 출발했는데, 9월 18일 심한 파도로 김대건 신부 일행이 타고 있던 라파엘 호를 예인하던 청국 배와의 줄이 끊어져 단독 항해에 나서게 되었다. 그후 10일간 황해에서 남쪽으로 표류하다가 9월 28일 제주도 근처 섬에 표착했는데, 여기서 다시 항로를 돌려 10월 22일 나바위에 도착한 것이다. 길을 나선 지 무려 42일 만이었다.

이곳을 찾는 사람들은 우선 한옥 목조 건물에 기와를 얹은 전통미에 반한다. 1906년에 세워졌으니 어느덧 90여년의 역사이다. 36년간의 일제 강점과 광복, 그리고 6·25전쟁을 거치면서 민족의 애환을 함께 해 온 유서 깊은 성당이다. 이곳에서는 6·25 당시에도 죽음을 무릅쓰고 성당을 지킨 사제들 덕택에 단 며칠을 제외하고 매일 미사가 계속 봉헌된 기록을 갖고 있기도 하다.

3백 명을 넘게 수용하는 피정의 집 대건교육관에서 하룻밤을 묵으면서 이 글을 쓰는 순간에도 많은 형제자매들이 김대건 신부의 고결한 정신을 이어받고자 기도하고 묵상하고 있음이 마음 든든하다.

산다는 것과 죽는다는 것

정약용 묘·양근 대감마을·풍수원성당

다시 찾은 정약용 생가

나는 교회 사적지를 답사하면서 이 땅에 있는 천주교 관련 사적지가 모두 몇 군데인가를 헤아려 본 적이 있었다. 교회에서 발간된 책마다 약간씩 다르지만 대체로 1백여 개소에 이른다. 최근 발간된 주평국 신부의 책에는 90개소를 담고 있는데, 교구별로 보면 수원과 대전교구가 13개소로 가장 많고, 춘천교구가 1개소로 가장 적다. 이 가운데 문화재로 분류된 곳은 모두 16개소이다.

우리 나라 문화재는 국가 지정 문화재와 지방(각 시도 지정) 문화재로 나뉜다. 국가 지정 문화재는 '국보' '보물' '사적'을 기본으로 하여 '명승' '천연기념물' '중요 무형문화재(인간문화재)' '중요 민속자료' 등으로, 지방문화재는 '유형문화재' '무형문화재' '기념물' '민속자료' '문화재 자료'로 각각 구분하고 있다.

1996년 3월 현재 우리 나라의 국가 지정 문화재는 국보 2백86건, 보물 1천2백28건, 사적 3백88건, 사적 및 명승 6건, 명승 7건, 천연기념물 2백82건 등 모두 2천1백97건이다. 이중에서 천주교 관련 문화재는 7건인데, 모두 '사적'으로 지정되어 있다. 서울 명동성당을 비롯하여 중림동성당, 용산신학교와 성당, 인천 답동성당, 전주 전동성당, 익산 나바위성당, 대구 계산동성당 등 비교적 역사가 오랜 건물들이다.

지방문화재로는 11건인데, 유형문화재로는 원주 풍수원성당, 용소막성당, 공주 중동성당, 수안보성당 연풍공소, 음성 감곡성당, 기념물로는 남양주 정약용 묘, 안성 구포동성당, 전주 치명자산, 전주 숲정이, 그리고 문화재 자료로는 대구 성유스티노학교, 샬트르 성바오로 수도회 대구관구 코미넷관 등이다.

이렇게 본다면 이번에 답사할 곳 가운데 다산 정약용의 생가 마재와 양근, 남종삼의 생가 묘재와 배론은 문화재와 아무런 연관이 없다. 그러나 문화재라는 것이 역사적 가치일 뿐 신앙적 감동을 주는 척도는 아니다. 더욱이 문화재로 지정되지 않았다고 해서 우리 신앙 선조들의 순교자 정신이 미흡한 것은 더욱 아니다. 오히려 평범하게 그들이 살았던 현장에서 삶의 흔적을 더듬으며 그 역사에서 믿음과 사랑의 향기를 맛볼 수 있다면 더할 나위 없이 소중한 답사 여행이 될 수 있다.

특히 한강변에 자리잡은 마재는 신앙을 터득한 곳이고, 중부 내륙 깊숙이 자리잡은 풍수원, 묘재, 배론은 신앙을 지킨 곳이라는 점에서 이번 답사는 가슴을 설레게 한다.

서울에서 양평-횡성-강릉을 잇는 6번 국도를 따라 덕소, 팔당 댐을 지나 양수리 쪽으로 3킬로미터쯤 가면 철길을 만난다. 이 철길 아래를 지나자마자 우측으로 방향을 틀면 마재로 통하는 좁은 길이 이어진다. 남한강을 끼고 달리는 도로여서 드라이브에도 제격이다.

마재는 남한강과 북한강이 만나는 양수리 사이로 머리를 불쑥 내민 마을이다. 마치 한강을 지키는 파수꾼과도 같다. 말이 쉬어 간 고개라는 '마현(馬峴)'의 순수한 우리말인데, 한양으로 들어가는 길목

경기도 남양주 마재에 있는 다산기념관 전경

이어서 입성하기에 앞서 머물렀던 데서 생긴 지명으로 보여진다.

마을이라고는 하지만 여러 집이 한군데 모여 사는 것이 아니고 드문드문 한 채씩 보인다. 여기가 바로 조선조 후기에 실학을 집대성하고 국가 경륜의 큰 뜻을 글로 남기면서도 실천의 기회를 얻지 못하고 떠난 다산 정약용의 고향이며, 묘소가 있다. 우리 교회로서는 세 사람의 성인을 배출한 곳이기도 하다.

나지막한 야산을 등지고 남향으로 자리잡은 다산의 옛터는 참으로 조용한 곳이다. 사당과 기념관, 생가 등을 옛 한옥 그대로 복원하여 잘 보존하고 있고, 언덕 위에 그의 묘소가 있다. 부인 홍씨와 합장되어 있는데, 묘비가 색다르다. 대개 다른 묘비들은 남편의 이름을 먼저 쓰고 다음에 부인의 이름을 쓰는데, 이 묘비는 그 반대로 되어 있다. 경기도 기념물 제7호로 지정되어 있다.

묘소에서 앞을 바라보면 참으로 절경이다. 유유히 흐르는 한강 건

정약용 생가에는 '與猶堂'이라는 그의 아호 현판이 붙어 있다

너에는 이곳 사람들이 주걱산이라고 부른 연봉이 있고 그 동쪽에는 떡봉이라는 산이 높게 솟아 있다. 그 옛날, 정약전·약종·약용 형제들이, 자주 찾아온 이벽과 함께 여기에 올라와 천주의 존재, 천지창조, 영혼 불멸, 상선 벌악 등 천주교 교리에 대해 토론했을 것이다. 속이 탁 트이고 평화로운 정경을 바라보면서 새로운 학문과 지식에 몰두하여 토론하던 이들의 마음은 그 얼마나 황홀했을까.

정약용은 아버지 정재원의 4남1녀 중 막내아들로 이곳에서 태어났다. 사도세자의 억울한 죽음을 한탄하여 벼슬을 버리고 고향에 머물고 있던 그의 아버지는 정조의 부름을 받고 한양으로 다시 올라갔는데, 이때 정씨 형제들은 이익 등 실학파의 서적을 읽고 공리공론이 아닌 현실 문제를 다룬 그 학풍에 감동한 나머지, 당시 '서학'이라 부르던 천주교 사상에 깊이 매료되었다.

천주교인 정약용 이야기

정약용이 세례를 받은 것은 1784년으로 수표교에 있는 이벽의 집이었다. 그 뒤, 천주교가 몇 차례에 걸쳐 박해를 받을 때에 그는 천주교를 배교하는 듯한 태도를 취하다가 1801년 신유박해 때에는 자신이 천주교도임을 철저히 부인하고 교회 지도자인 권철신, 조동섬, 황사영 등을 고발했다. 그리고 천주교 신도를 색출하려면 믿음이 약한 노비나 어린이들을 심문해서 정보를 알아내는 방법이 있다고 제안하여 천주교 탄압에 앞장섰다. 그럼에도 불구하고 그는 유배 길에 올라 장기에서 다시 강진으로 가서 18년간 유배 생활을 했다.

하지만 그는 자신의 잘못을 곧 뉘우쳤다. 강진 유배지에 있을 때인 1811년 성직자 영입을 위한 교회 재건 운동에 간접적으로 참여했는가 하면, 유배에서 풀려나 다시 교회로 돌아온 그는 외부와 연락을 끊고 묵상과 기도로 살았다. 스스로 호(號)를 머뭇거린다는 뜻의 '여유당(與猶堂)'이라 한 것도 그런 이유에서였다.

그가 유배 중에 저술한 수백 권의 『여유당전서』는 한마디로 배교를 참회하는 고해서라고 할 수 있다. 이 저서에는 그리스도 사상이 담겨 있다는 게 다산을 연구한 학자들의 일치된 의견이다. 그의 여유가 아니었다면 『목민심서』 『경세유표』 등 주옥같은 글들과 우리 나라 초대 교회의 중요한 역사가 강물에 묻힐 뻔했던 것이다. 어찌 보면 하늘의 뜻이 아니었을까 생각되기도 한다. 그는 만년에 순교한 동지들의 유고를 정리한 『만천유고』에서 당시의 참담한 심정과 외로움을 이렇게 적고 있다.

"한 평생을 살다 보니 어쩌다가 죄수가 되어 옥살이를 하게 되었구나, 그 옛날 어질던 스승과 선배 그리고 절친했던 친구들은 다 어디로 갔나."

언젠가 나는 정약용과 관련된 학술 세미나에서, 그가 천주교 신자였는지 아닌지를 놓고 논쟁하는 것을 보고 답답한 생각이 들었다. 그의 신앙을 활동기, 배교기, 회심기로 나누어 보면 너무나 분명한 사실인데도 사람들은 한 부분만을 떼어 부각시키려 하는 게 못마땅했다. 굳이 사도 바오로나 성인 아우구스티누스의 예를 들지 않더라도 잘못을 통회하고 거듭 태어나는 것이야말로 얼마나 아름답고 참된 신앙인가. 참회와 속죄가 빠진 역사는 참으로 공허할 수밖에 없다. 다산의 형인 정약종의 처(유 세실리아)와 자녀(하상 바오로, 정혜 엘리사벳)가 103위 성인에 포함되어 있음은 결코 우연이 아니다.

주교요지 저술한 정약종

정약용의 형제 가운데 우리가 눈여겨볼 인물은 둘째형인 정약전과 셋째형 정약종이다. 두 사람 모두 1779년 주어사 강학회에 막냇동생과 함께 참여하는 등 초기 교회 창설에 큰 역할을 했지만, 걸은 길은 달랐다.

정약전은 1801년 배교하여 전라도 신지도로 유배되었다가 황사영 백서 사건으로 우이도로 옮겨 그곳에서 1816년 59세를 일기로 사망했고, 정약종은 1801년 교리 서적과 주문모 신부의 편지 등을 고리짝에 넣어 옮기다가 발각되어 잡혔는데, 심문을 받으면서 나라에서 천주교를 금하는 것은 부당하다고 항변하다가 서소문 밖 네거리에서 참수 당하여 순교했다.

여기서 정약종에 대해 자세하게 이야기할 필요가 있다. 왜냐 하면, 그는 당대에 교리 지식이 가장 뛰어났을 뿐더러 그의 부인과 3남매

등 다섯 식구 모두 순교했기 때문이다.

그는 어렸을 때부터 강직한 성품과 꾸준한 탐구력을 지닌 것으로 알려지고 있다. 주문모 신부가 평신도 사도직 단체로 조직한 명도회 회장을 지내면서 많은 사람들을 입교하게끔 노력했는데, 한문을 모르는 사람에게 교리를 가르치기 위해 한글로 『주교요지』라는 책을 펴내기도 했다.

벼슬에 뜻을 두지 않으면서 오로지 학문 연구에만 몰두했던 그는 천주학에 접하기 전에 주자학과 도가 사상에 심취하기도 했었다. 그러나 주자학이 지나치게 공리공론에 치우쳤고 도가는 허무맹랑한 사상임을 깨달은 다음부터는 북경으로부터 전해진 한역서와 앵자산에서의 강학회 모임을 통해 천주학에 대해 진지하게 토론을 하면서 이를 수용하였던 것이다. 그는 매우 신중한 편이어서 이승훈이 북경에서 돌아온 뒤 강학회 참석자들에게 세례를 줄 때에도 입교를 서두르지 않았다. 스스로 교리서를 2년 가량 탐독하고 나서 비로소 세례를 받았다.

해박한 교리 지식을 바탕으로 신자들을 가르치며 신앙생활을 한 그에 대해 『황사영 백서』는 다음과 같이 적고 있다.

"정약종 선생은 무슨 일이나 자상하고 세밀했다. 여러 해를 두고 깊이 학문을 연구하는 일이 습관과 성품이 되어 버렸다. 교리 중 한 구절이라도 분명하지 않다고 생각될 때에는 침식을 잊고 전심전력하여 생각하므로 반드시 확실하게 깨닫고야 말았다. 말을 타거나 배를 타거나 언제나 묵상하기를 그치지 않았다. 그는 자신이 통달하지 못하였던 점을 누가 풀어 주면 기쁨에 넘쳐 감사하였다.…

냉담자나 우둔한 사람이 강론 듣기를 좋아하지 않으면 서운해하고 딱하게 여겼다. 사람들이 다른 종교에 관해 질문해도 호주머니에서 물건을 꺼내듯 말을 줄줄 풀어냈고 아무리 어려운 문제를 연거푸 가려내게 해도 결코 막히는 일이 없었다."

이처럼 광범위한 교리 지식과 열성을 지닌 정약종은 앞서 말한 『주교요지』 외에 『성교전서』를 펴내기도 했다.

『성교전서』는 방대한 내용의 교리를 종합하여 부문별로 분류하여 해설한 것으로, 불행히도 신유박해 때 순교함으로써 완성을 보지 못했다. 그리고 우리 나라 사람이 우리말로 지은 최초의 교리서인 『주교요지』는 무식한 부녀자나 어린이까지도 읽어 알아볼 수 있도록 평이하게 한글로 서술된 책이다. 천주의 존재, 사후의 상벌, 영혼의 불멸을 밝히면서 이단을 배척하는 일종의 호교서인 상권과, 천주의 강생과 구속의 도리를 설명한 하권으로 되어 있으며 모두 10장 43개 항목으로 엮어져 있다.

이 책에 수록된 십계명가(十誡命歌)를 읽어보자.

세상 사람 선비님네 이것 아니 우스운가
사람 나자 한평생에 무슨 귀신 그리 많노
아침저녁 종일토록 합장배례 주문 외고
있는 돈과 귀한 재물 던져 주고 바쳐 주고
자고 깨자 행신언동 각자 귀신 모셔 봐도
허망하다 마귀 미신 우매한 것 사람일세
허위허례 마귀 미신 믿지 말고 천주 믿세

하늘 위에 계신 천주 벌레 같은 우리 보소
광대무한 이 우주에 인간 목숨 내어 주셔
대혜지각 깨트리며 우주 섭리 알고 나면
천주 은혜 밝은 빛을 무궁토록 받들런가
사람 지혜 우둔하여 꼭두각시 나무신막
외고우리 복 받드냐 절한다고 효자 되냐
잘되어서 진복이라 못되면은 남 탓이네

정약종은 마재로부터 강 건너 광주 분원에서 살고 있었다. 서른 아홉 살 때 한양으로 이사하여 궁녀 문영인의 집에서 지냈는데, 포졸들의 추적이 심하자 성상, 교리 서적, 주문모 신부의 편지 등을 고리짝에 넣어 옮기다가 밀도살 고기를 운반하는 것으로 오인 받아 포도청에 끌려가게 됨으로써 잡히고 말았다.

여기서 궁녀 문영인에 대해 잠깐 살펴보자. 그녀는 여섯 살 때 궁중에 들어가 열다섯 살에 궁녀가 되었는데, 빼어난 미모로 왕의 총애를 받았다. 그러던 어느 날 갑자기 졸도하였는데, 알고보니 이미 병이 깊은 상태였다. 얼마 동안 치료를 받았으나 별로 나아지는 기색이 없는지라, 집으로 돌아가서 치료를 받아도 좋다는 허락을 받고는 본집으로 돌아왔다.

집으로 돌아온 그녀는 강완숙과 독실한 교우인 어머니의 감화로 천주교에 대해 관심을 갖기 시작했고, 마침내 주문모 신부로부터 세례를 받자 신기하게도 병이 완쾌되었다고 한다. 이상한 일은 궁궐에서 그녀를 치료하고자 파견된 의사가 집안에 발을 들여놓으면 병이 다시 도졌는데, 이같은 일이 여러 차례 거듭되자 마침내 그녀는 반신불수의 몸이 되고 말았고, 이를 안 궁중에서는 그녀를 궁녀에서 제적시켜 자유의 몸이 되게 했다. 정약종이 머물렀던 시기도 바로 이 때쯤인 것으로 보인다.

그 뒤, 주문모 신부를 도와 교우간의 연락을 취하고 박해 때에는 교우를 숨기는 등 헌신적인 봉사를 한 그녀는 결국 신자임이 드러나 1801년 5월에 처형당했다. 형장에서 모여드는 군중들을 쫓으려는 포졸들에게 "가만 놔두시오. 짐승을 죽일 때도 구경하거늘, 어찌 사람 죽이는 것을 못 보게 한단 말이오!" 라고 말하여 굳은 신앙의 일단을 드러냈다.

정약종은 문영인보다 석 달 뒤에 서소문 밖 네거리에서 참수 당했다. 그 역시 죽는 순간까지 그리스도를 닮고자 했다. 함거를 끄는 사

마재에는 진주목사를 지낸 부친 정재원과 다른 형제들에 대한 기념물은 없다

람에게 "목마르다!"고 외쳤는데, 옆에서 조용하라고 힐책하자 "내가 물을 청하는 것은 위대한 그리스도의 모범을 본받기 위함이오"라고 답했던 것이다.

형장에 모여든 군중들을 향해 "우리를 비웃지 마시오 사람이 세상에 나서 천주님을 위해 죽는 것은 당연한 일이오 대심판 때에 우리의 슬픈 울음은 진정한 낙으로 변할 것이오!" 라고 큰소리로 말한 그는 형구를 들여다보고 나서 이렇게 외쳤다고 한다.

"흠숭하올 천주 만물의 대주재이신 분이 당신들을 창조하셨으니 모두 회개하여 당신들의 근본으로 돌아와야 하오 그 근본을 어리석게 멸시와 조소 거리로 삼지 마시오 당신들이 수치와 모욕으로 생각하는 그것이 내게는 곧 영원한 영광이 될 것이오"

그는 형틀의 나무 위에 머리를 대면서 눈을 뜨고 얼굴을 하늘로 향하게 했다. "땅을 내려다보며 죽는 것보다 하늘을 쳐다보며 죽는

216

다산 생가는 옛 모습 그대로 복원되었다

것이 낫다"라는 말과 함께. 이에 겁먹은 망나니는 힘없이 칼을 내리
쳤는데, 그 바람에 목이 조금 밖에 끊어지지 않았다. 그러자 그는 벌
떡 일어나 앉아서 십자성호를 외운 다음에 다시 칼을 받았다고 한다.
그의 나이 41세였다.

그 아버지에 그 아들

이제 정약종의 둘째아들 정하상에 대해 살펴보기로 하자.

정하상은 한국 천주교회사에서 매우 중요한 위치를 차지하는 인물
이다. 우선 그는 1823년부터 교회의 실질적인 지도자 역할을 하면서
아홉 차례나 북경을 드나들며 성직자 영입 운동을 꾸준하게 벌였는
데, 로마 교황에게 보낸 그의 청원서는 훗날 조선교구를 설정하게 한
결정적 계기가 되었다.

그는 또 입국한 외국 선교사를 충실하게 도왔는데, 1834년 중국인

유방제 신부, 1836년 모방 신부, 1837년 샤스탕 신부, 앵베르 주교를 차례로 영입하는데 크게 기여했다.

신앙인 정하상의 진면목은 앵베르 주교로부터 성직자 후보로 간택되었다는 점에서 확연하게 드러난다. 앵베르 주교는 그의 순교적 열성과 교리에 대한 지적 이해, 그리고 놀라운 신덕에 탄복하여 그를 성직자로 만들 결심을 했는데, 1839년 기해박해가 일어나면서 앵베르 주교가 순교하고 정하상 자신도 순교함으로써 성직자가 되려던 그의 뜻은 이루지 못했다.

정하상의 업적 가운데 두드러진 것은 한국인 최초의 호교론서인 『상재상서』를 저술했다는 점이다. 3천3백 자에 불과한 단문의 이 글에서, 그는 천주교의 도리가 주자학적인 전통에 크게 어긋나지 않으며, 사회윤리를 바르게 하는 미덕이 천주교의 정신 속에 포함되어 있음을 변증하는 한편, 박해의 부당성과 신앙의 자유를 호소하고 있다. 그야말로 박력있는 명문장이며, 천주학의 진수를 밝히는 일종의 신앙고백이다.

이 글은 재상에게 올린 일종의 진정서 형식을 취하고 있다. 신부가 되기 위해 공부하던 중 박해가 일어나자 잡힐 것을 각오하고 조정 대신에게 올린 이 글은 원래 한문으로 씌어졌으나 교우들에게 전해 내려오면서 한글 필사본으로 바뀌었다. 그러나 한글 필사본이 한문보다 오히려 내용이 풍부하여 한글본 자체로서 독창적이고 고유한 가치를 지니고 있다고 한국 교회사연구소 해제(解題)는 밝히고 있다.

그 내용의 일단을 읽어보기로 한다.

"예로부터 성현 군자들이 법을 세워 금할 일과 금하지 아니할 일을 마련한 때에 먼저 그 의리가 어떠하며, 그것이 장래에 해됨이 어떠할 것을 자세히 생각하고 세밀히 궁구하여, 마땅히 금할 것을 금하고 금하지 아니할 것을 금하지 아니하였나이다. 만일 일을 자세히 알

218

지 못하여 결단을 내리지 못한 일이 있으면 깊이 생각하고 널리 물어서 도리에 과연 합당하고 사리에 당연한지를, 비단 박학하고 덕망 있는 선비의 말을 들을 뿐만 아니라, 비록 시골에 사는 농부와 꼴꾼의 말이라도 도리에 맞는 것은 믿고 그대로 시행하였나이다.

이 일로 미루어 볼진대, 옛날 군자들이 일을 모르는 것도 아니오, 짐짓 그릇되게 하여 후세를 해롭게 하고자 한 것도 아니오이다. 오직 도리라 하는 것은 잘난 사람의 지면에도 있지 아니하고 또 꾸미는데도 있지 않나이다. 아무리 못난 사람의 말이라도 도리에만 맞는다면 그 사람됨을 보지 아니하고 오직 그 바른 도리만을 주장하고 따랐기 때문입니다.

그러하온데 슬프옵니다! 우리 나라에서 천주성교를 금하는 까닭은 그 뜻이 어찌된 것이오니까? 처음부터 그 도리가 어떠한가 애당초 묻지도 아니하고, 오히려 지극히 원통한 말로 애매하게 사도(邪道)로 만들어 버렸나이다. 그리하여 신유년 전후에 원통하게 죽은 사람이 적지 아니하건만 하나도 그 뿌리와 줄기를 알고 밝히고자 한 일도 없이, 무고한 인명을 헛되이 죽이오니 이 어찌 슬프고 한심한 일이 아니겠나이까?…

우리 성교하는 사람이 인의예지의 가르침을 받지 않은 이가 없사와, 착하지 아니한 생각과 행실이 없으며 효제충신과 오륜삼강에 벗어나지 아니하오니, 유도와 백성에게 해될 일이 없사오니, 어찌 나라와 백성에게 털끝만큼이라도 해가 되오며 염려가 되오리까. 이 도가 다른 도가 아니오라, 천자와 백성이 날마다 행하는 일이며, 우리가 공경하는 천주는 천지 위에 스스로 계신 대주재신이나이다. 참 주재자이심을 세 가지로 미루어 생각하자면, 하나는 가로되 만물(萬物)이요, 둘은 가로되 양지(良知)요, 셋은 가로되 성경(聖經)이오이다. …

만물의 좋음과 쓰기에 요긴한 줄은 사람마다 다 알건마는, 이 만물의 근본과 그것을 만드신 임자는 알려고 생각지도 아니하니 참으로 세상 사람들이 마치 어두운 굴속을 다니는 것과 같아서 그 신묘하고 오묘한 도리는 알지 못하고 그저 저절로 생긴 것으로 올려 보내니, 이는 마치 아비 죽은 유복자가 제 눈으로 그 아비를 보지 못하였으니 나에게 아비가 있었다는 말을 믿지 못하겠노라고 하는 말과 무엇이 다르오리까? 아무리 제 눈으로 제 아비는 못 보았기로서니 어찌 제가 저절로 생겨났다고 생각할 수 있사오리까?

또 여염에 사는 어리석은 사람이라도 만일 창황하고 다급한 일을 당하면 반드시 하느님을 찾고 사람이 병이 들면 처음에는 약도 쓰고 점도 치다가 마침내 죽을 지경에 이르면 이것저것 다 버리고 하느님을 찾으니 이것이 어찌된 일이오니까? 사람이 제 본 양심으로 천주께서 살리고 죽이는 대권을 잡고 계신 줄을 안다는 증거가 분명하나이다. …

공자 같으신 이도 말씀하기를 '하늘에 죄를 얻으면 다시 빌 곳이 없다'라고 했습니다. 또 하늘을 공경하고 하늘을 두려워하고 하늘에 순종하고 하늘을 받든다고 하였으니 어찌 빈 하늘과 공중을 공경하고 두려워하고 순종하고 받든다고 하였겠나이까? 하늘에 계신 참 임자를 생각하고 한 말이오니 이 임자는 곧 천주시나이다."

한마디로 천주교의 진리를 밝혀 당시 유학자에게 과감하게 도전한 명문이 아닐 수 없다. 또 당시 우리 신앙선조들이 얼마나 뜨거운 종교적 열정과 교리에 대한 깊은 이해를 갖고 있었는가를 가늠하기에 충분하다. 새삼 고개를 숙이지 않을 수 없다. 이 글이 1887년 홍콩에서 정하상의 약전에 첨부되어 출판, 중국 선교에 널리 이용되었음은 결코 정하상 한 사람만의 영광이 아니리라.

정하상은 숙부 정약용이 75세를 일기로 세상을 떠난 지 3년이 지나 기해박해를 겪게 된다. 『상재상서』를 트집잡는 관헌들에게 몽둥이 끝으로 찔리고 톱질을 당한 끝에 뼈가 드러나고 피가 흥건했으나

220

태연자약함을 잃지 않았다고 한다.

그가 처형당하고 두 달 뒤에 79세의 노모(유 세실리아)는 옥사했고, 다시 한 달 뒤에 누이동생(정혜) 역시 서소문 밖 네거리에서 참수 당했다. 부친 정약종과 형 철상이 처형당한 지 38년만에 같은 장소에서였다.

권철신·일신 형제의 고향

마재 마을을 나와 발길을 양평으로 향하면서 나는 갑자기 순두부가 떠올랐다. 이곳 가까이 순두부를 잘하는 음식점이 있다는 소개 책자를 읽은 기억이 불현듯 났던 것이다.

길가에 있는 조안면사무소 이웃에 '텔레비전 방송의 맛자랑 프로그램에 소개되었다'는 현수막이 걸린 집으로 들어갔다. 주차장에는 많은 차가 있어서 '꽤나 잘하는 집이로구나' 생각했다. 예로부터 음식을 잘하는지 못하는지 잘 모를 때에는 손님이 북적거리는 집을 가면 손해는 안 본다는 말이 있지 않은가.

배가 고프면 어떤 음식도 맛있다고 하지만, 음식의 맛은 만드는 사람의 손맛과 정성에 좌우된다. 점심 식사를 하기에는 좀 이른 오전 11시였지만 역시 순두부는 일품이었다. 하지만 이번 답사를 마치고 돌아오는 길에 다시 이 집에 들렀는데, 그때는 맛있게 한 그릇을 비우고 입맛을 다셨던 첫 번째와 달랐다. 저녁 9시쯤이었는데, 아무래도 음식 맛은 먹는 사람의 입맛에 따라 달라지는가 보다.

순두부 집을 나와 양평대교를 건너고 남한강, 북한강이 합쳐지는 양수리를 지나면 얼마 안되어 양평읍에 닿는다. 여기서 우측으로 다리를 건너 329번 지방도로로 곤지암 쪽을 8킬로미터쯤 달리면 대석리에 닿는다. 행정구역상 양평군 강상면 대석리이지만, 옛날 지명은 양근이다.

이곳이 바로 한국 천주교회 창설을 주도한 3대 인물의 하나인 권

대감마을/양평군 대석리 마을. 교회 창립의 핵심인물인 권철신, 일신 형제가 살았던 곳

일신의 고향이다. 또 그의 증조부 권흠이 정착하면서 임금으로부터 사패(賜牌)를 받아 '대감 마을'로 호칭되던 곳이다. 사패란 임금이 내리던 문서의 하나로서, 왕족이나 공신에게 땅이나 노비를 하사할 때 딸려 주던 문서를 말한다.

이곳은 위치상으로 보아 천진암과 주어사가 동서로 자리잡았던 앵자봉이 뒷산을 이루고 있다. 따라서 주어사 강학회를 주도하여 한국 천주교 신앙 운동의 싹을 트게 한 사적지로 자리매김해야 할 곳이다. 그러나 그의 생가 터와 강학당 터 등에 아무런 표지 하나 세우지 못한 현실이 못내 안타깝다. 마을 뒷산에 있던 권철신, 권일신 형제의 묘를 천진암으로 옮겨간 후로는 이곳을 찾는 순례자들의 발길도 뜸하다고 하는데, 역사적 사료는 역시 제자리에 있어야 제격이 아닐까 생각해 본다.

물론 이곳에는 현재 권씨 일가가 한 사람도 살고 있지 않다. 훗날 지관들이 권씨 형제가 묻힌 효자봉 능선을 '등화혈(燈火穴)'이라고 해서 "후손들이 백 리 밖에 나가 살게 된다"고 한 말이 맞은 셈일까. 천주교 신자 역시 한 집뿐인데, 대석1리의 30여 호, 2리의 60여 호 가운데 한 집만이 교우라는 현실이 이곳을 일부러 찾아온 나의 마음을 우울하게 한다.

하지만 지금으로부터 2백여 년 전에 이곳은 권씨 형제들로부터 교리를 배우고자 했던 선비들의 발길이 끊이지 않았다. 그들 중에는 '내포의 사도'라 불린 이존창, '호남의 사도'라 불린 유항검, 그리고 이수광의 8대 손인 이윤하 등이 있었다. 이윤하는 권씨 형제의 매부이고 유항검과는 사돈지간이다.

이들 형제가 천주신앙 운동의 주도적 역할을 한 시점은 1777년 고향에서 멀지 않은 주어사에서 강학회를 주도하면서였다. 당대의 젊은 학자 이벽, 정약전 등과 서학의 종교 서적을 놓고 천주의 존재, 인생의 근본 문제를 연구하던 중, 희미하게나마 교리를 깨닫고 그것을 실천하기 시작했다.

그러나 본격적인 시점은 이승훈, 이벽의 권유를 받아 입교하면서부터였다. 당시 형 권철신은 동생 권일신과는 달리 주저하다가 입교했으며, 그 뒤에는 열렬한 전교자가 된 동생과 달리 천주교 일에 일체 관여하지 않으면서 집에서 학문과 종교 생활에 전념했다.

신유박해가 일어나고 이승훈, 정약용 등 저명한 남인 학자와 같이 잡혀 국문을 받았는데, 이때 문초를 견디다 못해 배교한다고 하여 천주교 신앙을 거부했다. 하지만 매를 맞아 66세를 일기로 옥사했다. 반면에 그의 동생 일신은 형보다 먼저 순교했다.

제자 이존창과 유항검을 입교시킴으로써 충청도와 전라도에 복음을 전하게 했고, 명례방 집회가 발각되어 사대부 집안이라고 하여 풀려나 역관 김범우만 잡히자 형조에 나아가 김범우와 같이 처벌받기를 요구하는 등 용감했던 그는 1791년 신해박해 때 잡혀 고문을 받으면서도 "하늘과 땅과 천신과 사람을 창조하신 천주를 섬기지 않을 수는 없습니다. 이 세상의 무엇을 준다 해도 그분을 배반할 수 없으니 제 의무를 피하기보다는 차라리 죽음을 당하겠습니다" 라고 신앙을 고백했다.

그러나 당시 임금은 형조에서 올린 사형 결정 대신 제주도로 유배를 보내라고 했다. 그의 인품을 아까워한 정조의 배려였던 것이다. 정조는 또 유배지로 떠나기에 앞서 노모를 만나면 마음이 돌아설지 모른다는 뜻에서 팔순 노모를 만나게 했는데, 결국 그 유혹에 넘어가 회오문(悔悟文)을 지었다. 유배지가 제주도에서 예산으로 바뀌는 등 감형을 받았으나 가는 도중에 형벌로 얻은 상처로 용인에서 숨을 거두고 말았다. 그의 나이 49세였다.

흔히 권씨 일가를 이야기할 때마다 '배교한 형과 노모를 위해 회오문을 지었다는 동생'의 잘못을 지적한다. 하지만 나는 두 형제의 죽음, 그리고 교회 창설에 끼친 공적과 학문적 업적을 낮게 평가해서는 안된다고 생각한다. 그런 점에서 교회가 양근의 역사를 홀대하고 있음은 무척 안타까운 일이 아닐 수 없다.

풍수원성당의 세 가지 보물

양평읍에서 6번 국도를 따라 홍천 방면으로 23킬로미터쯤 가면 용두리에 이른다. 횡성, 홍천으로 갈라지는 도로 표지판이 있으므로 쉽게 찾을 수 있는 길이다. 또 눈여겨보면 길목에 풍수원성당이란 작은 푯말도 눈에 띈다. 여기서 직진하면 44번 국도로 홍천, 인제 방향이고 우회전하면 횡성으로 가는 길이다.

이 길로 10킬로미터쯤 가면 강원도 땅에 들어섰다는 느낌을 가질 만큼 산세가 확연하게 다르다. 경기도는 산세가 비교적 낮고 완만한데 반해, 강원도에 들어서면 산봉우리들이 하나같이 날카롭고 골이 깊다. 논보다 밭이 많은 것은 물론이다. 아무튼 강원도 땅에 들어선

풍수원성당/박해를 피해 온 신자들이 화전을 일구며 옹기를 구워 팔면서
생계를 유지하던 강원도 최초의 본당

지 얼마 안되어 나지막한 도덕고개를 넘는데, 이 고개를 내려서면서
길 왼쪽의 야트막한 산허리에 아담하고 고색 창연한 성당 건물이 한
눈에 들어온다.

　강원도 유형문화재 제69호로 지정되어 있는 풍수원성당이다.

　벽돌로 지은 양식 건물과 뾰족탑이 흡사 수도원을 연상케 한다. 낯
선 사람들이 들어서자 마을 개가 컹컹 짖어 대는데, 도회지보다 덜
앙칼지다. "아무개야!" 하고 아이를 불러 대는 어머니의 목청에서 문
득 어릴 적 살던 고향 마을에 찾아온 느낌이다.

　이 성당이 세워진 것은 1907년이다. 지금으로부터 90년 전의 건물
답지 않게 깔끔한 인상이다. 내부 또한 좌석이 없는 게 특징인데, 마
루 한가운데에 흰색의 두 줄이 쳐져 있다. 봉헌이나 영성체를 위한
행렬 기준선이라고 하지만, 나는 남녀가 좌우로 나뉘어 앉았던 모습

풍수원성당 내부/마루 바닥에 흰색의 두 줄의 그어져 있는 게 이채롭다

부터 떠오른다.

　이곳 성당의 명물은 뾰족탑에 매달린 종이었다고 한다. 이 종소리
가 30리 밖에까지 들렸다고 하는데, 일제 때 징발되어 지금은 없다.
다만 성당 창설을 기념 삼아 심은 110년 된 아름드리 느티나무들이
그 역사를 대신 증언해 주고 있다.

　느티나무를 유심히 보면, 나무 꼭대기에 까치집이 있음을 볼 수 있
다. 두 그루의 나무에 모두 네 집이 있는데, 해마다 봄에 찾아와서 새
끼를 치는데, 헌집을 대충 수리해서 쓰는 것이 아니라 전부 헐어 내
고 다시 짓는다고 한다.

　성당 뒷동산을 오르면 경관이 좋고 공기도 맑은 데다가 향긋한 솔
잎 냄새마저 코끝을 스쳐 마치 별천지에 와 있다는 느낌이다. 십자가
의 길을 지나 무릎 걷기 계단에 올라서면 둥근 모양의 하얀 돌을 땅
에 박은 모습이 인상적이다. '묵주 동산' 또는 '성체 동산'이라고 부

풍수원성당의 묵주 동산 입구에 세워진 예수부활상.
'천하 만민을 위해 바치는 기도문'이 새겨져 있다

르는 이곳에서는 해마다 많은 순례객들이 찾아와 로사리오 기도를
바친다. 그야말로 자연에 반하고 신앙의 향기에 취하는 곳이다.

그런가 하면 성당에 모신 성모통고상 역시 신앙의 향기를 맛볼 수
있는 사연을 지니고 있다. 6·25 전쟁 당시 금대리 전투에서 격전을
치른 한 미군 소령이, 죽지 않고 살아남은 데 대한 감사의 표시로 미
국에서 보내 온 것이다. 그 미군 장교는 이곳 근처에서 수색 작전을
벌이던 중 이 성당에서 30분 가량 생명을 구해 줄 것을 간절히 기도

했는데, 그날 전투가 벌어져 같이 싸우던 2백여 명의 전우들은 모두 전사하고 자신만이 홀로 살아 남았다는 것이다. 말하자면 이 성모상은 영혼을 바친 한 인간의 절절한 기도를 들어준 성모 마리아의 마음의 표징인 셈이다.

이곳 성당의 자랑거리는 여느 성당과 달리 제법 실속이 있는 유물 전시관을 마련하고 있다는 점이다. 3백20점의 유물들이 우리 신앙선조들의 신심을 일깨워 준다. 그 중에서도 옹기 십자고상, 앵베르 주교의 머리카락, 정규하 신부가 친히 쓴 안나회칙 등 세 가지는 이곳의 '국보급 유물'이다.

사제관 2층의 별실에 보관되어 있는 이 유물들은 여간해서는 공개하지 않는다고 한다. 김태원 신부가 우리 일행에게 그것을 보여주고 사진을 촬영하도록 허락해 준 것은 참으로 고마운 일이다. 아마도 찾아간 그 날이 김태원 신부의 영명축일이기에 가능했는지도 모른다. 성당 교우들이 차린 음식을 대접받고 귀한 신앙유산마저 들여다 볼 수 있다는 게 이번 답사 일정의 행운을 암시해 주는 것 같아 마음이 흐뭇했다.

십자고상은 가로 12센티미터, 세로 22센티미터 크기로서 찰흙 색이다. 가장자리에 하얀 무늬 선을 둘렀는데, 옹기로 구웠다는 점에 새삼 놀라움을 금치 못했다. 박해 시대에 우리 신앙선조들은 산골에 숨어살면서 옹기를 구워 생계를 이어갔는데, 신앙의 표징을 직접 옹기로 구워 낸 그 심덕을 헤아리니 새삼 기도가 절로 바쳐졌다.

풍수원성당은 강원도에서 처음으로 세워진 성당이다. 이곳에 천주교가 전래된 것은 다른 지역에 비해 늦은데, 1866년 병인양요와 1871년 신미양요로 더욱 심해진 천주교 박해를 피해 한양과 경기도 용인 등지에 살던 교우들이 피난 오면서부터였다.

이들은 마을을 이루면서 일부는 화전을 일구고, 일부는 옹기를 구워 생계를 꾸려 갔다는데, 1886년 신앙의 자유를 얻기까지 80여 년

풍수원성당에 보관된 3백20여 점의 유물 가운데 옹기 십자고상, 앵베르 주교 머리카락,
정규하 신부가 쓴 안나회칙 등 3점은 특히 이곳의 보물이다

동안 목자 없이 오로지 평신도들로만 신앙공동체를 이룬 채 믿음을
지켜 왔던 것이다. 말하자면 한국 천주교회의 역사를 그대로 옮겨 놓
은 셈이다.

정절을 지킨 송 아가다

풍수원성당을 이야기하면 다른 누구보다도 성인 최경환의 넷째 며
느리 송 아가다를 떠올리게 된다. 몇 년 전, 나는 풍수원성당을 답사
하러 왔다가 성당 뒷산인 성지봉의 정상 부근 바위에서 약수가 흐르
는데 그 물맛이 기막히게 좋다는 말을 듣고는 힘들여 해발 7백91미
터의 성지봉을 오른 적이 있었다. 그 때 "산 이름으로 보아 순교자와
관련이 있지 않을까?" 추측했는데, 성지봉에 오르는 초입에서 그녀
의 묘를 발견하고는 놀라움을 금치 못했다.

안양 수리산에서 자세하게 살펴보겠지만, 최경환은 청양 다락골을 떠나 수리산 담뱃골에 정착할 때까지 부평, 춘천 등지를 옮겨 다녔다. 이곳 풍수원에도 최씨네 가족들이 머물렀다.

그녀는 1927~33년에 걸쳐 최씨 집안 내력으로부터 시작하여 출생, 유년 시절, 남편 최신정과의 결혼과 선종에 이르기까지 고난스런 생애를 기록했는데, 이 기록은 단순한 한 가문의 역사가 아닌 교회사의 중요한 기록으로 그 사료적 가치가 크다. 특히 그녀는 92세까지 살면서 시아버지인 최경환의 묘소를 안양 수리산에서 찾아내는데 결정적인 공헌을 했다. 아마도 그녀가 장수하지 않았더라면 교회는 최경환의 묘를 찾는데 상당히 고생했을 것이다.

나는 그녀의 기록을 읽으면서 신앙을 지키기 위한 한 여인의 처절한 삶에 눈시울을 적셨다. 이야기는 출가하기 전의 일이다. 일찍이 부친이 순교했기에 집안은 무척 가난하여 빨래할 때 갈아입을 옷조차 없을 형편이었다. 교리를 제대로 배우지 못했으나 한 번도 신공 바치기를 게을리 한 적이 없었던 그녀는 기도를 드릴 때면 빨래하여 갖다 놓은 보퉁이로 앞을 가리고 기도를 했다고 한다. 가난하지만 신앙을 지키는 그 태도에 절로 고개가 숙여진다.

그녀가 자신의 몸을 농락하려던 마을 사람으로부터 정절을 지킨 이야기는 한편의 드라마이다. 당시 그녀의 남편은 남의 돈을 빌어 장사한다고 하다가 빚만 진 채 집을 떠나 소식이 없었다. 자연히 동네의 무뢰배들은 이 젊은 부인에게 눈독을 들였다.

"남의 부채 못 갚으니 채주들의 학대, 자녀 호구 하노라니 동으로 서로 뛰어다녔고 마을 집집의 머슴살이로 지냈다. 때로는 무뢰배들이 깔보며 놀리는 말도 들어가면서 세월을 보냈는데 설상에 가상 꼴이 일어났다.

하루는 이웃 여인들이 말하기를 '한 동리의 황가라는 홀아비가 댁네를 업어 간다고 하니 어찌하면 좋으냐'고 했다. 이 말을 들으매, 벼락이 머리를 누르는 듯 앞이 캄캄하여 정신이 없었다. 그로부터 입맛도 잃고 물 한 모금 입에 대지 못하여 며칠을 굶었는데, 하루는 주인의 음식을 차려 드리고자 우물에 나가는 길에서 부랑배 십여 명이 돌연히 달려들어 잡아다가 흉악한 황가의 집 방안에 갖다 놓고 밖으로 문을 잠갔다.

정신을 잃고 기절하였다가 한참 후에 진정하고 일어나 보니 인적 없는 빈방이나 예수, 마리아를 불러 단단히 의탁, 옷깃을 가다듬고 계책을 찾았다. 벽상에 기름병이 달려 있어서 일어나 방문을 안으로 또한 단단히 걸어 닫고, 병을 따 들고 독개 그릇부터 부수어 차차 깨어진 그릇 조각으로 연달아 방안의 집물을 판판히 부수어 갈 적에, 깨어진 그릇 조각에 부딪치고 찔려서 온몸에 상처가 나서 유혈은 낭자하고 머리카락은 헝클어질 대로 헝클어졌다.

문 밖에 섰던 놈들은 봉했던 문을 여느라고 자연히 더뎠다. 황가 놈이 들어와서 대매에 죽일 듯이 '남의 세간 왜 치느냐'하고 달려들거늘, 아가다가 여러 날 굶은 몸으로 어디서 힘이 생겼는지 크게 꾸짖으면서 '너 같은 무도한 놈 사람을 몰라보니 네 명(命)도 끝장이다. 너 죽고 나 죽자!' 하고 그놈의 상투를 변통 없이 감아쥐고 사생결단 늘어지니 구경하던 사람들이 일시에 달려들어 '사람 죽인다!' 하고 간신히 뜯어 놓자 황가는 도망가고 말았다.

마을 무뢰배를 물리치고 나니, 가을에는 본읍 부장이라는 자가 또 업어 간다는 소문이 퍼졌다. 이웃 여인들은 애석히 여기나 어떤 여인들은 '팔자 고치면 좋지, 뭐!' 하면서 비웃었다.

아가다는 고용살이 몸이라 저물도록 일한 끝에 자리에 들자면 북받치는 서러움에 주와 성모에게 의탁하여 애절히 매달렸다. 이 때 생각해 낸 것이 관장에게 진정서를 쓰는 것이었다.

'수해를 만나 땅과 집을 잃고 모처에 와서 죽지 못하여 살아가다가 가군이 출타 후에 의지할 데 없는 몸이온대, 마을 부랑배들에게 봉변 당하여 본리직강(本里直講) 어른이 설치(雪恥)하여 주어 천만다행이더니 이번은 본관 하리배에게 봉변 당할 징조가 분명하오니다. 관장은 백성의 부모이시라, 겹겹이 쌓인 아픈 마음을 주달하옵은 명정지하에 세세히 통촉하사, 무의무탁 미천한 백성의 억울한 사정을 살피시와 옥석을 가리시어 또한 우리 예의지국에 이같은 불측한 풍속을 금단치 않으시면 열녀의 정절이 어찌 있으리까? 그러하오니 미천한 몸도 일개 백성이오니 민지부모 관정하에 애휼지덕을 입어지이다.'

송 아가다의 만지장설(滿紙長說)은 춘천 본관의 마음을 움직였다. 필법만 보아도 반명하는 부인이라며 동리에서 잘 지내도록 조치하여 주었다 한다."

참으로 어려운 가운데 정절을 신앙의 힘으로 지킨 그녀가 순교자의 후손임이 자랑스럽게 생각되었다. 속세의 유혹을 신앙의 힘으로 극복한 보답일까. 그 뒤 그녀는 빚진 사람들에게 '남편의 죄로 자녀들이 기를 펴지 못하고 노예같이 살아서야 되겠느냐?'고 통사정을 하면서 빌린 돈의 일부를 갚자, 채주들은 '이런 착한 일은 후인들의 모범'이라면서 돈을 돌려주고 술까지 대접했다고 한다.

비록 순교자는 아닐지언정 순교자나 다름없이 살아온 그녀가 92세까지 장수한 것도 다 이유가 있다는 생각이 머리를 떠나지 않았다. 언행을 바르게 하지 못하면 오래 살지 못한다는 옛 선현들의 말씀이 문득 되새겨진다. 확실히 삶의 지혜와 신앙의 깊이는 정비례한다.

그런 탓일까, 풍수원성당을 떠나 원주로 향하기에 앞서 맛본 이곳의 별미 송어회는 운치도 있고 싱싱했다. '산장'이란 간판이 붙은 집인데, 1킬로그램에 1만5천 원으로 비교적 싼 데다가 둥근 모양의 화

232

강암을 냉동시키고 그 위에 대나무 발을 올린 다음 얹은 송어회의 맛은 그야말로 맑은 물에서만 얻을 수 있는 별미였다. 반찬 중에는 김치에 말아 주는 도토리묵 맛이 독특했다.

역사의 땅, 배움의 땅

선화당·당간지주·용소막성당·묘재·탁사정·배론성지

원주감영과 당간지주

횡성에서 원주까지 16킬로미터에 달하는 길은 5번 국도 하나뿐이다. 중앙 고속도로가 개통되어 다니기가 한결 수월해졌지만, 그래도 멀리 치악산을 바라보면서 구불구불 구도로를 가는 맛이 제법 운치가 있다.

원주에서 둘러 봐야 할 곳은 세 군데이다. 교우들이 처형당한 원주 감영(선화당)과 당간지주, 그리고 신자들이 힘을 모아 손수 지었다는 용소막성당이다. 원주감영은 강원도 유형문화재 제3호, 당간지주는 제49호, 용소막성당은 제106호로 지정되어 있어 문화재로서의 가치도 눈여겨볼 만하다.

먼저 원주 시내에 들어서면 터미널이 나오고 원주역을 지나 곧장 가면 왼편으로 원주 시청 별관이 있다. 그 앞에 감영으로 들어서는 정문을 지나면 선화당(宣化堂)이 있는데, 주위에 온통 차들을 주차시키고 있어 마치 주차장을 방불케 한다.

우아하게 뻗어 내린 기와의 곡선이 아름다운 이 건물은 고려 성종

원주감영 정문인 포정루/천주교인들이 박해 때 이 문을 드나들며 문초를 받았다

때 지었으나 임진왜란 때 소실된 것을 조선조 헌종 때 재건하면서
관리들을 위한 객사로 이용했다. 정원에는 석불좌상과 5층 석탑이
있어 역사의 운치를 보태고 있다.

원주감영에 깃들인 천주교의 역사 또한 다른 지방의 감영과 다름
없다. 박해가 있을 때마다 수많은 교인들이 잡혀 와 문초를 당하고
처형당한 곳이다. 이곳에서 순교한 최해성의 기록을 샤를르 달레의
『한국천주교회사』에서 보자.

"관장은 화가 치밀어 매질을 한층 더 심하게 하라고 명했다. 다리
뼈가 부서져 두세 치나 되는 뼛조각 두 개가 땅에 떨어졌다. 그의 등
과 배가 구멍이 나서 창자가 밖으로 빠져 나왔다. 이렇게 말할 수 없
는 고문을 받는 중에도 얼굴은 여전히 안온했으니, 그는 십자가에 못
박히신 구세주만을 생각하고 사랑은 사랑으로 목숨은 목숨으로 갚고
자 하는 것이었다."

선화당/현재 원주시청 별관으로 쓰이지만 조선조 때 감영이 있던 곳이다

충청도 홍주 출신으로 천주교 집안에서 태어나 어려서부터 신앙생활을 해 온 최해성은 평소 남을 도와주는 것을 즐겼다. 그러다가 박해를 피해 강원도 산골 '서지'라는 곳으로 옮겨와 살다가 기해박해 때 잡혀 혹독한 형벌을 받고는 26세의 젊은 나이에 참수 당했다. 하지만 오늘날 원주감영이 순교의 피를 흘렸던 박해의 현장임을 아는 사람은 별로 많지 않다. 역사의 기록이 제대로 갖추어져 있지 않고 구전으로만 전해져 불확실하기 때문이다.

당간지주 역시 마찬가지이다. 구전에 의하면 이곳에서 천주교 신자를 처형하여 아직도 순교자들의 피가 묻은 돌 받침이 붉은 색을 띠고 있다고 한다.

'당간'이라고 하면 사찰에서 기도나 법회 등 의식이 있을 때 당(幢)을 달아 두는 기둥을 말하는데, 흔히 사찰 경내 전면에 법당을

다는 당간을 세우는 것이 격식이다. 따라서 이곳의 당간지주는 신라 초기에 창건한 비마라사라는 절터에 있던 것으로 추정된다. 여기서 '당'이란 사찰의 문 앞에 세우는 기(旗)를 가리키는데, 부처나 보살의 위신과 공덕을 기리거나 고승의 명예를 널리 알리기 위해, 또는 중생을 계도하기 위해 불전이나 불당 앞에 세우는 것을 말한다.

이 당간지주는 원주감영에서 멀지 않다. 시청 별관에서 시내 쪽으로 직진하다가 원주 KBS 네거리에서 좌회전하면 원주교를 건너게 되는데, 이 다리를 건너자마자 우측으로 둑길을 따라 3백여 미터쯤 가면 높이 5.4미터의 당간지주가 있다.

가까이 다가가서 살펴보면, 지주의 받침돌이 붉은 색조를 띠고 있는데, 그것이 이곳에서 처형당한 순교자들의 핏물이 내를 이루듯 흘러내려 생긴 것인지는 다소 의아스럽다.

아무리 천주교의 순교사를 강조한다 해도 어느 정도 과학적인 근거나 객관적인 자료를 제시해야 한다. 처형당한 현장의 근처에 있으므로 당연히 순교지일 것으로 속단하는 것은 너무 단순한 발상이 아닐까 생각된다. 어떤 이는 이곳 근처에 병영이 있다고 하지만, 이 또한 확인하지 못했다.

용소막성당을 찾는 기쁨

원주에서 5번 국도를 따라 제천으로 가는 길은 가을이 제격이다. 치악산의 가을 단풍이 설악산 못지 않다. 뱀에게 먹히려던 꿩을 구해준 나그네가 그 꿩의 보은으로 위기에서 목숨을 건졌다는 전설처럼, 치악산을 넘어 제천으로 향하는 나 역시 천주교 사적지 답사가 이 땅에서 순교한 수많은 신앙선조들의 고결한 뜻에 조금이라도 보은하는 결과가 되었으면 싶었다.

그런 내 마음을 읽기라도 하듯 묘재 가까이 자리잡은 용소막성당에 닿자, 그 소탈한 모습이 옛 선조들의 신심을 대하는 듯 하다.

용소막성당은 이곳 신자들이 힘을 합해 지은 성당으로도 유명하다

　용소막성당은 행정구역상으로 원주시 신림면 용암리이지만 충청
북도와 접경 지역에 있다. 5번 국도를 따라 제천을 향하다가 봉양 못
미처 신림역을 지나면 도 경계선을 조금 못 가서 삼거리가 나온다.
좌회전하여 좁은 길을 따라 가면 멀리 용소막성당이 보인다. 이 길을
계속 가면 백련사가 있는 감악산으로 들어간다.

이곳 성당이 답사자들의 눈길을 끄는 것은 무엇보다도 신자들이 힘을 합해 목재를 나르고 진흙을 으깨어 벽돌을 만들어서 손수 지었다는 점이다. 6·25 전쟁의 와중에서도 비교적 온전히 보존될 수 있었던 것도 바로 이같은 평신도들의 신심을 이 성당의 주보인 '루르드의 성모'가 헤아려 준 것이 아닐까 싶다.

한낱 이름 없는 산골 촌락이었던 이곳에 천주교가 부흥하게 된 초기 역사는 다른 지방의 교우촌과 별다를 게 없다. 수원에서 피난 온 몇몇 교우들이 강원도 평창에 살다가 박해가 뜸해지자 뿔뿔이 흩어졌는데, 그 가운데 일부가 이곳에서 멀지 않은 황둔으로, 그 뒤로는 제천군 송학면 오미 마을에 정착했다. 최씨와 백씨 성을 가진 사람들이 많이 살았는데, 그 지도자가 바로 용소막성당의 개척자로 불리는 최도철이다.

제천 사람인 최도철은 풍수원성당의 전교회장으로 각처를 돌아다니다가 나이 50세에 이곳에 정착하여 5~6명의 교우들과 함께 작은 경당을 짓고 원주본당의 공소를 개설했다. 하지만 초가 10칸의 이 경당이 6·25 때 소실되고 말자, 신자들은 성당을 새로 짓기로 했다.

모든 사람들이 자진 참여하여 나무를 베어 다듬고 진흙을 반죽하여 벽돌을 만들던 중, 돌연 최도철 가족이 장티푸스에 걸려 한동안 일을 할 수 없게 되었다. 사람의 손이 모자라 일이 밀린 것을 안타까워한 최씨 가족들은 아픈 몸을 이끌고 한밤중에 밤샘 작업을 하여 사람들의 사기를 돋구어 주었다고 한다. 그런 마을 사람들의 염원 끝에 1백 평 규모의 아담한 성당이 완공될 무렵에는 신자의 수가 3천여 명에 달했다고 한다.

남종삼의 생가 묘재

용소막성당에서 남상교, 남종삼 부자가 살던 묘재까지는 시간이 별로 걸리지 않는다. 다시 5번 국도로 나와 제천을 향해 2킬로미터

남상교 남종삼 부자가 은거했던 집에서는 옛 선비의 체취를 마냥 느낄 수 있다

본시 초가였으나 개축할 때 운현궁에서 나온 기와를 사용했다

남짓 가면 연교역이 있고 이어 학산교가 나타난다. 다리를 건너기 전
에 좌회전하여 1백 미터 정도 가면 낮은 구릉을 뒤로 한 작은 마을이
나타나는데, 남종삼의 생가는 마을 초입에 있다. 길가가 아니라 맨
뒤쪽, 동산 바로 앞에 자리잡고 있다.

　가까이 가면, 다른 집과 달리 기와를 얹은 지붕이 눈길을 끈다. 원
래 초가집이던 것을 새마을 사업이 한창일 때 슬레이트 지붕으로 바
꾸었고, 1984년 보수공사를 하면서 기와를 올렸다.

　그런데 이 기와가 흥선대원군 사저인 운현궁의 기와라는 사실을
아는 사람은 많지 않다. 운현궁을 철거할 때 나온 기와로 서울 미아
리에 한옥을 지었던 후손들이 묘재로 옮겨 사용했던 것이다. 천주교
배척에 앞장섰던 대원군의 사저 운현궁의 기와가 그 박해를 받았던
주인공의 생가에 있다는 것부터 역사의 아이러니를 느끼게 한다.

　늘 열려 있다는 대문 안을 들어서자, 참으로 정갈한 옛 선비의 체
취를 마냥 느낄 수 있을 만큼 깔끔하게 단장되어 있다. 검은 색의 기
둥과 흰 벽의 조화가 지나치게 대조적이어서 숙연한 느낌마저 들기
도 한다. 'ㄱ'자 형태로 배치된 집의 뒤쪽으로는 모자이크로 단장한
14처가 마련되어 있다. 수많은 순례객이 드나들었는지, 우거진 관목
사이로 오솔길이 반듯하게 나 있다.

　묘재가 자리잡고 있는 마을은 행정구역상 충북 제천시 봉양면 학
산리이다. 열다섯 가구가 살고 있는 작은 마을이다. 마을 한가운데에
학산공소가 자리잡고 있고, 1995년 5월부터 '예수의 작은 형제회' 소
속 주흡 신부가 머물고 있다. 환갑 되던 해에 풍을 맞아 몸이 불편한
그는 매일 생가와 뒷동산에 마련된 십자가의 길을 한 바퀴씩 돌아보
다 보니 몸이 무척 좋아졌다고 자랑삼아 말한다.

　이곳은 1984년 성인 품에 오른 103위 가운데 가장 높은 벼슬을 지
낸 남종삼과 그의 부친 남상교가 살던 곳이다. 남상교는 정약용의 학
통을 이어받은 남인계의 농학자(農學者)로서 충주목사, 돈령부사를

묘재 마을 뒷산에 돌을 쌓아 만든 아담한 14처가 있다

역임한 선비이다. 그가 언제 입교했는지는 정확하게 밝혀지지 않고 있으나 한역서를 통해 자연스럽게 접했을 것으로 보여진다.

남종삼은 남상교의 친아들이 아니다. 종숙부 남상교에게 아들이 없자 어려서 양자로 들어갔고, 따라서 남상교가 부임하는 관직에 따라 이곳 저곳을 따라 다니면서 글공부를 했다. 남종삼은 스물두 살 때 과거에 급제하여 벼슬길에 나선 뒤, 여러 지방 장관을 거쳐 철종 때에 승지가 되어 임금을 측근에서 보필했다. 그러다가 향교 제사를 지내는 것이 신앙과 상치됨에 따라 벼슬을 그만두고 부친이 머문 묘

재를 찾았다. 그 뒤, 홍선대원군의 부름을 받고 다시 좌승지가 되어
고종 앞에서 경서를 강의했는데, 품계가 정3품인 통정대부에 이르렀
다.

　당시 우리 나라는 두만강을 사이에 둔 러시아가 국경을 넘나들면
서 통상을 요구함에 따라 어찌할 바를 모르고 허둥지둥 대던 때였다.
러시아는 영국과 프랑스군의 청나라 공격으로 야기된 제2차 아편전
쟁을 거중 조정하여 북경조약을 체결시킨 대가로 연해주를 차지하여
조선과 국경을 마주 대하고 있었던 것이다.

　이런 러시아가 통상을 요구하자, 당시 집권자인 대원군은 위기에
대처하기에 부심했던 것이다. 이 때 홍봉주가 이른바 '이이제이(以夷
制夷)의 방아책(防俄策)'을 난국 타개책의 일환으로 대원군에게 건의
했으나 별로 관심을 끌지 못하고, 마침내 대원군과 안면이 있는 남종
삼으로 하여금 다시 건의토록 했다.

　'이이제이의 방아책'이란 국내에 머물고 있는 프랑스 주교의 힘으
로 프랑스, 영국 등과 동맹을 맺어 러시아의 남침 정책을 제어하자는
전략으로, 이를 통하여 조선의 문호를 개방함으로써 신앙의 자유를
구현하자는 방책이기도 했다.

　대원군은 남종삼의 건의문을 만족하게 생각하고 주교를 만나고 싶
다는 뜻을 피력했다. 대원군은 만일 러시아인을 물리칠 수 있다면 신
앙의 자유를 허락하겠다는 요지를 교회의 책임자인 베르뇌 주교에게
전해 달라고까지 했다. 그러나 당시 베르뇌 주교는 황해도에서, 다블
뤼 부주교는 충청도에서 전교 중인지라 한 달 가까이 지났음에도 대
원군과의 만남은 이루어지지 않았다.

　남종삼이 다시 대원군을 찾아갔을 때, 대원군의 태도는 달라졌다.
한 달 사이에 정세가 급변했던 것이다. 대원군이 갑작스럽게 변한 데
에는 몇 가지 이유가 있었다.

　우선 북경에서 사신이 보내 온 서신을 들 수 있다.

영불(英佛) 연합군에 의해 함락된 북경은 종교의 자유를 얻었으나 얼마 안 되어 피비린내 나는 보복을 받았다. 외국인 선교사와 중국인 신부, 신자들이 닥치는 대로 살해되었던 것이다. 이같은 내용을 적은 서신은 조정 대신들로 하여금 대원군의 천주교에 대한 교섭을 비난하는 계기를 만들었고, 게다가 운현궁에 천주학쟁이가 출입한다는 소문을 들은 조대비가 천주교도의 책동을 비난하기에 이르자 마침내 대원군은 마음을 바꾸어 천주교 탄압을 결심하기에 이른 것이다.

조대비가 천주교도의 행동을 책한 데는 사연이 있다.

병인박해가 일어나기 한 해 전, 대원군이 충북 괴산의 만동묘(萬東廟)를 없애기로 하자 이에 반대하는 유생들이 대궐 앞에 모여 상소를 올린 적이 있었는데, 당시 조대비가 나서서 이들을 타일러 보낸 일이 있었던 것이다. 이 일로, 조대비 일파는 천주교를 원수로 알고 있는 유생들의 움직임에 용기를 얻어 대원군의 마음을 돌리는데 결정적 계기를 만든 것이다.

어쨌든 대원군은 선교사들을 잡아들이라 명하고, 이로써 베르뇌 주교를 필두로 하여 홍봉주, 이선이 등이 잡혀갔는데, 이선이의 고발에 따라 남종삼에게도 체포 명령이 내려졌다.

이에 앞서 남종삼은 계획이 수포로 돌아갔음을 눈치채고는 부친이 살고 있는 묘재로 내려갔다가 부친의 격려를 받고는 상경했다. 먼저 집에서 10리밖에 떨어져 있지 않은 배론신학당을 찾아가 성사를 본 후 한양으로 향했는데, 도중에 체포령이 내려진 사실을 알고는 일시 피신했으나 고양군의 축베더리 마을에서 체포되어 의금부로 연행되었다.

의금부에는 이미 베르뇌 주교를 비롯하여 여러 사람이 압송되어 와 있었다. 국문이 시작되고, '프랑스와의 조약이 나라 안에 서양 오랑캐를 불러들이려는 흉계가 아니냐'는 문초에 그는 다음과 같이 답했다.

"저를 보고 스스로 천륜을 끊은 죄인이라 함은 마땅치를 않습니다. 저는 오로지 임금께 충성하고 나라를 사랑하는 마음뿐인데 어찌 천륜을 끊었다 하십니까? 천주교는 이번 일과는 관계가 없는데 여기에 죄명을 보탬은 실로 애매합니다.

외국인을 어찌 제가 데려왔습니까? 서양 사람과 만난 것은 단지 세 차례입니다. 서양 사람들이 천주교를 전하기 위해 조선에 온 것인데 그것이 어찌 저 한 사람만을 위해서 온 것이겠습니까? 지금 이 지경에 이르러 더 할 말이 없습니다. 그러나 말을 아니하면 나라가 위태롭고 말을 하면 제 몸이 위태롭습니다."

남종삼은 우국충정으로 운현궁을 찾아가 3국동맹 안을 진언했고 머지않아 러시아의 침범이 있으리라는 정보를 주교로부터 전해 들었다고 말했다. 러시아인들이 겨울에도 얼지 않는 부동항(不凍港)을 확보하기 위해 우리 나라 항구를 손안에 넣으려 한다는 것과 그들의 영토 팽창주의에 대해 설명했다.

남종삼은 서소문 밖 네거리에서 참수되었다. 그의 나이 50세였다. "나는 국법에 따라 죽지만 나라를 배반한 일은 털끝만치도 한 적이 없다. 비록 나에게 죽을 때까지 악형이 가해진다 해도 내세의 행복을 위해 즐겁게 참아 받겠다."

사형장에서 당당하게 자신의 심정을 토로한 남종삼의 이 말은 1백여 년의 세월이 흐른 뒤, 손자 대에 이르러 사랑의 꽃을 피웠다. 즉, 인질로 일본에 끌려간 영친왕이 고국의 품으로 돌아올 때 귀국환영위원장이 다름 아닌 남종삼의 손자 남상철이었던 것이다. 조선왕족 가운데 생긴 신자는 이와 무관하지 않다는 생각이 든다.

나는 묘재 뒷산을 잠시 산책하면서 선비였던 남종삼이 겪은 신앙의 시련을 생각했다. 우리 나라 초기 교회의 지도자급 인물 가운데 양반 출신이 많았지만 그 상당수가 배교한 것과 남종삼의 남다름이 비견되기도 했다.

모든 것을 버리기로 작정하고 천주 신앙에 뛰어들었다 해도 벼슬하는 사람에게는 보다 큰 희생을 각오해야 하지 않았을까. 지식인에게는 더욱 심한 사상적 방황과 심리적 갈등을 극복해야 하는 어려움이 뒤따랐을 것이리라. 어려서부터 유교적 예속이 몸에 배었고 나라의 녹을 먹는 관료였던 남상교, 종삼 부자야말로 이런 한계성을 뛰어넘어 자신과 가족에게 닥쳐올 고난이 죽음과 가문의 폐절이라는 것을 소상히 알면서도 그 길을 택한 고귀한 순교자이다.

하지만 왜 남종삼이 건의한 이른바 '이이제이의 방아책'을 왜 대원군이 받아들이지 않았을까 하는 점이 무척 궁금했다. 역사의 가정만큼 어리석은 짓은 없겠지만, 만일 당시 대원군과 프랑스 선교사들이 만났더라면 적어도 병인박해와 같은 피비린내 나는 참혹함은 덜하지 않았을까 믿고 싶은 게 솔직한 심정이다.

기록에 따르면, 베르뇌 주교는 남종삼의 안에 대해 비교적 냉담했다고 한다. 그가 파리외방전교회에 보낸 보고를 보면, "러시아인이 조만간 조선에 정착할 수 있는 방법을 찾아낼 것이 확실하므로 러시아인의 위험을 누구 못지 않게 느낍니다. 그러나 열강 중 어느 나라와도 관계를 맺지 않으려는 조선의 완고한 태도 때문에 이런 위험을 예방할 방법이 나에게는 없습니다"라고 한 점으로 미루어 그는 대원군과의 교섭에 아무런 기대도 걸지 않았음이 분명하다.

그렇더라도 이들이 대원군과 일찍 만날 수 있었다면, 적어도 당시집권자에게 천주교 신앙의 참모습을 설명할 기회는 갖지 않았을까. 흔히 대원군이 천주교를 탄압한 이유로서, 당시 경복궁을 짓기 위해백성들로부터 막대한 돈을 거두어들였는데, 이에 따른 백성들의 원성을 다른 곳으로 돌리려 했던 것이 아닌가, 혹 흉년으로 크게 동요한 민심을 가라앉히는 방편으로 사건을 일으킨 것이 아닌가 풀이하는 견해도 있다.

탁사정/배론 성지 초입에 있다. 바위가 많고 물이 맑다

그러나 대부분의 학자들은 당시 대원군의 천주교 박해는 쇄국 정책이 낳은 당연한 결과라고 평가한다. 다시 말해서, 남종삼의 제안대로 대원군과 프랑스 선교사가 마주 앉아 협상을 벌였다고 해도 역사는 크게 달라지지 않았을 것이라는 견해이다.

한국의 카타콤바 배론 성지

이제 마지막 답사지인 배론으로 떠나자.

배론은 묘재에서 승용차로 10여 분 되는 거리에 있다. 5번 국도를 따라 제천을 향하여 구불구불한 길을 가면 얼마 안되어 우측으로 '배론 성지'임을 가리키는 빗돌을 볼 수 있다. 그 구불구불한 길의 끝머리가 바로 탁사정(濯斯亭)이다.

탁사정이란 중국 초나라 존원의 어부사에 나오는 '속세의 만 가지 때묻은 것을 깨끗이 씻고 자연과 같이 소박하게 살자'는 데서 유래한

해묵은 소나무로 뒤덮여 있는 탁사정 아래로 제천강이 휘돌아 흘러내린다

말이다. 인간의 참다운 본성을 나타낸 뜻깊은 구절인데, 죽음을 앞둔 남종삼이 배론으로 성사를 받으러 가면서 이곳에 들러 무슨 생각을 했을까 헤아려 봤다.

입구에서부터 빽빽하게 들어서 있는 음식점과 토산품 판매점들이 방문객의 마음을 산란하게 한다. 폿말을 따라 10미터 남짓 오르자, 돌연 확 트인 공간이 발걸음을 붙잡는다. 바닥까지 훤히 들여다보이는 깨끗한 계곡의 물이 거품을 물고 유유히 흘러가고 있다. 물가 주변은 온통 바위투성이인데, 그 가운데 자루바위라 불리는 바위가 눈길을 끈다.

그 옛날, 장마가 지난 무더운 여름날에 나무꾼이 땀을 식히러 이곳에 왔다가 장마를 피해 바위틈에 숨어 있던 고기떼를 발견하고는 자신이 입고 있던 잠방이로 자루를 만들어 고기를 잡았다고 한다. 그때부터 '자루바위'라고 불린다는 것이다.

그야말로 탁사정은 주변이 해묵은 잡목과 송림으로 뒤덮여 있어 가을 냄새를 물씬 풍기고 있다. 하얀 물보라를 일으키며 흐르는 그 광경은 흡사 말로만 듣던 무릉도원을 연상케 할 정도이다. 정자에 앉아 잠시 땀을 식히는 동안, 나의 마음속에는 자연과 한 몸이 되어 계절의 냄새를 흠씬 담았다는 생각으로 가슴이 뿌듯했다.

탁사정에서 배론으로 들어가는 길은 3킬로미터 남짓 되었다.

전형적인 농촌 풍경을 보여주는 길이어서 '계곡이 깊어 배 밑바닥 같다'고 해서 생긴 '배론'이란 지명이 실감나지 않는다. 하지만 막상 도착한 현장은 그 이름만큼 좁은 산골짜기에 자리잡고 있다.

해발 1천 미터에 이르는 백운산과 구학산의 연봉을 다소곳하게 안고 있는 배론의 첫 인상은 '어마어마하다'는 느낌뿐이다. 이제까지 내가 다녔던 그 어느 사적지보다 규모 있게 가꾸어져 있다. 5천여 평의 터에 동양 제일의 관광성지로 꾸미겠다던 고(故) 양기섭 신부의 당찬 계획을 실감할 수 있을 것 같다.

입구를 들어서면 사제관, 신학당, 최양업 신부 기념회관, 누각 성당, 황사영 순교현양탑, 피정의 집 등이 바둑판같이 잘 정돈되어 있다. 우측으로는 골고타 언덕을 연상케 하는 오솔길이 나 있는데, 이 길을 따라 14처가 세워져 있고, 최양업 신부의 묘가 자리잡고 있다. 안쪽으로 발길을 옮기면 초라한 초가집 한 채가 눈길을 끈다. 우리나라 최초의 신학당을 옛 모습 그대로 재현한 것이다. 기둥에는 이 집의 주인인 장낙소의 문패가 예스럽게 붙어 있다.

그 뒤에 기와집으로 지은 최양업 신부 기념관 정문처럼 진복문(眞福門)이란 현판이 붙어 있고 그 앞에 실물 크기의 석고상이 놓여져 있다. 두 명의 프랑스 신부와 갓을 쓴 한국인 선생이 서 있고, 안에는 열 명 남짓한 학생들이 무릎을 꿇고 앉아 있다. 프랑스 신부는 철학과 라틴어를 가르쳤을 것이고 갓을 쓴 스승은 우리말과 한문을 맡았으리라.

250

배론 성지 주차장 옆에 돌 표지판이 세워져 있다

    초가집 뒤로는 1801년 황사영이 박해를 피해 8개월간 몸을 숨긴 토굴이 있다. 가로 2.3미터, 세로 1.2미터, 높이 1.75미터 크기의 토굴이어서 사람 하나 제대로 다리를 펴고 눕기조차 힘들어 보였다. 그 곁에는 당시 이곳에 숨어살던 신자들이 옹기를 굽던 가마터가 옛 모습 그대로 재현되어 있다.

    우리 신앙선조들은 그 옛날 깊은 산골로 피난처를 찾았지만, 하루아침에 가산을 모두 빼앗긴 처지인지라 당장 먹고살기 위해 아무 일이나 닥치는 대로 해야만 했었다. 산골에서 손쉽게 할 수 있는 일은 옹기를 굽는 일이었다. 그 일은 신앙생활을 하는 데에도 유용했다. 예컨대, 한 사람이 망을 보다가 수상한 사람이 지나면 불을 지피는 척 할 때, 다른 사람들은 굴속에서 안심하고 기도와 신공을 바칠 수 있기 때문이다.

    또 옹기를 등에 지고 길을 나서면 아무 집이라도 허물없이 드나들

배론 성지 전경/'배 밑바닥 같다'고 해서 붙인 이름답게 계곡이 깊다

왼쪽으로 요셉 누각성당과 연못이 잘 어우러진 모습이다

옹기는 생계를 유지하고 바깥 소식을 듣는 유용한 수단이기도 했다

수 있어 가족을 찾거나 흩어진 교우들을 만나고 교회 소식을 전하기에도 편리했다. 말하자면 로마인들이 지하 묘지에서 박해를 피했다면, 조선조 시대의 우리 선조들은 옹기를 구워 박해를 피하고 생계를 유지한 셈이었다.

이곳은 외부와 차단된 산골이지만, 산길로 10리만 가면 박달재 마루턱에 오르고, 이어 충주, 청주를 거쳐 전라도와 통한다. 또 제천에서 죽령을 넘으면 경상도와 연결되며, 원주를 거치면 강원도와 이어진다.

참으로 박해 시대에 신앙의 터전으로서는 더할 나위 없이 안성맞춤이었다. 흔히 이곳을 '한국의 카타콤바'라고 하는데, 앵자산이 신앙의 발상지라면 이곳 배론은 그것을 키우고 지켜 낸 곳이다. 카타콤바란 초대 교회 시대에 그리스도 교인들의 지하 묘소를 말하는데, 박해 시대에 집회소와 피난처로 쓰였다.

'황사영 백서'의 평가

배론은 한국 천주교회사에 두 가지의 중요한 사건과 맞닥뜨린 역사의 현장이다. 그 첫 번째 사건이 1801년 황사영이 이곳 토굴에서 북경 주교에게 보내는 백서(帛書)를 쓴 것이다. 먼저 황사영이란 어떤 인물인가에 대해 살펴보자.

그의 집안은 10대가 계속하여 벼슬을 지낸 양반 가문이다. 한림학사를 지낸 부친 황석범은 황사영이 태어나기 전에 작고하여, 그는 유복자로 태어났다. 학문하는 집안의 자손답게 영특하게 자란 황사영은 16세에 장원급제하여 장안을 떠들썩하게 만들었다. 과거 시험 합격자가 발표되던 날, 정조는 황사영의 손목을 잡고는 20세가 될 때 중용하리라고 약속했다. 이에 황사영은 임금이 만진 손목을 '어무(御撫)'라 하여 붉은 공단으로 싸매기도 했다.

그는 학문을 좀더 연마할 생각으로 당대의 유명한 학자 정약종의 문하로 들어갔다. 이 때, 천주 신앙에 심취해 있었던 정약종은 그의 보기 드문 총명과 재덕에 감탄하여 장차 교회의 큰 일꾼으로 키울 야심을 가졌다.

그 뒤 황사영은 정약현의 장녀와 결혼하고 스승이자 처삼촌인 정약종으로부터 천주교리를 배워 주문모 신부로부터 세례를 받았다. 그로서는 약속된 부귀공명의 벼슬을 마다하고 스스로 죽음의 길이자 진리의 길을 택했던 것이다.

신유박해가 일어나자, 그는 상복으로 변장하고 한양을 빠져 나와 이곳 배론에 숨었다. 옹기가마 옆에 토굴을 파고 은거하던 중 주문모 신부가 처형당했다는 소식을 전해 듣고는 낙심과 의분을 이기지 못해 북경 주교에게 보내는 탄원서를 작성하기 시작했다. 이른바 '황사영 백서'를 만든 것인데, 두 자 가량 되는 명주 폭에 깨알같이 작은 글씨로 적어 글자 수가 1만 3천3백11자에 이르는 방대한 기록이었다.

한 달여에 걸쳐 작성한 이 백서는 당시 북경을 드나든 사신(동지

황사영 순교탑. 왼쪽 건물은 피정의 집이다

사)의 말몰이꾼을 통해 구베아 주교에게 전달할 예정이었는데, 그 말
몰이꾼이 국경 근처에서 체포되고 이를 계기로 황사영이 배론에 숨
어 있다는 사실이 발각되고 말았다.

　이 백서는 당시 조정으로서는 '고금 미증유의 대흉서'라 하여 크
게 놀랐고, 그는 대역부도 죄인으로 능지처참형을 당했다. 당시 그의
나이 27세였다. 그리고 그의 홀어머니는 거제도로, 부인은 제주도로,
외아들 경한은 추자도로 각각 유배되었다.

　이 백서는 크게 세 부분으로 나뉘어져 있다. 신유박해 때 순교한 주문모 신부를 비롯한 30여 명의 활동과 당시의 천주교 교세, 박해의 동기와 원인이 벽파와 시파간의 골육상잔이었음을 밝혔고, 끝으로 빈사 위기에 처한 조선 교회의 회생과 동족 학살의 구원책으로 외세에 원조를 청하는 사견이 진술되어 있다.

그런데 이 마지막 부분은 신앙의 자유를 얻는 방법의 하나로 서양 열강들의 무력 시위를 요구하고 있다는 점에서 오늘날 교회사 및 한국사 연구에 문제점을 남기고 있다. 외세를 끌어들이려 했다는 점에서 『황사영 백서』는 공격의 대상이 되어 왔지만, 한편으로는 교회의 평등주의 원칙과 당시 조선 사회에 미친 혁명적인 영향을 간과해서는 안된다는 주장도 일부 사가들에 의해 제기되고 있다.

이 백서의 원본은 1백여 년 동안 의금부 창고 속에 숨겨져 있다가 1894년 우연히 발견되었다. 즉, 오래된 문서를 정리하던 관계자가 내용을 훑어보다가 천주교와 관련된 것이라 싶어 천주교 신자인 친구에게 넘겼는데, 이 신자가 뮈텔 주교에게 전했고 뮈텔 주교는 1925년 교황에게 선물하여 현재 교황청 민속박물관에 소장되어 있다.

최초의 신학당

배론의 두 번째 사건은 우리 나라 최초로 신학당이 설립된 일이다. 당시 이 땅에서 선교 활동을 폈던 프랑스 신부들은 한국인 신부 양성이 시급하다고 판단하여 교황청으로부터 신학교 설립 허가를 얻은 뒤, 남의 눈에 띄지 않는 배론으로 그 장소를 정했다.

신학교는 앞서 보령 갈매못에서 언급한 장낙소의 살림집이었다. 초가삼간의 방 하나가 사제실, 다른 하나가 학생들의 교실겸 기숙사 역할을 했고, 나머지 한 칸이 부엌으로 사용되었다.

첫 해에 학생은 10명이었고, 뿌르티에 신부와 쁘티니콜라 신부가 교장과 교수를 맡았다. 두 신부는 라틴어를 비롯한 서양의 신학문을 가르쳤으며, 한문은 장낙소가 맡았다. 교장이던 뿌르티에 신부가 본

옛 신학당을 재현한 초가집. 왼쪽으로 황사영 순교탑이 보인다

국에 보낸 서한에는 당시의 정황을 다음과 같이 소상하게 보여주고
있다.

"우리 여러 신부들 중에 내가 아직 건강이 좀 나은 편이라고는 하
나 실은 그렇지도 않습니다. 나는 신학당으로 사용하고 있는 이 오두
막 속에 장장 8년 동안 줄곧 갇혀 있었기 때문에 건강이 언제 더 악
화될지 모릅니다. … 우리 학생들도 모두 병에 걸려 있는데 그럴 수
밖에 없는 것이 그들의 글 읽는 소리가 학당 옆을 오르내리는 외인
들 귀에 들릴까 봐 두려워서 마음놓고 글 읽는 소리도 크게 못 내고
항시 갇혀서 살고 있으니까요

뿐아니라 우리들이 살고 있는 집은 칸막이로 연결된 방이 두 개
있는데, 두 방 사이의 공기와 냄새가 온전히 넘나들기 때문에 한쪽
방이 전염병에 걸리면 예외 없이 다른 방의 사람들도 모조리 걸리게
되어 온 집이 병실로 화하고 맙니다. 금년 삼동(三冬)만 하더라도 윗

방에 있는 내가 열병을 치르고 나니 이것이 에누리없이 아랫방에 있는 모든 학생들에게 전해져 그들도 벌써 3개월 전부터 차례로 병석에 눕게 되었습니다.

나는 지금 하사품생 1명, 삭발례생 1명, 신학과생 2명과 라틴어과생 약간 명을 가지고 있습니다. 우리가 좀더 학생 수가 많고 시설이 나은 학당을 가지기에는 시국과 장소가 허락지 않음은 당신도 잘 이해할 것입니다."

여기서 하사품생이니, 삭발례생이니 하는 말은 일반인에게 생소한 단어이고 또 천주교 신자일지라도 제2차 바티칸 공의회 이후 모두 없어진 것이기에 잠깐 설명을 덧붙이기로 한다.

성직자가 사제직에 오르기 위해서는 7단계의 품계를 거쳐야 한다. 1품 수문품으로부터 4품 시종품에 이르는 것을 하사품이라 하고, 5품은 차부제품, 6품은 부제품, 그리고 7품 사제품이 되어야 정식으로 사제가 되는 것이다. 그리고 삭발례는 수문품을 받기 전에 행해지는 예절로서, 머리를 깎음으로써 세속을 끊고 자신을 하느님에게 완전히 봉헌한다는 뜻이다. 이 예절을 거쳐야만 수도자는 수도복을, 성직을 희망하는 사람은 수단과 로만 칼라를 착용할 수 있다.

어쨌든 이 신학당은 병인박해가 시작되면서 두 신부가 베르뇌 주교를 비롯한 프랑스 선교사 7명과 함께 순교함에 따라 10년만에 폐쇄되고 말았다. 목자 잃은 양떼처럼 학생들이 모두 흩어져 버린 것이다. 그리고 이곳에서 완성된 『한불사전』『한어문전(韓語文典)』, 그리고 약초를 연구한 의학 서적 등도 모두 불태워지고 말았다.

최양업 신부가 잠든 곳

배론이 안고 있는 귀중한 유산은 다름 아닌 최양업 신부가 잠들어 있다는 점이다. 널리 알려진대로 이 땅의 최초의 신부는 김대건 신부이고 최양업 신부가 두 번째로서, 4년 늦게 서품을 받았다. 그런데 김대건 신부는 1년 남짓 활동하다 순교했고, 최양업 신부는 12년간 사목 활동을 하다가 건강이 나빠져 순직했다. 때문에 김대건 신부를 '피의 순교자'라고 부른다면, 최양업 신부는 '땀의 순교자'인 것이다.

최양업 신부의 사목 활동이야말로 참으로 발로 뛴 현장 위주였다. 그는 13년만에 사제가 되어 귀국할 당시에도 입국을 시도한 지 일곱 차례였고, 기간 역시 무려 7년 6개월을 기다린 뒤였다. 하지만 귀국 하자마자 그는 휴식을 취할 틈도 없이 5개 도를 두루 다녔는데, 그것 도 외국 선교사들이 들어갈 수 없는 산간 벽지의 교우들을 찾았고 성사를 집전했다.

어느 해인가, 한달 동안 나흘 밤밖에 잠을 자지 못하면서 1년간 7천여 리를 돌아다니며 4천여 명의 신자들에게 고해성사를 주기도 했다. 말하자면, 하루에 80리 내지 1백 리를 걸었고, 밤에는 고해성사를 주고 날이 새기 전에 다른 지역으로 떠나야만 했던 것이다. 또 신학 생을 선발하여 페낭 신학교로 보내고, 외국 선교사의 입국을 주선했는가 하면, 틈틈이 순교자들에 관한 증언과 자료를 수집하는 등 그야 말로 지칠 줄 모르는 열성을 보였다. 자연히 건강했던 그의 몸도 쇠 약해져 그의 나이 40세인 1861년에 과로로 경상도 문경에서 쓰러지고 말았다.

6월의 무더운 초여름 철이었다. 문경 고을에 이르러 점심도 제대로 못 먹고 약주만 몇 잔 들면서 소고기 한 점을 먹은 것이 그만 체하여 몸을 가누지 못하게 되었다. 같이 가던 복사가 문경 읍내에서 약방을 열고 있는 교우의 집으로 옮겨 치료했으나 위중했다. 식중독에 과로로 합병을 일으켰던 것이다. 배론의 뿌르티에 신부가 달려와 종부성사를 주고 나자 그는 편안히 눈을 감았다고 한다.

그의 유해는 생전에 쉴새없이 넘나들던 배론신학당 뒷산에 묻혔다. 베르뇌 주교가 파리외방전교회에 보고한 그의 순직 소식은 이런 말로 끝맺고 있다.

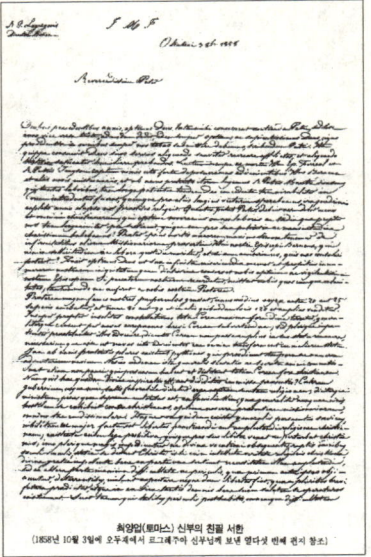

최양업신부 동상/활동지역이 워낙 넓었던
그는 전교활동 중 문경에서 숨졌다

'땀의 순교자' 최양업 신부의 친필서한
오두재(전북 완주)에서 쓴 편지이다

　　"토마스 최양업 신부는 신덕이 굳고 전교 실적이 놀라우며 심지
가 무던하여 우리 교회의 기둥이요 자랑이었습니다."
　　배론은 황사영의 토굴, 최초의 신학당, 최양업 신부의 무덤 등 그
어느 것 하나 우리들이 현양하기에 모자람이 없는 신앙유산들이다.
새삼 이곳을 가리켜 '우리 민족의 믿음의 고향'이라 표현했던 고 지
학순 주교의 말이 기억에 남는다. 당시 지학순 주교는 현대 사회에
신앙보다는 물질이 더 숭상되면서 하느님을 잊어버리고 신앙을 포기
하고 있기에 사회악이 범람하고 있다고 지적하면서 "순교자들의 정
신을 본받는 삶을 통해서 우리 사회가 좀더 조속한 시일 안에 정화
될 수 있다"고 강조했다. 그야말로 신앙유산을 답사하는 정신을 한마
디로 함축한 말이다.

옹기를 구우면서도 오로지 신앙의 자유를 원했던 신앙선조들의 소박한 삶은 부(富)와 명예만을 이기적으로 쫓으면서 인간의 신의와 믿음을 저버려도 별로 양심의 아픔을 못 느끼는 우리들에게 갖가지 회한을 갖게 한다. 그러기에 나는 돌아오면서 내내 '진정 올바른 삶은 어떤 모습일까?'를 곰곰이 생각해 봤다. 또 '산다는 것과 죽는다는 것' '사는 것과 산다는 것'의 차이가 무엇인가를 깨닫고자 애썼다.

삼남 지방으로 가는 길목에서

이진터·두들기·백곡공소·배티성지

가을에 떠나는 죽산 이진터

평소 한 번도 가지 않다가 해마다 9월이면 빠짐없이 성지순례를 다니는 분이 있어, 왜 9월에만 성지순례를 가느냐고 물은 적이 있었다. 그분의 대답은 간단했다. 9월은 '순교자 성월'이라는 것이다.

옳은 말이다. 우리 교회가 9월을 '순교자의 달'로 정한 이유는 오늘의 신앙인 모두가 순교자들의 훌륭한 순교 정신을 본받아 현대가 요구하는 순교자가 되도록 하기 위해서이다. 그리고 예전의 순교가 진리를 증거하기 위한 생명의 바침이었다면 오늘의 순교는 정신적인 면에서 세속의 온갖 유혹과 시련을 이겨내고 이웃에 대한 사랑을 증거하는 것이어야 한다.

9월에 우리 신앙선조들의 삶과 죽음의 현장을 순례하는 여정은 참으로 뜻깊은 일이라고 본다. 그런 탓인지, 해마다 가을이면 전국의 이름난 성지마다 주차장에 관광버스가 줄을 잇는다.

나 역시 계절적으로 가을이 제철이라고 본다. 순교자의 달을 염두에 두지 않더라도 여행은 역시 가을의 정취를 만끽해야 제멋이 난다.

특히 우리 나라의 천주교 관련 사적지는 몇 군데를 제외하고는 대체로 산과 들과 인연이 깊어 그곳을 찾아가려면 농촌의 정겨운 풍경을 스쳐야 한다.

따라서 여름 내내 땀흘린 농부들의 검게 그을린 얼굴을 바라보면서 길을 가는 여정은 절로 답사자에게 여유로움과 넉넉한 마음을 갖게 해준다. 그리고 사람과 들을 여물게 하는 가을 햇살의 향기는 역사에 대한 열정과 바른 신앙을 지키려는 용기 있는 신앙선조들에 대한 그리움을 절로 일깨워 준다.

교회에서 이런 계절적 맛깔을 감안하여 9월을 순교자의 달로 정했을까. 하지만 오랫동안 답사를 계속해 온 나의 경험으로 미루어 보면, 9월 한 달에 국한할 것이 아니라 일 년 내내 순례 의미가 있다고 본다. 10월은 단풍 구경을 곁들이는 운치가 있고, 흰눈이 소복소복 쌓이는 한 겨울에 흠뻑 젖는 순교자 영성 또한 그 어디에 비길 바가 아니다.

아무튼 가을이어서 더욱 정감이 와 닿은 곳이 이번에 떠나는 죽산과 진천 배티 성지이다. 지난해 10월 하순경, 서울에서 중부 고속도로를 이용하여 일죽 인터체인지에서 빠져 나와 죽산을 향했다. 고속도로가 경기도 안성에 접어들면서 높은 산은 산대로, 낮은 들판은 들판대로 아기자기하고 정겨운 농촌이 한눈에 담겨졌다.

인터체인지에서 안성 쪽으로 3백 미터 지점에 광장 휴게소가 있고 그 옆에 '이진터'로 들어가는 좁은 도로가 나 있다. 이 길을 따라 목장을 찾으면 약 1킬로미터쯤에 왼편으로 넓은 학교 운동장 같은 공터가 눈에 띤다. 황량한 모습이어서 기대했던 만큼의 숙연한 분위기는 맛볼 수 없지만, 그 옛날 목장이 되기 전에는 노송이 우거져 길에서도 들여다 볼 수 없는 후미진 골짜기였다고 한다.

'이진터'란 병인박해 때 교우들이 처형됐던 처형장이다. 그 동안 변변한 기념비 하나 제대로 세울 수 없어 안타까워하던 이곳 죽산성

죽산 이진터/병인박해 때 수많은 신앙인이 처형됐던 사형터.
목장의 한모퉁이에 자리잡고 있다

당 신자들은 포도를 팔아 모은 돈으로 최근 개발을 시작했는데, 아직
은 썰렁한 분위기이다. 주위에 소 떼들이 무심히 풀을 뜯고 있는 목
장이 자리잡고 있다.

　기록에 의하면 이곳은 25명이 순교한 곳으로 전해진다. 그들을 심
문하고 고문을 가했는가 하면, 끝내 교수형을 명한 죽산도호부사의
관아는 현재 죽산면사무소로 쓰고 있다.

　'이진(夷陣) 터'란 이름은 본래 오랑캐가 진을 친 곳이라는 데서
유래한다. 고려 때 몽고 군이 쳐들어와 죽주산성(竹州山城)을 공략하
기 위해 머물렀던 진지였는데, 이들이 진을 쳤던 그곳에서 천주교 신
자들을 처형하면서 '잊은터'라고 바꾸어 부르고 있다는 것이다. 한
번 끌려가면 죽은 목숨이므로 그만 잊으라는 뜻에서 붙여진 이름이
란다.

치명일기에는 죽산에서 순교한 24명의 명단이 실려 있다

　하지만 아무리 '잊은터'라 해도 순교자에 관한 애절한 이야기는 결코 잊을 수 없다. 또 잊혀져서도 안된다. 이곳에서 순교한 사람 가운데 3대에 걸쳐 천상의 화관을 쓴 집안이 있어 이곳을 찾는 순례자들의 마음을 뭉클하게 만든다.

　병인박해 첫 해인 1866년에 순교한 여기중과 그 이듬해에 처형당한 그의 아들 여정문 내외, 그리고 여정문의 아들 등이 그들이다. 당시 국법으로는 아버지와 아들을 같은 날 같은 곳에서 처형하지 못하도록 되어 있음에도 불구하고 여정문은 아내와 어린 아들과 한 날 한 자리에서 처형당했다.

　이곳에서 순교한 김 도미니코는 인륜의 아픔을 겪은 인물이기에 더욱 가슴이 저민다. 박해를 피해 산 속에 숨어살던 그가 천주학쟁이임을 알게 된 마을 사람 10여 명이 평소 흑심을 품고 있던 그의 열

일곱 살 난 딸을 내놓지 않으면 관아에 고발하겠다고 윽박질렀다. 포졸을 불러와 일가족을 몰살시키겠다는 협박이었다. 김 도미니코로서는 딸 하나를 희생시킬 수밖에 없었다.

참으로 인간으로서 당하기 어려운 고난을 겪으며 지킨 고결한 신앙이 아닐 수 없다. 기왕 죽음을 각오한 믿음의 길이었기에 한 번 대항해 볼 법도 하지 않느냐는 나의 치기 어린 분노가 순한 양이었던 순교자를 욕되게 하는 것은 아닌가 싶어 죄스러운 마음이 앞섰다.

이곳에서 순교한 25명은 『치명일기』와 『증언록』에 그 이름이 밝혀진 숫자이다. 그러나 당시 척화비를 세우고 오가작통(五家作統)으로 '사학 죄인'을 색출하여 무차별 처형하던 박해의 서슬을 생각해 보면 25명의 몇 배나 되는 무명의 순교자들이 목숨을 잃었는지 셀 수조차 없다. 병인박해로부터 1932년까지 무려 70여 년 동안 신앙공동체가 전혀 형성되지 않았다는 사실이 바로 그 박해의 참상과 공포가 어느 정도였던가를 잘 말해 주고 있다.

죽산의 '순교자의 노래'

이진터에서 죽산 읍내로 나와 안성을 향하면서 6킬로미터쯤 가면 '두들기'란 곳을 지나게 된다. 지형이 크게 달라지거나 푯말이 있는 것도 아닌 데다가 이곳 사람들에게 물어 봐도 잘 모른다. 삼죽면사무소가 있는 근처일 것으로 보면 된다.

'두들기'란 그 옛날 집이 드문드문 몇 채만 있는 주막거리였는데, 지형이 조금 두둑하다고 해서 그렇게 불렀다고도 하고, 역마 정거장이던 고개 마루턱에서 말채찍을 두들겼다고 해서 생긴 지명이라고도 한다. 또 진흙땅이어서 신바닥에 진흙이 묻을라치면 두들겨 패지 않으면 좀처럼 떨어지지 않아 두들기라고 불렀다고도 이야기된다. 그러나 두들기는 병인박해를 치르면서 애절한 사연이 서린 지명으로 변했다.

하나는 사형장인 이진터에서 신앙인들이 교수형 당하는 것을 가족들이 멀리서 바라보고 땅을 치며 통곡한 데서 나왔다는 주장이다. 다른 하나는 용인이나 안성 등지에서 잡혀 죽산도호부사에게 끌려오던 신자들이 마지막으로 이곳 주막에서 술을 마시며 쉬어 갔는데, 그때마다 포졸들은 신자들에게 "너희들은 이 등성이만 넘으면 죽는다. 돈을 내면 풀어 주마!" 하며 두들겨 팼다는 설이다.

생각해 보자. 잡혀가는 가장을 뒤쫓아 온 가족들은 두들겨 맞는 것을 보고 땅을 치고 발을 구르며 그 얼마나 원통해 했을까. 땅을 두들기고 발을 구르며 순교자 가족들이 몸부림치던 일이나, 사형장을 향해 달려가는 우마차를 이곳에서 한 번 크게 두들겨, 내리막길을 덜커덩거리며 내려갔을 일이 가슴에서 사무치기는 마찬가지이다. 그런 마음을 한데 모아 2년에 걸쳐 세운 성당이 바로 죽산성당이라고 할 때, 이곳을 답사하거나 순례하는 사람들은 가급적이면 이곳에서 주일미사를 드리는 일정으로 여행할 것을 권한다.

나는 두들기로 가기에 앞서 잠시 죽산성당 안에서 묵상하면서 이곳에서 순교한 영혼들을 만나려 했다. 그들에게 묻고 싶은 것이 있었기 때문이다. 세상의 구원을 위해 기꺼이 그리스도를 따르기로 한 그 결단이 어디에서 나왔는가 하고 말이다.

성령을 받았다고 쉽게 단정짓기에는 그들이 오늘의 우리들에게 보여주는 신앙의 힘은 너무나 위대하고 기적적이다. 아무리 생각해도 초자연적인 어떤 힘이 아니고는 죽음을 두려워하지 않을 도리가 없을 것 같다.

피어라 순교자의 꽃들아 무궁화야
부르자 알렐루야 서럽던 이 강산아
한 목숨 내어 던진 신앙의 용사들이

끝없는 영광 속에 하늘에 살아 있다.

병인년 그 옛날에 '구름재' 서릿발에
팔도는 '오가작통' 피바다 이뤘을 제
묻노니 말하여라 한강아 대동강아
순한 양 '사학 죄인' 얼마나 죽었더냐

어지신 주교 신부 웃으며 칼을 받고
겨레의 선열들이 기꺼이 쓰러졌다.
피꽃을 몸에 피워 천당에 올랐어라
찰나의 죽음으로 영생을 얻었노라

척화비 파묻히고 승리가 우뚝한 날
예수님 그 진리를 피로써 알았어라
후손된 우리들도 진리의 사도 되어
죽도록 겨레에게 전하게 하옵소서

묵상을 끝내고 입 속으로 가만히 불러 보는 이 '병인 순교자의 노래'를 엿듣고 있던 수원 가톨릭대 교수 이정운 신부는, 죽산에서는 그 가사를 다음과 같이 바꿔 같은 곡에 맞춰 부른다고 전해 준다. 그리고 "죽산은 수많은 선조들이 피로써 믿음을 증거한 땅이다. 1백 년이 넘도록 입을 다물고 계셨던 그분들이 이제 비로소 입을 열었다"고 덧붙인다.

죽산에 한 옛날에 천주학 신봉자들
산산이 찢겨지고 뼛골이 부서져도
은공의 주님 사랑 세세에 전하고자

수없는 고통 속에 목숨을 사르었다.

많다던 포졸들은 이제는 간 데 없고
은총의 신도들이 성전을 이루고자
선조의 순교 정신 만세에 현양코자
조용히 외람진 곳 외로이 불탔어라

들어라 산과 들아 모두다 설워마라
이제는 신도들이 옛일을 변호코자
피맺힌 옛 성터를 꽃으로 단장하니
로서아 찬바람은 봄빛에 물러갔다.

써서도 혀로서도 형언키 어려운 삶
믿음을 목숨보다 귀하게 여겼으니
음성을 다해서도 찬양키 부족하다
을병정 셈을 세도 무궁히 세야 하리

증거자 순교자는 천상에 오르시어
거룩한 주님 앞에 영복을 누리시니
한없는 부러움에 우리는 사로잡혀
땅위에 무릎꿇고 간절히 비나이다

배티 골짜기의 옹기 마을들

배티 성지가 있는 진천은 죽산에서 17번 국도를 이용하여 31킬로
미터를 가야 한다. 때문에 서울에서 곧바로 배티를 가고자 하는 사람
은 중부 고속도로를 타고 진천 인터체인지를 이용하는 게 편하다.
죽산을 출발하여 진천 읍내 가까이 다가가면 네거리가 나오는데,

진천읍 문봉리에 있는 동골은 최양업 신부의 첫 본당으로 알려져 있다

우측 길은 안성으로 가는 34번 국도, 좌측은 진천 읍내로 가는 길, 그리고 곧장 가면 천안, 청주로 빠지는 길이다.

우측으로 방향을 틀어 안성을 향하면 백곡저수지가 나오고 그 저수지를 끼고 달리면 곧이어 삼거리가 나오는데, 입구에 배티 성지로 가는 푯말이 세워져 있다. 배티 성지는 이곳에서 6.8킬로미터 거리에 있다. 그곳까지 313번 지방도로가 말끔하게 포장되어 있어 편한 여행길이 될 수 있다.

배티 성지에 닿기 전에 잠시 들릴 곳이 있다. 삼거리에 닿기 조금 전, 왼쪽에 있는 백곡공소이다. 이곳에는 병인박해 때 순교한 남원 윤씨와 밀양 박씨 성을 가진 박 발바라의 유해가 모셔져 있는데, 이들은 친시누이 올케간이다. 배티는 순례객으로 붐벼도 이곳에는 인적이 드문 게 안타깝다.

첫 인상이 여느 공소와 달리 소박하고 단아하다. 오랜 인고의 역사

배티 산골 어디에서나 발견되는 옹기들은
문양이 독특하다

를 이겨냈을 텐데, 아무런 일도 없었던 것처럼 고요하고 평화스럽다. 다소곳이 고개를 숙이고 서 있는 입구의 성모상이 바라보는 이로 하여금 차분한 마음을 갖게 해준다. 특히 그 앞에는 인근 교우촌인 명암리 사기장골에서 발견된 엉겨 붙은 옹이 그릇들이 놓여 있어, 절로 무릎을 꿇게 한다.

배티 성지에 이르는 길은 계속 오르막길이었다. 경기도와 충청도를 가르는 차령산맥의 깊은 골짜기에 들어앉으니 그럴 수밖에 없다는 생각이 들었다. 6·25 당시 인근 진천읍은 전사(戰史)에 남은 격전장이었지만, 이곳에서는 인민군을 구경할 수 없었다는 말이 실감날 정도이다. 그런 이유 때문에 배티로 통칭되는 이곳 산골짜기에는 박해 시대에 수십 개의 교우촌이 있었다고 한다.

삼거리에서 배티 성지로 가는 길을 접어들면 제일 먼저 용진골을 만나게 된다. 현재 공소는 없어지고 폐허가 되었지만 윤형중 신부와 그의 당숙이고 『은화(隱花)』라는 논픽션 교난소설을 쓴 윤의병 신부의 출생지라는 점에서 느낌이 남다르다.

이곳에서는 인근 마을 사람들이 화전을 일구다가 십자고상과 묵주

272

산너머가 배티 성지이다. 도로가 잘 포장되어 안성, 진천은 더욱 가까워졌다

가 출토되는 일이 흔하다고 하는데, 지금도 깨진 옹기 조각이나 사기 그릇이 곧잘 눈에 띤다고 한다. 그 옛날, 이곳에 신앙의 터전을 마련한 신앙선조들은 숯을 굽거나 옹기와 사기를 만들어 생활했음을 보여주는 귀중한 신앙유산인 것이다. 그런데 사기장골에서는 옹기그릇이 여러 개 포개어진 채 엉겨 붙은 모양으로 발견되어 우리를 놀라게 했다. 옹기를 굽다 말고 포졸에게 잡혀갔거나 도망갔을 절박한 상황을 말해 주는 것이어서 숙연한 감마저 들게 한다.

조금 더 올라가면 점말, 절골, 정삼이골, 동골이 있던 터가 나온다. 이 가운데 동골은 지도상에 두세 군데 표시되어 있는데, 어느 동골이 최양업 신부가 사목 활동을 한 첫 본당이 있던 곳인지는 알 수 없다. 절골 역시 두세 군데이다.

배티 성지에 이르기 2킬로미터 전에 있는 삼박골 비밀통로도 사기장골의 발굴품과 같은 역사를 증언해 주는 현장의 하나이다. 삼박골

배티 성지 입구
산골마을이라기보다는 작은 별장 같은 느낌을 준다

은 베르뇌 주교와 페롱 신부가 박해를 피해 은신했던 곳이기도 한데,
이곳에서 배티까지 수많은 신자들이 포졸들의 눈을 피해 무성한 숲
을 헤치며 왕래했을 것이다. 믿음 하나로 험한 산길을 마다하지 않던
신앙선조들의 숨결이 새삼 느껴지기도 한다.

최양업 신부의 천주가사

배티 성지의 첫인상은 마치 별장 같은 느낌을 준다. 입구에 들어서
면 왼쪽으로 올라가 최양업 신부 기념성당이 있고 그 옆으로 14처가
세워진 오솔길이 나 있다. 이곳의 14처는 모두 하나씩 커다란 연자방

야외성당으로 올라가면서 소나무 숲 사이로 조성된 14처의 길.
연자방아 맷돌의 형태가 독특하다

아 맷돌에 새겨져 있어 순교자들의 삶의 체취와 함께 당시 박해의 육중한 무게를 느끼게 한다. 14처가 끝나는 곳에는 나무 밑동을 그대로 잘라 좌석을 만든 야외 성당이 있고, 산기슭에 성모 마리아상이 서 있다. 자연석으로 만든 제대 위의 촛대 역시 14처와 마찬가지로 맷돌로 만들어져 있는 게 눈길을 끈다.

야외 성당 한 쪽으로 무명 순교자의 묘로 가는 길을 안내하는 나무 푯말이 세워져 있는데, 나무 판자에 아무렇게나 쓴 글씨가 더욱 숙연하게 와 닿는다. 여기서 묘소까지는 등산로 길로 연결되어 있다.

배티라는 지명은 동네 어귀에 골배나무가 많은 배나무 고개라서 '이치(梨峙)'라 부르던 것이 순수 우리말로 바뀌어 '배티'가 되었다고 한다.

그렇다면, 이곳 산골짜기에 천주교인들이 모여들기 시작한 것은 언제일까. 샤를르 달레가 지은 『한국천주교회사』를 보면, '1801년 신유박해 때 순교한 충남 결성현 덕머리 출신인 원(元) 베드로가 박해를 피해 진천의 질마로라는 곳으로 피신했다'는 기록이 있다. 따라서 1801년 신유박해 이후 순교한 남인 양반들의 가족과 몰락한 양반들이 이곳에 피해와 자유로운 신앙생활을 했을 것으로 보여진다. 그러다가 1866년 병인박해를 맞아 순교자를 내면서 와해되었고, 신자들 역시 뿔뿔이 흩어졌을 것이다. 1873년 대원군의 실각으로 천주교에 대한 박해가 그치자, 신자들이 다시 모여 새 복음의 터전을 닦아 나갔을 것으로 짐작된다.

기록에 의하면 이 시기에 공소로 설정된 교우촌은 배티, 용진골, 새울, 삼박골, 평사 등 다섯 군데였는데, 그 중에서도 배티공소는 1890년 이래 교리신학교가 개설된 중심지였다. 일제 시대 초기에는 이곳 공소 한 군데에 적게는 20~30명, 많게는 70~80명의 신자들이 있었다고 한다.

물론 그 후 새로운 생활 터전을 마련한 신자들이 하나둘씩 이곳을 떠남으로써 현재 신자들은 별로 많지 않다. 그러나 이 산골은 순교자들로 인해 복음의 터전이 되었던 곳이며, 최양업 신부나 외국 선교사들의 고난어린 발자취가 스며 있는 곳이라는 점에서 교회사의 중요한 자리를 차지하고 있음은 분명하다.

무엇보다도 이곳은 최양업 신부의 고귀한 업적이 일구어진 터전이라는 점이 나의 관심을 집중시킨다. 그는 전국을 두루 돌아다니며 전교에 힘쓰다가도 6월 중순부터 8월 초순까지 장마철에는 이곳 산골에 머물며 각종 자료를 정리했는데, 그 때 쓴 대표적인 저술이 『천주가사』이다. 기도서 『천주성교공과(天主聖教攻課)』를 번역하고 순교자의 기록을 정리한 것도 돋보이는 업적이 아닐 수 없다. 특히 박해 때 순교자들을 조사하여 프랑스어와 라틴어로 번역하고, 이를 다블

뢰 주교에 전달케 함으로써 훗날 순교자 103위가 복자위를 거쳐 성
인 품에 오르게 되었음은 그의 노력에 힘입은 바 크다고 하겠다.

최양업 신부가 활동하던 시기는 신유박해, 기해박해, 병오박해 등
세 차례에 걸쳐 큰 박해를 겪은 뒤라, 신자들의 교리 지식은 거의 백
지에 가까웠다. 더욱이 성직자와 전교회장 등 지도자급 인물들이 모
두 순교한 뒤였기 때문에 당시의 신앙생활은 말이 아니었을 것이다.
그렇다고 해서 아직 신앙의 자유가 주어진 것은 아니었기에 드러내
놓고 신앙생활을 할 수 있는 처지도 아니었다. 교우들이 한 자리에
모여 집회를 갖기가 매우 어려웠고, 종교 행사 또한 사람들의 눈을
피해 밤에 치러야 하던 때였다.

이같은 상황을 안타깝게 여긴 최양업 신부는 짧은 시일에 많은 신
자들에게 교리 지식을 전달할 방법을 강구했는데, 이것이 바로 천주
교의 기본 교리를 명확하게 간추려 재래의 4·4조 가사체로 만든 『천
주가사』이다. 「향주삼덕가(向主三德歌)」 가운데 「신덕가」의 앞부분
을 읽어보자.

　사람마다 양심(良心) 하나 바른 것이 으뜸이요
　보세만민(普世萬民) 좋은 것은 풍년 하나 으뜸이요
　오금(五金) 중에 황금 하나 값이 많아 으뜸이요
　강하천계(江河天界) 파류 중에 바다 하나 으뜸이요
　초목물류(草木物類) 머리되고 뿌리 하나 으뜸이요
　일월성신 붉은 중에 햇빛 하나 으뜸이요
　오곡백과 요긴하기 벼 하나가 으뜸이요
　조수(鳥獸) 중에 아름답기 기린 봉황 으뜸이요
　만물 중에 귀하기로 사람 하나 으뜸이요
　사람 중에 높은 품은 성인성녀 으뜸이요
　한 집안의 가장되어 주장(主長) 하나 으뜸이요

최양업 신부가 머물며 저술 활동을 했던 집터는 지금 밭이 되어 있다

한 골 안의 관장(官長) 하나 주장되어 으뜸이요
한 도 안의 감사(監司) 하나 주장되어 으뜸이요
한 나라의 중앙(中央)되어 임금 하나 으뜸이요
여러 나라 주장하여 천자(天子) 하나 으뜸이요
천지만물 조성하사 천주(天主) 하나 으뜸이요
세상 사람 귀가 멀어 지존(至尊) 하나 잊었구나
만물조성(萬物造成) 누가 했나 천주 친히 지으셨네
천주 두자 별말인가 우리 시조(始祖) 이름이라
원시조를 누가 찾나 성교인(聖敎人)이 찾았구나
머리 없는 꼬리 있나 우리 머리 천주(天主)시라

물론 천주가사는 최양업 신부가 만들기 이전에도 있었다.
학계의 일부에서는 1779년에 작사되었다는 이벽의 『천주공경가』

무명 순교자의 묘/안성으로 넘어가는 고갯마루에 십자가만이 유일한 표시일 뿐이다

와 정약종의 『십계명가』를 들기도 한다. 그러나 이 작품을 수록한 『만천유고』가 서지학적(書誌學的)인 재검토를 요구하고 있기에 천주 가사의 효시로 단정짓는 데에는 학자들의 견해가 엇갈린다. 반면에 최양업 신부의 『천주가사』는 저자와 출처가 신빙성이 있다는 점에서 는 견해가 일치하고 있다.

지금까지 발굴된 천주가사는 2백여 종에 이르는데, 초기의 것으로 는 최양업 신부의 가사를 필두로 베르뇌 주교 등 성직자와 남상교, 남종삼 등 양반 계층의 작품이 있다. 최양업 신부의 『천주가사』는 모 두 19편으로 되어 있으며, 사말(四末)을 준비시키고 성사를 교육하며 수덕 생활을 지도하는 내용으로 되어 있다.

이들 천주가사를 곡조에 맞추어 노래한 것은 1900년대부터이고 성 가에 본격적으로 도입된 것은 1920년경이다. 이들 천주가사는 서구 적 그리스도 사상을 우리 나라 사람의 전통 사상과 의식구조에 토착화한 것으로서, 신자들의 신앙생활은 물론이고 국문학사에도 크게 이바지했다고 평가된다.

어쨌든 이같은 업적이 이곳에서 이루어졌다는 점에서 배티 성지는 교의사적인 면에서 다시 주목받아야 한다는 생각이 들었다. 그런 내 마음을 알기라도 하듯, 청주교구에서는 금년에 『목자 최양업 전기자료집』을 세 권 펴냈고, 그의 탄생 1백75주년을 맞아 기념 성당을 이곳에 짓게 되어 참으로 흐뭇했다.

하지만 최 신부가 기거했던 집터에 녹슨 푯말만이 옆으로 기운 채 놓여 있다는 게 나를 부끄럽게 했다. 뒤편에 감나무만이 그대로 남아 있을 뿐이다. 그 집터는 배티 성지를 나와 배티고개를 넘기 직전에 있다.

배티고개를 넘다 보면 정상 가까이 우측으로 순교자의 묘가 있음을 가리키는 또 하나의 푯말을 볼 수 있다. 잠시 차를 멈추고 10여 미터 걸어가니 16기의 묘소가 있다. 배티 지역에서 생활하던 신자들이 포졸들에게 잡혀 고개를 넘던 중 집단으로 순교해 묻혀 있는 곳이다. 십자가와 함께 묵주가 쓸쓸하게 걸려 있는 게 못내 마음을 아프게 한다.

신앙고백을 돌에 새긴 사연

미륵사지·연풍성지·조령관문·여우목·마원·신앙고백비

월악산 미륵사지

나는 김수환 추기경 서품 25주년을 맞아 펴낸 자전적 에세이집 『참으로 사람답게 살기 위하여』를 읽고서 크게 감명 받은 대목이 있다. 그 대목을 전문 그대로 인용해 본다.

"언젠가, 경주 석굴암에 가서 넋을 잃고 불상을 바라본 적이 있습니다. 한 시간 이상을 그렇게 서 있었습니다. 뭔가에 깊이 빠져 들어가는 것 같았어요. 그러나 세계적인 미술품인 성상을 바티칸에 가서 보았을 때에는 5분 이상, 한 작품을 본 일이 없습니다. 결국 나는 내 안에 불교적인 피가 흐르고 있다는 걸 느꼈습니다. 우리는 절대로 그 같은 요소를 거부할 수 없을 겁니다."

이 글에서, 김수환 추기경은 한국 교회의 토착화라는 방법은 하느님의 말씀이 한국이라는 토양 속에 육화되어서, 그것이 한국이라는 토양에 살이 되고 피가 되고 거기서 다시 우러나올 때, 한국적인 어떤 찬미의 표현, 신앙의 표현, 신학이 나와야 토착화가 착실하게 뿌리 내릴 수 있다고 지적하고 있다.

이런 지적은 특히 교회 사적지 답사 여행을 자주 다니는 나에게 직접 피부로 부딪치는 문제이기도 했다. 앞서 이야기했듯이 나는 사적지뿐만 아니라 그 주변에 있는 우리 나라 문화재를 즐겨 답사한다. 그것이 때로는 사찰 경내의 석탑 등 불교와 관련된 것일 수도 있고, 샤머니즘적 요소나 풍수지리설 또는 무속신앙과 연관된 것일 때도 있다. 하지만 그 어느 것이건 우리의 소중한 문화유산이자 신앙유산이라고 생각한다.

이 땅 곳곳에 있는 돌멩이 하나, 풀 한 포기일지라도 그것이 어찌 천주교에 관한 것으로만 해석할 것인가. 언젠가 교우들과 함께 성지 순례하면서, 가까이 있는 사찰을 답사하자고 제안하자, 그들은 떨떠름한 표정을 지으면서 '천주교 신자가 굳이 그런 곳을 둘러볼 필요가 있느냐'는 반응을 보였다.

참으로 답답한 노릇이다. 나의 신앙이 소중하면 남의 믿음도 귀하게 여겨야 한다. 막상 사찰 경내를 둘러보고 나서는 모두 잘했다는 표정들이다. 그러나 한두 사람만은 사찰 관람을 단순히 볼거리로만 여기고 법도에 어긋나게 처신하다가 지적을 받고서야 조용한 모습으로 돌아왔다.

바티칸에서 세계적인 조각품이나 미술품을 관람하는데 5분 이상 걸리지 않았는데, 석굴암에 흠뻑 빠져들어 한 시간 이상 머물렀다는 김수환 추기경의 고백을 우리는 소중하게 받아들여야 한다. 그런 점에서 이번에 떠나는 연풍-영주 사적지 답사는 뜻있는 경험이 될 것으로 생각된다. 그 어느 답사지보다도 우리의 전통과 관련된 문화재가 많이 있다.

연풍 성지를 가려면 일단 문경새재 아래에 닿아야 한다. 중부 고속도로를 달리다가 진천 인터체인지를 빠져 나와 증평, 괴산을 거치거나 음성 인터체인지를 빠져 나와 금왕, 충주를 거치는 두 길이 있다. 3번 국도를 타고 이천, 장호원, 충주를 거쳐 수안보에 닿는 코스도

월악산 국립공원에 있는 미륵사지.아기자기한 배치가 순박한 조화를 이루고 있다

미륵사지에 있는 국내 최대의 동자불. 고려시대의 것으로 추정된다

있다. 이 중에서 온천의 고장 수안보를 그냥 지나칠 수 없다. 하루 평균 용출량이 국내 최대로 알려진 수안보 온천은 이제 단순한 온천지가 아니라 관광단지화 되어 있다. 많은 사람들로 붐비지만, 잠시 머물러 온천물에 몸을 담그면 기분도 상쾌하다.

3번 국도를 따라 수안보 온천을 출발한 지 얼마 안되어 왼쪽으로 월악산 국립공원을 향하는 길이 나온다. 이 길을 따라 가면 곧 국립공원 매표소가 나오고 송계계곡과 미륵사지로 가는 두 갈래 길이 나온다. 미륵사지는 여기서 10여 분 정도 달리면 된다.

입장권을 사 들고 입구에 들어서자 좁은 길 양쪽으로 대추엿, 칡술, 메밀묵, 산나물 등 신토불이 냄새가 물씬 풍기는 장이 늘어서 있다. 골목장이다. 이것저것 기웃거리다가 칡술과 대추엿을 5천 원어치 샀다. 맛을 보니 다른 유적지에서 먹어 보던 맛과는 특이하게 개운하고 달짝지근하여 입에 착착 달라붙었다. 대추엿 또한 별미였다. 딱딱하지 않으면서, 그렇다고 너무 물러서 흐르는 것도 아닌 것이 입에 넣자마자 사르르 녹는다.

작은 돌다리를 지나 안으로 들어서자 커다란 돌거북이 눈길을 끈다. 국내에서 가장 큰 것으로 알려진 이 돌거북은 거대한 바위에 조각한 것으로, 고려 초기의 것으로 추정된다. 등위에 빗돌이 세워져 있었지만 지금은 없다.

북쪽을 향하면 가장 안쪽으로 길이 9.8미터, 너비 10.75미터의 긴 네모꼴 석굴식 법당에 거대한 석불 입상이 있다. 보물 제96호로 지정된 이 석불은 오랜 세파 속에 몸체에는 푸른 이끼가 끼어 있지만 얼굴만은 분을 바른 듯 희고 깨끗하여 신비감을 더해 주고 있다. 석실 건물의 사방 벽이 하나같이 색이 바래고 파손되었는데도 불상 몸체에는 전혀 손상이 없다.

모두 다섯 매의 돌을 이용하여 불상을 조성하고 한 매의 얇은 돌로 갓을 삼았다. 둥근 얼굴에 활 모양의 눈썹, 넓적한 코, 두꺼운 입

미륵사지에서 문경으로 넘어가는 하늘재

술 등 고려 초기의 불상 양식을 그대로 반영하고 있다. 옷주름의 표현이라든가 앞으로 모아서 구슬 같은 것을 잡고 있는 두 손의 묘사 등이 얼굴과는 대조적으로 단아한 느낌을 강하게 준다.

그 앞으로 5층 석탑이 자리잡고 있는데, 우주 모양을 본뜬 일반적인 형태이다. 보물 제95호로 지정되어 있다. 석불과 5층 석탑 사이에는 높이 2.3미터의 석등이 세워져 있다. 지대석과 하대석이 하나의 돌로 된 이 석등은 화려하면서 포근한 느낌을 준다. 전체적으로 아기자기한 배치가 순박한 조화를 이루고 있었다.

산사의 독경 소리가 금방이라도 재현될 듯한 이 절은 신라 경순왕의 아들 마의태자가 신라의 멸망을 서러워한 나머지 누이 덕주공주와 함께 금강산 입산 도중 이곳 산세의 뛰어남을 보고 토함산 석굴과 같은 모양으로 절을 지었다는 이야기가 있고, 신라의 화랑도들이 삼국 통일을 발원하며 세웠다는 설도 있다. 그 어느 것이든, 신라로

문경새재 넘어가는 이화령에서 내려다 본 연풍

부터 전해 온 미술적 감각들을 흠뻑 즐길 수 있는 곳이다.

　미륵사지에서 눈여겨볼 곳이 있다. 소백산맥을 넘나든 우리 신앙 선조들이 미륵사지 곁을 지나다녔기 때문이다. 미륵사지에서 남쪽을 바라보면 동쪽으로는 하늘재, 서쪽으로는 계립재, 남쪽으로는 새재가 있는데, 이 길들은 그 옛날 과객이나 상인들이 넘나들다가 소매 끝으로 갖은 상념이며 시름을 닦았던 곳이다. 박해를 받던 교우들 역시 이 길을 넘으면서 이 땅에 신앙의 자유가 얻어질 날을 손꼽아 기다렸을 것이다.

연풍 성지에 부는 바람

　미륵사지를 나와 다시 3번 국도를 따라 문경으로 향하면 곧 이화령을 넘게 된다. 이화령의 고갯길에 들어서기 직전에 괴산을 향하는 34번 국도 길이 우측으로 나 있는데, 이 길에 접어들자마자 곧 작은 마을에 들어서게 된다. 충북 괴산군 연풍면 삼풍리이다. 연풍 성지는 마을 남쪽 끝에 위치하고 있는데, 그 건너편에 연풍 초등학교가 있어서 찾기 쉽다.

연풍은 조선조 때 현감이 머물렀던 고을이어서 동헌과 향교, 향청 건물이 그대로 남아 있는데, 향청은 바로 연풍 성지 내에 있고, 동헌은 성지 건너편의 초등학교 안에 자리잡고 있다. 풍낙헌(豊樂軒)이라는 현판이 붙은 동헌은 충청북도 유형문화재 제162호로 지정되어 있다. 학교 교문 옆에는 수령 2백80년의 느티나무가 서 있어, 이 고장의 고색창연한 분위기를 한껏 북돋아 주고 있다.

조선조 인조 10년에 지은 향청이 조선조 말에는 형방 관아로, 일제 때에는 헌병사령부로, 그리고 광복 후에는 경찰지서로 쓰이다가 1963년 천주교 유지재단에서 매입하여 연풍공소가 되었다. 현재 충청북도 문화재 자료 제13호로 지정되어 있다.

형방이 성당으로 변모한 데 대해 많은 감회를 느끼면서 입구를 들어서면 먼저 왼쪽으로 교수형을 집행했던 형구돌이 눈에 띈다. 가운데에 구멍이 나 있는 게 흥미롭다. 하지만 이 돌구멍에 밧줄 올가미를 만들어 넣어 죄인의 머리에 올가미를 씌우고 반대편에서 밧줄을 잡아당겨 머리가 돌에 부딪쳐 죽게 만들었다고 한다면 그야말로 잔인한 도구가 아닐 수 없다. 당시 다른 곳에서는 죄인의 목을 베어 높은 곳에 매달았는데, 이곳 연풍에서는 이런 방법이 통하지 않을 만큼 인심이 흉흉했던 모양이다.

이 형구돌은 1976년 연풍 성지를 개발할 때 두 개가 발굴되어 하나는 이곳에 두고 다른 하나는 서울 절두산 순교자기념관으로 옮겼는데, 그 뒤 또 하나가 발굴되어 현재 연풍 성지에는 형구돌이 두 개가 보존되어 있다. 하나는 공소 마당가에, 다른 하나는 치명터와 사제관 사이의 잔디밭에 놓여 있다.

일행 중 한 사람이 밧줄 고리를 구해 와 목에 한 번 걸어 보는 시

연풍 성지 입구에는 연풍공소로 사용했던 옛 향청이 있다

연풍 향청은 충북도 유형문화재로 지정되어 말끔히 보수공사를 했다

능을 했다. 보기에도 섬뜩했다. 구멍 뚫린 돌에 목을 옥죄어 죽은 선
인들의 처절한 마지막 모습이 눈앞에 어른거리는 것 같았다.

288

연풍에서 발굴된 형구돌. 사람의 목을 밧줄에 매어 돌구멍으로 잡아당겨 처형했다

형구돌의 크기는 지름 1미터, 둘레 5미터이다. 가운데 뚫린 구멍의 크기는 앞의 것이 지름 20센티미터, 뒤의 것이 6센티미터로 원추형이다. 일행 중 한 사람이 이곳 마을에서는 날씨가 흐려지면 이 돌에서 광채가 난다는 이야기가 있다고 귀띔해 준다.

공소 마당을 지나 안쪽으로 들어가면 마치 공원에 온 것 같은 느낌을 준다. 넓은 풀밭이 펼쳐지고 푸른 하늘에 흰 구름이 떠 있어 한가로운 모습이다.

그 옛날 치명터 한가운데에 높이 10미터의 거대한 노천 십자가와 이곳의 주인공인 황석두의 동상이 서 있다. 그 주변에는 순교현양비와 성모상, 자연석 제대가 갖추어져 '산골 성지'보다는 '공원 성지'다운 풍미를 보태 주고 있다. 그리고 황석두의 묘와 보령 갈매못에서 순교한 다섯 성인을 실물 크기로 만든 인물상이 한쪽에 소담스럽게 자리잡고 있고, 우리 나라 사람으로 최초의 주교인 노기남 대주교의 동상이 서 있다.

이곳 연풍은 보령 갈매못에서 순교한 황석두의 고향이며 최양업 신부의 발자취가 서려 있는 곳이다. 또한 초대 교회로부터 신앙공동체가 있던 뿌리깊은 교우촌이기도 하다. "1801년 김명숙이 신앙을 위해 연풍 교우촌으로 이주해 와 살았다"는 기록으로도 연풍의 배경이 얼마나 오래 되었는가를 알 수 있다. 지리적으로 보아 연풍은 조령산과 백화산 등 소백산맥의 주봉들이 높이 솟아 있는 험한 산골이다. 그런 만큼 한양과 경기도에서 박해를 피해 충청도와 경상도로 새로운 은신처를 찾아 나선 신자들에게는 피난의 첫 길목이어서 일찍부터 교우촌이 형성되었다.

만일 이곳까지 박해의 시퍼런 서슬이 미친다면 다시 밤을 틈타 문경새재를 넘어 상주, 안동 등으로 숨어들었던 것이다. 그래서일까, 1993년 현재 인구가 2천여 명에 불과하지만, 조선조 말 고종 때에는 인구가 5천여 명 가까이 되었다고 한다.

이곳은 병인박해 때 3명의 선교사가 목숨을 건진 곳으로도 유명하다. 그 중에서 깔레 신부에 얽힌 이야기를 해보자.

언젠가, 연풍 근처에 머물던 깔레 신부는 기침 한 번 잘못했다가 그만 발각되어 한밤중에 도망치게 되었다. 피난처를 제공해 주었던 신자가 친절하게 길을 안내해 주어 교인들이 살고 있는 마을 부근까지 갈 수 있었다. 멀리 마을이 보이는 지점에 이르자, 깔레 신부는 이젠 혼자 가도 괜찮으니 돌아가라면서 길을 안내해 주던 교우들을 돌려보냈다. 그리고 혼자서 등짐을 지고 걸어갔다.

"나는 이틀 전부터 아무것도 못 먹고 극도로 지쳐 있었다. 신자들이 사는 마을에 겨우 숨어서 서너 명에게 고해성사를 주고 일요일에는 영성체를 모셨다. 그때 포졸들이 곧 닥친다는 소식을 듣고 다른 마을로 가기 위해서 마을을 떠났다.

어느 주막 앞을 지나가게 되었다. 갑자기 "누구요? 어딜 가는 거요?" 하고 소리치는 사람이 있었다. 깜짝 놀라 막 걸음을 재촉했으나 그만 다섯 포졸들에게 붙잡히고 말았다. 내 앞에서 걸어가던 유 토마가 항의하자 포졸들이 그쪽으로 우르르 몰려갔다. 기회를 틈타 도망치니 포졸들이 다시 나를 추격하기 시작했다.

있는 힘을 다해 도망치는데 허리띠가 끊어지는 바람에 전대에 차고 있던 돈이 몽땅 떨어졌다. 포졸들은 추격하는 것을 잊고 돈을 주우려고 야단법석이었다. 나는 계속해서 뛰느라고 돈 주울 생각은 감히 하지 못했다. '다리야, 날 살려라'고 도망쳐서 부근에 있는 언덕에 숨어서 잤다"

험한 새재를 넘어 도망쳤을 깔레 신부의 마음을 생각하면 할수록, 수많은 교우들을 포근히 안은 험한 산세가 정겹기만 하다.

황석두의 신심

연풍 성지의 주인공은 단연 황석두이다. 연풍공소 벽면에는 그의 신심을 말해 주는 그림이 그려져 있는데, 작두 밑으로 황석두가 목을 내밀고 있고, 하인들이 어쩔 줄 몰라 쩔쩔 매고 있는 광경이다. 작두 곁에 있는 사람이 포졸이 아닌 것으로 미루어 순교 장면도 아닌데, 하인들은 왜 어쩔 줄 몰라 하고 있을까. 사연은 이렇다.

황석두는 괴산 지방의 부유한 양반 집에서 태어났다. 과거 시험 준비를 열심히 해 오던 그는 스무 살에 한양으로 과거길에 올랐다. 도중에 어느 객주 집에서 하룻밤을 묵었는데, 우연히 만난 사람과 담론을 벌이다가 그만 밤을 새고 말았다. 그 사람은 천주교인이었는데, 황석두는 그에게서 새로운 진리의 말씀을 전해 듣고는 궁금한 것이 많아 이것저것 꼬치꼬치 묻느라고 밤을 지샌 것이다.

다음날, 그는 발걸음을 돌려 고향으로 돌아왔다. 그 자신이 '천국의 과거 시험에 급제했음이 더 중요한 문제'임을 깨달은 것이다. 그의 등짐에는 몇 권의 한역서가 담겨 있었다. '이상한 책'을 들고 집으로 돌아온 아들에게 그의 부친은 웬일이냐고 물었다. 황석두의 대답이 걸작이다.

3년 동안 벙어리 행세하여 가족을 교화시켰고 죽음을 자청한
황석두의 동상.연풍성지에 있다

"소자는 과거 시험에 이미 급제하고 오는 길입니다."

"과거 시험 날짜는 아직 멀었는데, 급제라니 무슨 급제란 말이냐?"

"소자가 치른 것은 천국 시험이라는 것입니다. 세상에서는 천주학
이라 부릅니다."

아들이 과거에 급제하여 입신 공명할 것을 기대했던 그의 부친은
극도의 분노를 참지 못하고 하인들에게 작두를 가져오라고 호령했
다. 하인들이 볏짚을 자르는 작두를 가져오자, 부친은 이렇게 말했다.

"네가 그 이상한 교리를 그만두지 않는다면 내 친히 이 작두로 네 목을 치겠다!"

하지만 황석두의 태도는 당당했다. 머리를 작두 밑에 내밀고는, 죽을지언정 천주를 공경하겠다고 버티는 그 태도야말로 단순한 치기가 아니었다. 마당에 서 있는 하인들은 어쩔 줄 몰라 했고, 가족들 또한 멍하니 바라보기만 했다. 결국 아들의 고집이 예사롭지 않다는 것을 안 부친은 작두를 치우게 했지만 아들의 뜻을 받아들이지는 않았다. 그 후, 황석두는 방안에 파묻혀 교리 공부에 열중하면서 말을 하지 않았다. 부친이 천주교를 받아들일 것을 기다렸다.

하루 이틀이 지나고 한 달, 두 달이 지나도 아들이 아무 말도 하지 않자, 마침내 부친은 혹 아들이 벙어리가 된 것이 아닌가 싶어 의원을 불렀다. 부친으로서는 아들이 천주학 때문에 벙어리가 되었다고 생각했던 것이다. 그러나 의원을 불러 약을 먹이고 침을 놓는 등 많은 재산을 허비했지만 아들의 '벙어리 병'은 낫지 않았다. 3년이 지난 어느 날, 황석두는 자신의 병환에 상심하여 누워 있는 부모 앞에 엎드려 절을 하면서 이렇게 말했다.

"아버님, 소자는 벙어리가 아닙니다. 아버님께서 소자가 배우는 천주학 교리를 엄하게 다스리시기에 더 이상 노여움을 사지 않기 위해 일부러 벙어리 행세를 한 것뿐입니다. 그 동안 마음을 아프게 해 드린 소자를 용서해 주십시오."

그의 부모가 얼마나 기뻐했을까는 가히 상상하고도 남는다. 부친은 자신이 아들에게 속은 것보다는 만가지 약으로도 못 고친 벙어리를 고친 이상한 교리가 무엇인지 알고 싶어했다. 그리하여 부친은 아들에게 받은 교리서를 탐독하고, 마침내 가족들과 함께 세례를 받고 열렬한 신앙인이 되었다.

이처럼 자신의 신앙으로 가족을 설득한 황석두이니 만큼 그의 학식과 신앙은 매우 깊었다. 페레올 주교가 그를 신부로 서품하기 위해

오성상/보령 갈매못에서 치명한 다섯 성인의 동상. 왼쪽부터 황석두, 위앵 신부,
다블뤼 주교, 오매트르 신부, 장주기 등 5명이 조각되어 있다

연풍의 치명터에 세운 십자고상

294

연풍동헌은 성지 건너편의 연풍 초등학교 내에 보존되어 있다

　로마 교황청에 특별한 허가를 요청하기까지 했음은 그의 인품과 신
심을 단적으로 보여주는 사례이다.

　물론 당시 그의 부인이 들어가 있을 정식 수녀원이 없다는 이유로
거절되어 뜻을 이루지 못했지만, 천국의 과거를 보기 위해 지상의 과
거를 포기한 그의 뜻은 자진하여 순교함으로써 한국 천주교회사에
한 페이지를 장식하고 있다.

　병인박해 때, 그는 다블뤼 주교, 위앵 신부, 오매트르 신부 등이 체
포될 때 그 자리에 함께 있었다. 그는 포졸들에게 "나도 잡아가 주세
요 저분들은 나의 스승입니다. 단 하루라도 헤어져서는 살 수가 없
습니다. 저분들이 살아난다면 나도 살려니와 내 스승들이 죽는다면
나도 죽겠습니다" 하고 간청하면서 뒤따랐다.

　결국 황석두를 비롯한 다섯 사람은 한양에서 사형선고를 받고, 처
형지인 보령 갈매못으로 끌려갔다. 가는 도중, 아산군에 있던 바위

위에서 잠시 쉬면서 막걸리로 목을 축이고 성가를 불렀는데, 다섯 성인상을 반석 위에 조각한 것은 바로 그것을 기념하기 위한 것이다.

황석두가 순교한 후, 이곳 연풍에서는 8명이 또다시 붙잡혔고, 형방 앞마당에서 악형 끝에 목숨을 잃거나 충주 등지로 압송되어 처형당했다. 이 때 배론신학당의 뿌르티에 신부를 모시고 있던 전 바오로는 서양 사람을 모셨다고 해서 팔다리가 부러지는 혹형을 받았음에도 입을 다물었다고 하는데, 황석두의 체험을 전해들은 결과가 아닐까 싶기도 하다.

조령관문을 넘으면서

연풍에서 소백산맥을 넘어 문경으로 가는 길은 둘이다. 하나는 해발 5백48미터의 이화령을 넘는 것이고, 다른 하나는 연풍에서 수안보 방향으로 되돌아와서 조령관문을 넘는 것이다.

이화령을 택하면 연풍의 전경과 너른 들, 그리고 침엽수림이 빼곡이 들어선 계곡의 아름다움을 만끽할 수 있고 30여 분밖에 걸리지 않는다. 반면에 조령관문 길을 택하면 바닷가 없는 전국 유일의 도가 자연으로부터 받은 최대의 혜택을 감상할 수 있다. 산허리를 감도는 고갯길의 멋을 느끼려면 단연 새재 길로 들어서야 한다. 그 옛날 박해 시대에 관문을 지키던 포졸의 눈을 피해 수구문을 통해 몰래 넘나들었다는 우리 신앙선조들의 자취가 서린 곳을 답사해야 할 나로서는 당연히 연풍에서 뒷걸음질 칠 수밖에 없었다.

조그만 이정표에 가린 새재 입구에 들어서 4킬로미터 정도 비좁은 시멘트 길을 가면 매표소가 나온다. 그곳까지 길옆으로는 수풀과 잡목들이 울창하게 우거져 있다. 매표소에서부터는 유난히 억새풀이 많다. 억새풀과 관련지어 이곳 지명의 유래를 살펴보자.

조령이라는 이름을 낳게 한 '새재'는 '초재'라는 단어가 와전된 것이다. 『동국여지승람』을 보면, 조령은 속칭 '초재'라고 기록하고 있다. 즉, '초'란 억새를 말하는 '새'이고, '재'는 우리가 만든 한자로서 음은 '재' 또는 '점'이다. 따라서 '초재'를 우리말로 하면 '억새'인데, 이것이 뒤에 '날아다니는 새'로 변해 조령이 된 것이다.

아무튼 억새풀이 어우러진 숲길은 좁아들지도 넓어지지도 않은 채 산마루까지 이어진다. 하늘이 가려진, 구불구불한 고갯길을 오르고 있다는 느낌뿐인데, 정상의 길목에 자리잡고 있는 제3관문 조령관에 이르러서야 비로소 시야가 탁 트이면서 거대한 두 개의 봉우리가 눈 앞에 선다. 왼쪽이 해발 1천1백6미터의 주흘산이며, 오른쪽이 해발 1천17미터의 조령산이다. 잠시 사적 147호로 지정된 조령관문의 안내문을 읽어본다.

"임진왜란 때 왜장 고시니유끼나가 경주에서 북상해 오는 카토오키요마사의 군사와 이곳 조령에서 합류했을 정도로 군사적으로 중요한 곳이다. 이때 조정에서는 이곳을 반드시 지킬 수 있을 것으로 여겼으나 신립 장군은 때가 이미 늦었음을 알고 충주로 후퇴하기에 이른다. 그 후 충주에서 봉기한 의병장 신충원이 오늘날의 제2관문에 성을 쌓고 교통을 차단해 왜병을 기습했다. 이곳의 군사적 중요성이 재확인되자 숙종 34년(1708년)에 이르러서야 3중의 관문을 완성하였고, 제1관문을 주흘관, 제2관문을 조동문, 혹은 조곡관, 제3관문을 조령관이라 이름하였다."

관문 옆으로는 조령관을 지키던 병사들의 대기소였던 군막터가 있고, 조령성을 쌓을 때 발견된 조령 약수터가 있다. 그 옛날 과거길을 넘나들던 선비들이나 병사들의 목을 축였던 조령 약수는 일 년 내내 수온이 일정하여 한겨울에도 얼지 않는 백수영천(百壽靈泉)으로 유명하다.

그렇다면 한밤중 수문장들이 잠깐 눈을 붙인 사이에 관문 성벽 옆 수구문을 몰래 드나들었던 우리 신앙선조들도 이 약수로 갈증을 풀지 않았을까. 한 바가지 떠서 먹는 그 맛은 상큼하기만 했다.

문경새재 영남제일관문/신앙선조들이 인파에 섞여 이 문을 드나들었다고 한다

　　제3관문을 떠나기에 앞서서 주변을 둘러봤다. 재 너머 충주 땅과 문경쪽 벌이 한눈에 들어온다. 옛날 영남 지방의 선비들은 과거를 보러 한양으로 갈 때 이 길을 고집했다고 한다. 추풍령을 넘으면 추풍낙엽이고, 죽령을 넘으면 주르륵 미끄러진다는 말 때문일까. 구름도 쉬어 넘는다지만 산이 높은 것만이 그 까닭은 아닐 것이다. 새재로 불리어 온 이 험준한 고갯길 굽이마다 서려 있는 그 내력을 모르지 않고서야 구름인들 어찌 그대로 지나칠 수 있으랴.

　　문득 최양업 신부가 떠오른다. 그가 박해 시대에 왕성한 전교 활동을 펼 수 있었던 것은 바로 이 새재를 교묘하게 이용한 덕분이라는 생각이 들었다.

　　조령관을 떠나 제2관문, 제1관문을 거쳐 경상도 땅으로 들어섰다. 팔왕폭포, 여궁폭포, 혜국사 등을 보고 싶었지만 훗날을 기약하고 곧바로 제1관문으로 내려왔다. 다만 제1관문과 제2관문 사이에 있는

교우촌 마원에 단장된 순교자 박상근의 묘

조령원 터만은 둘러봤다. 장방형의 석축만이 남아 있지만 조선조 시대에는 관리들의 숙박소였고 마구간과 대장간이 있었다고 한다.

제1관문인 주흘관에는 '영남제일관'이라는 편액이 걸려 있다. 관문 옆으로 관찰사, 수령들의 송덕비들이 즐비하게 세워져 있는데, 임진왜란 때 천혜의 요새지인 이곳을 지키지 못하고 충주 탄금대로 물러나 패한 역사를 오직 신립 장군 한 사람만의 탓으로 돌려야 하는 것인지 역사 지식이 짧은 나로서는 아리송했다.

다만 한 가지 분명한 것은 이곳에 이화령과 새재 외에도 소몰이꾼들이 다니던 길이 여럿 있었다는 점이다. 그 중 하나가 이화령 남쪽 아래로 새재와 시루봉 사이에 있는 고갯길인데, 지금은 등산로로 이용되고 있다. 미륵사지 곁을 지나면서 하늘재로 넘나들었던 길 또한 소몰이꾼들이 다니던 길의 하나였을 것이다. 그렇다면 관헌들이 지키고 있는 관문을 통과하기보다는 이 소몰이꾼들이 다녔던 산길을 더 많이 이용하지 않았을까.

제3관문으로부터 제1관문을 거쳐 문경으로 내려오는 길에서 멀리 교우촌들이 자리잡고 있다는 것이 그것을 확인시켜 준다고 하겠다. 즉, 우리 신앙선조들은 화전을 일구며 한실, 문경, 여우목, 건아기, 마원 등지에서 신앙공동체를 형성하여 살았다.

그 중에서도 하늘재에서 문경으로 내려서는 길목에 있던 교우촌 여우목은 성인 이윤일을 배출한 고장이기도 하다. 충청도 홍성 사람인 그는 이곳 문경의 여우목에 살면서 전교회장으로 산골 부락을 다니며 복음을 전하다가 병인박해 때 30여 명의 교우와 함께 체포되었다.

문경 관아에서 3일 동안 혹독한 고문을 받았는데도 배교하지 않았고, 상주로 이송된 후에는 한 달에 세 번씩 석 달 동안 고문을 당하고서도 배교하지 않아 다시 대구 감영으로 이송되어 대구 남문 밖 관덕정에서 참수 당했다.

문경 읍내 가까이 있는 교우촌 마원 역시 30여 명의 순교자들이 살았던 신앙의 터이다. 특히 이곳은 30세의 젊은 나이로 순교한 박상근의 묘가 1985년 발굴되어 기도할 수 있도록 말끔하게 단장된 곳이기도 하다.

문경 읍내에서 3번 국도를 따라 상주를 향하여 가면 문경역과 문경주유소를 지나 다리를 건너자마자 삼거리가 나온다. '마원 성지'를 안내하는 푯말이 세워져 있는데, 안내판을 따라 우측 길로 접어들어 8백 미터쯤 가면 마원1리 노인회관에 이르고 노인회관 좌측 산밑에 박상근 묘가 자리잡고 있다.

문경 토박이로 아전이었다고 전해지는 박상근이 언제 천주교를 접했을까. 신유박해 이후 이 지방으로 숨어든 충청도의 신자들과 접촉하게 되면서 입교하지 않았을까 추측된다. 깔레 신부의 전교 기록에 의하면, 문경에서 가까운 배고하산 중허리에 자리잡은 한실에 신자

공갈못/연이 자욱하게 떠있는 연못 오른쪽으로 '공갈못 옛터'임을 알리는 빗돌이 있다

집이 서너 집씩 무리지어 있었다고 하는데, 이곳 신자들의 영향으로 천주교를 믿게 된 것으로 보인다.

그의 신앙심은 참으로 대단했다고 전해진다. 깔레 신부 자신이 그의 신앙심과 죽음을 무릅쓰고 외국인 신부를 집에 은신시킨 용기에 대해 치하하고 있음이 그 단적인 징표이다.

병인박해 때 체포된 그는 평소 친분이 있던 문경 현감으로부터 배교하여 목숨을 건질 것을 간곡하게 권유받았지만, 이를 단호하게 물리치고 스스로 순교의 칼을 받았다고 한다.

돌에 새긴 신앙고백

마원 사적지에서 3번 국도를 따라 문경을 지나고 상주를 향하다 보면 수로가 잘 정비되어 있음을 알 수 있다. 그리고 유난히 커다란 저수지가 많이 눈에 띈다. 그 중에서도 공검면 양정리에 있는 공갈못은 그냥 지나칠 수 없는 곳이다.

공갈못은 제천 의림지, 김제 벽골제와 함께 우리 나라 3대 연못의 하나였다. 둘레가 십리가 넘고, 가장자리에 연꽃이 자욱하게 떠 있는 게 장관이다. 박해 시대에 안동, 대구 감영으로 끌려가는 순교자들 역시 이 연꽃에 눈길이 머물지 않았을까. 그들은 이 꽃을 보며 무슨 생각을 했을까를 묵상해 보는 것도 의미있는 답사 여행의 한 즐거움이다. 어쩌면 세속에 물들지 않는 청정한 영혼들의 행보는 진흙 속에서도 고귀하게 피는 연꽃과도 같았을 것이라 생각해 본다.

3번 국도를 따라 상주를 지나 김천을 향하면 6킬로미터쯤 지나 오른쪽으로 청리역이란 작은 간이역을 만난다. 상주시 청리면 소재지로서 작은 마을이다.

역 조금 못미처 우측으로 작은 도로가 나 있는데 외남면 신상리로 가는 길이다. 이 길로 접어들어 다리를 건너면 모퉁이에 자리잡고 있는 청리 장로교회에서 길이 두 갈래로 나뉜다. 다시 우측으로 마을길을 따라 2.3킬로미터 정도 들어가면 과수원이 나오고, 석단문이란 작은 정자 앞에 신앙고백비가 세워져 있다. 행정구역상 상주시 청리면 삼괴2리이지만 흔히 재실 마을로 불린다.

신앙고백비는 그 모습이 독특하다. 맨 위에 갓을 씌웠으며, 십자가 모양으로 상단을 장식하고 있고, 커다란 바위 위에 세워져 있다. 높이 1.27미터, 폭 0.39미터, 두께 0.22미터의 크기이다. 1890년대 중반에 세워졌을 것으로 추정되는 이 신앙고백비는 1백 년이란 세월밖에 지나지 않았건만 이 땅의 수많은 수난과 박해를 증명이라도 하듯 오랜 풍파에 시달린 모습이다.

신앙고백비에 적힌 글자는 이끼가 끼어 읽기 힘들지만 '天主'라는 글자만은 뚜렷하게 남아 있다. 비문 전면에 새긴 글자를 잘 들여다보면, 맨 위에 '天主'의 글자가 있고, 그 아래에 '天主聖敎會 聖號十字架'라 쓴 다음에 가운데 부분에 이렇게 적고 있다.

나는 이 신앙고백비를 보는 순간 말할 수 없는 감동에 사로잡혔다

'第一 天主 恐衛咸 第二. 敎化皇 衛咸 第三 主敎 衛咸 第四 神夫 衛咸 第五 敎于 衛咸'

하단에는 '奉敎人 金道明告, 癸卯生 本 盆城(金海)'이라 적고 있다. 여기서 '공위함(恐衛咸)'이란 두려운 마음으로 높이 받들어 모신다는 뜻이며, '위함'은 우리말로 위한다는 말을 한자로 단순하게 표기한 것으로 보여진다. 또 교황(敎皇)을 '敎化皇'으로, 신부(神父)를 '神夫'라고 표기한 것은 당시 교황이나 신부라는 단어에 대한 지식이 부족한 탓으로 보여진다. '敎友'를 '敎于'로 표기한 것도 마찬가지이다. 그리고 김도명고(道明告)는 김 도미니꼬를 가리키는 말이다. 뒷면에는 집안 가계도를 적고 있는데, 계묘생은 1843년 생을 말한다.

천주라는 글자를 보는 순간 형언할 수 없는 기분에 사로잡히고 말았다. 숨어서 신앙을 지키다가 혼자만 삼키기에 얼마나 가슴이 벅찼길래 그 감격을 돌에 새겼을까. 1백 년의 세월이 흐른 뒤에도 보는 이로 하여금 감동을 준다. 숨어서일망정 확실하게 천주를 믿었노라고 다짐하며 새긴 신앙고백비야말로 박해 시대에 우리 교회에서 신앙 내력을 밝힌 유일한 비석이다. 안동교구사 자료집 고문서의 해제로는 우리 나라 교회에서 단 하나뿐이라고 한다.

이 신앙고백비를 세운 사람은 이 마을에 살던 김삼록이다. 그의 부친 김복운은 일찍부터 신앙생활을 해 온 독실한 신자였으며, 김삼록은 그의 둘째 아들이었다.

어려서부터 신앙생활을 해 온 그는 병인박해가 일어나자 다른 형제들과는 달리 끝까지 자신의 신앙을 버리지 않았고, 그것을 확인이라도 하듯 이 신앙고백비를 세운 것이다. 그리고 다른 사람들의 눈에 띄지 않게끔 포플러나무, 미루나무 등을 많이 심어 앞을 가리도록 했다. 그 시기는 신앙의 자유가 허용될 무렵인 1890년대 중반일 것으로 추정된다.

그로부터 60여 년의 세월이 흐르고 광복이 된 이후 그의 손자 김순경은 할아버지로부터 전해 들었던 이 곳을 찾았고, 나무를 베어 냄으로써 비로소 그 모습을 바깥에 드러냈다. 그리고 1982년 당시 상주 서문동 본당의 이성길 신부가 우연히 김순경의 둘째아들을 만나 이 신앙고백비에 대한 이야기를 듣게 됨으로써 교회 안에 처음으로 알려지게 되었다.

실천신앙의 선구자 홍유한의 자취

홍유한 고택·소수서원·부석사·우곡·단양팔경

홍유한 고택을 찾는 즐거움

우리 나라의 천주교회가 다른 나라와 구별되는 가장 두드러진 특징은 무엇일까. 수많은 박해와 탄압을 받으면서도 굳건하게 이어져 왔으며, 성직자와 신자들의 피를 밑거름으로 성장했다는 점이다. 그보다는 성직자의 도움 없이 평신도들이 자발적으로 교회를 창설했고, 유학을 공부한 선비들의 학문적 호기심에서 출발하여 신앙으로 발전시켰다는 점, 그리고 신앙이 뿌리내리면서 성직자를 영입하려 했다는 점 또한 간과할 수 없다.

여기서 우리의 눈길을 끄는 것은 선각적인 유학자들이 한역서를 통해 천주학을 학문적으로 연구, 토론하는 가운데 어떤 진리의 빛을 깨닫자마자 그것을 곧 실천했다는 점이다. 제 아무리 많은 것을 알고 있어도 행하지 않으면 모르는 것만 못하다는 성현의 말씀을 빌리지 않더라도 언행일치야말로 우리 신앙선조들이 오늘을 사는 우리들에게 가르친 가장 큰 덕목이 아닐까 생각한다.

이런 점에서 홍유한의 삶의 흔적을 찾아보는 영주 답사는 매우 뜻깊은 일이 아닐 수 없다. 어쩌면 연풍과 문경새재, 그리고 상주의 신앙고백비 답사는 영주를 찾기 위한 하나의 전주곡이었다 해도 과언이 아니리라.

홍유한은 이 땅에 교회가 세워지기 30여 년 전에 이미 신앙을 받아들였고, 그것을 몸소 실천하면서 수덕 생활을 해 온 인물이다. 다시 말하면 그는 이 땅의 최초의 천주교 수덕자이다.

상주에서 예천을 거쳐 영주로 가는 길은 두 갈래 길이 있다. 하나는 문경까지 되돌아 나와 34번 국도를 이용하여 예천까지, 그리고 다시 28번 국도를 타고 영주까지 가는 코스이다. 다른 하나는 상주에서 북동쪽으로 916번 지방도로를 이용하여 마전까지, 여기서 28번 국도를 타고 영주까지 가는 코스이다.

일단 영주 시내에 들어서면서 다리를 건너면 영주역 앞 삼거리가 나온다. 여기서 좌측으로 방향을 바꿔 가면 시외버스 터미널이 나오고 터미널을 조금 지나면 네거리가 나오는데, 왼쪽으로는 풍기 가는 5번 국도, 오른쪽으로는 봉화 가는 34번 국도와 각각 연결된다. 곧바로 가면 372번 지방도로로서 소수서원, 부석사로 가는 길이다.

이 길을 따라 7킬로미터쯤 북상하면 단산과 소수서원이 갈리는 동촌 마을이 나오고, 거기서 단산 쪽으로 가다 보면 백산서원으로 유명한 사천이란 곳이 나온다. 길목에 주유소가 있는데, 이 주유소를 끼고 한적한 시골길이 나 있다. 개천을 끼고 있어 드라이브 코스로도 제격이다.

2.8킬로미터 남짓 가면 우측으로 '구구2리'를 가리키는 안내판이 있다. 이 안내판을 따라 다리를 건너면 구구 초등학교가 있고, 여기서 2.4킬로미터쯤 새마을 농로를 달리면 홍유한이 살던 구구리 마을이 나온다. 영주 시내에서부터 대략 30리 가량 떨어진 곳이다.

홍유한의 집은 마을 안쪽, '구구실' 또는 '구들미'라고도 불리는 마을 뒷산에 잇대어 자리잡고 있다. 집은 방 3개의 상채와 2개의 '一'자

홍유한 생가/원래 초가집이었으나 새마을 사업 때 슬레이트로 개축했다

안에서 본 홍유한의 생가. 빗돌과 효자정려문이 있다

형 사랑채 구조이다. 본래 초가집이었으나 새마을 사업의 일환으로 지붕 개량을 할 때 슬레이트로 바뀌었다고 한다. 대문은 기와를 얹은 형태이지만 담을 세우지 않아 양옆으로 사람들이 드나들 수 있게 되어 있다. '효자문'이란 홍살문을 보호하기 위해 후대에 세웠기 때문이다.

마당에 들어서면 '한국천주교회 최초 수덕자 풍산 홍공 유한 선생 유적지'라고 새긴 빗돌이 있다. 그리고 집은 주인이 매우 검소하게 살았음을 보여준다.

6대조 할아버지가 영의정, 5대조가 대사헌, 그리고 선조 이후 세 번이나 임금의 사위가 된 당대의 명문가 출신의 후손이 살았다고는 도저히 믿어지지 않을 만큼 소박하다. 효행으로 나라에서 '정려문'을 세워 준 조부의 인덕을 물려받은 것일까, 아니면 스스로 깨달은 천주의 진리를 몸소 실천했기 때문일까.

익명의 그리스도인

홍유한은 서울 아현동에서 태어났다. 일찍부터 실학자들과 교유가 깊었던 그의 부친은 아들로 하여금 성호 이익의 문하에 들어가 공부하도록 했다.

열 여섯 살 때 이익의 문하생이 된 그는 안정복, 채제공, 권철신 등과 함께 수학하면서 처음으로 서학을 접하게 되었다. 특히 이익이 『천주실의』와 『칠극』 등 서학을 연구할 때, 그의 관심은 단순한 학문적 호기심의 수준을 훨씬 뛰어넘는 것이었다. 이제까지 사서삼경이나 백가제서를 공부하면서 느꼈던 것과는 전혀 달랐기 때문이다. 인간의 삶과 죽음, 그리고 구원 문제에 대한 그의 놀라움은 가히 충격적이었다.

"아! 이 진리야말로 이제까지 유학과 불경에서 찾아볼 수 없었던 오묘한 경지로구나."

당시 그의 나이는 스물다섯이었다. 그는 자신이 깨달은 진리를 몸소 실천하기로 했다. 서른한 살 때 한양을 떠나 고향인 충남 예산으로 낙향했고, 거기서 18년 동안 살다가 여러 가지로 번거로움이 많자 다시 소백산 밑 구들미로 옮겨 생활했는데, 지금의 영주 땅이다. 이곳에서 세상을 뜰 때까지 10년 동안 수도자의 길을 걸었다.

홍유한의 신앙적 인품을 보여주는 좋은 예가 있다.

하루는 말을 타고 길을 가는데 어느 노인이 무거운 짐을 지고 걷고 있었다. 노인이 가는 목적지는 험한 산을 넘는 백 리 길이었다. 그는 얼른 말에서 내려 그 노인에게 어디를 가느냐고 묻고는 자기 대신 말을 탈 것을 권했다. 평민 출신의 그 노인은 양반인 홍유한의 호의에 대해 처음에는 장난기로 받아들였으나 이내 진심임을 알고는 고맙다는 말과 함께 말에 올라탔다.

홍유한은 말고삐를 잡고 천천히 걸으면서 그 노인에게 자신의 수덕 생활에 관한 이러저러한 이야기를 했다. 노인은 연신 고개를 끄떡이면서 그의 말에 귀를 기울였다. 목적지에 닿은 후 노인은 그에게 '고맙다'는 말 대신 '좋은 이야기를 들었다'는 말로 인사를 대신했다. 말하자면 '인간 홍유한'이 아닌 '신앙인 홍유한'의 이웃사랑에 대한 감사의 표시였던 것이다.

당시는 신분제도가 엄격한 유교 사회였다. 하지만 모든 사람이 똑같다는 만인 평등의 진리를 일찍 깨달은 그는 신분이 천한 사람으로부터 절을 받을 때, 같이 허리를 숙여 답례함으로써 모든 인간이 동등한 존재임을 보여주었다고 한다. 언젠가, 그가 판 밭이 산사태로 못쓰게 되었다는 말을 듣고는 그 밭을 산 사람에게 받은 돈을 돌려보낸 일도 있었다고 한다.

집안 살림이 넉넉했음에도 검소하게 살았고, 가난하여 혼인을 하지 못하는 사람이나 곤궁하여 자립하지 못하는 사람들에게 재물을 나누어준 그의 신앙적 인품이야말로 '익명의 그리스도인'이나 다름

없다.

나는 천주교를 믿지 않는 우리 조상들이 죽은 뒤에 어떻게 될 것인가에 대해 궁금해 한 적이 있었다. 착하게 살았던 사람들이므로 크게 잘못되지는 않았을 것이라고 막연하게 생각했었다. 그런데 홍유한의 생애를 접하면서 그런 걱정이 기우였음을 깨달았다. 하느님의 보편적 구원의 뜻이 믿음을 갖지 않은 조상들이라고 해서 예외일 리는 없다는 확신이 들었던 것이다. 진리를 탐구하며 도덕적 양심이 요구하는 바를 실천하는 사람이면 누구나 '익명의 그리스도인'이기 때문이다.

인간의 입장에서 보면 그리스도인이냐 무신론자냐를 구별짓겠지만, 하느님의 편에서 보면 모두 다 엄연한 하느님의 자녀들이다. 하느님은 모든 사람이 구원을 받고 진리의 깨달음에 도달하기를 원한다. 그러므로 영세라는 교회의 정상적인 방법을 선택받지 못했을 뿐이지 영생의 구원을 받는 것은 똑같다고 본다.

홍유한 역시 세례 절차만을 밟지 못했을 뿐이다. 그는 책에서 읽은 복음의 말씀을 그 누구보다도 충실하게 실천했다. 오늘과 같은 축일표나 기도책이 없었던 당시, 그는 7일마다 주일이 온다는 것을 알고 매월 7일, 14일, 21일, 28일을 '주일날'이라 설정하고는 기도와 묵상으로 하루를 경건하게 보냈다.

금육일이라고 하여 별도로 지키지는 않았지만, 탐욕은 나쁜 것이므로 좋은 음식을 억제하며 소박하고 검소하게 살았다. 특히 얼굴 표정에 희로애락이 나타나지 않게 했고, 남의 잘못을 들추어내거나 자기의 곧음을 따진 일이 없었다고 한다.

그러기에 그의 뛰어난 인품과 진솔한 신앙적 수덕 생활은 많은 사람들에게 크게 영향을 끼쳤다. 우선 7촌 조카인 홍낙민은 재종숙과 좀더 가까이 있기 위해 충주로 이사한 뒤, 영주 땅을 자주 드나들었다고 한다. 또 당대의 대학자 권철신은 홍유한을 흠모하고 존경했으

며 이덕형의 7대 손으로서 훗날 예조참판, 좌승지를 역임한 복암 이
기양과 함께 경상도로 따라와 새 학풍의 도장을 열고자 했다는 기록
도 있다.

홍유한의 누님 후손인 남이관 역시 성장하면서 외가댁의 영향을
받아 열여덟 살 때 교우 처녀 조증이와 결혼한 뒤 교회 일에 열심하
다가 순교함으로써 부인과 함께 부부성인이 되었다.

이와 같이 홍유한의 수덕 생활에 영향을 받아 순교한 교인은 모두
13명에 달한다. 그의 수계 생활 자체가 우리 교회의 귀중한 유산인
셈이다.

효자문에 담긴 영성

여기서 잠시 홍낙민에 대해 짚고 넘어가야 할 필요가 있다. 왜냐
하면 그는 바로 홍유한의 수덕 생활을 직접 눈으로 보고 입교를 결
심했기 때문이다.

그는 평소 재종숙 되는 홍유한을 존경한 것으로 알려지고 있다.
그러다가 홍유한이 나이 쉰에 소백산 산골로 이사를 하자 과연 그의
수덕 생활의 진수가 어떤 것인가에 강한 의문을 품었음직하다. 물론
그는 진사 시험에 합격하여 고향 여사울을 떠나 이승훈, 정약용 등과
함께 가까이 지내던 터라 서학에 대해 상당한 지식을 갖고 있었다.
그가 입교한 나이가 40세였다는 점에서, 그리고 그 해에 홍유한이 세
상을 떠났다는 점에서 홍유한의 수덕 생활이 그의 신심에 결정적으
로 작용했음은 분명하다고 하겠다.

그럼에도 불구하고 홍낙민은 천주교와 아픈 인연을 갖고 있다. 우
선 홍낙민이 신해박해 때 무수한 고문을 참지 못하고 배교했다가 신
유박해 때에는 전날의 잘못을 뉘우치며 형장으로 끌려가면서 "이제
마음이 편하고 행복하다" 라고 했다.

그의 아들 재영은 부친이 처형당한 신유박해 때 부친과 함께 체포

홍유한의 조부 홍중명이 조정으로부터 받은 효자문

되었는데, 그 역시 심한 고문에 못 이겨 배교하고 유배형을 받았다. 하지만 곧 배교의 잘못을 깨닫고 열심히 신앙을 지켜 조정에서 대사령이 내려 석방하려 했지만 순교하기를 고집하다가 마침내 전주에서 60세를 일기로 참수형을 당하니 기해년이었다.

당시 유배지인 전남 광주로 찾아온 부인에게 해준 말은 자식들의 신앙심을 북돋아 주도록 당부한 것이 전부였다는 점에서 그의 신앙이 어느 정도인가를 짐작케 한다. 그의 부인 정소사는 정약용의 맏형 정약현의 딸이다.

홍낙민의 손자이며 홍재영의 아들인 봉주 역시 배교했다가 뉘우치

314

고 병인박해 때 순교했다. 이렇게 본다면, 홍낙민의 집안은 3대에 걸쳐 순교했으면서도 한 번씩 배교했다는 쓰라린 아픔을 간직하고 있는 셈이다. 샤를르 달레의 『한국천주교회사』에 기록된 홍낙민의 신앙고백을 살펴보자.

"제가 지난날에 한 모든 것은 목숨을 비겁하게 보전하려는 것에 지나지 않았습니다. 이제 또 매질을 당하고 망신을 당하니 저는 마음속에 있는 말을 전부 솔직하게 말씀드리고 용감하게 죽고자 합니다. 제가 섬기는 천주는 하늘과 땅과 천신과 사람과 만물의 주행자이십니다. 그리고 마태오 리치와 다른 선교사들은 우러러볼 만한 도리와 성덕을 가진 사람들이며, 그들의 말은 모두 진리입니다. 그러므로 저는 지금 천주를 위하여 죽고, 그렇게 함으로써 천주 신앙의 진리를 증거하고자 합니다."

사람은 누구나 모진 매질 앞에서 약해지기 마련이다. 물론 그 인간적 약함을 이겨내고 단칼에 순교한 사람도 있고, 망설이다가 어렵게 순교한 사람도 있다. 그 어느 경우이건 인간이기에 있을 수 있는 일이다.

하지만 나는 한때 무서운 고문 앞에서 잃어버린 믿음을 버리지 않고, 다시 일어서서 더욱 강한 모습으로 거듭 태어난 그들을 더욱 존경한다. 인간적이기 때문이다. 솔직하게 표현하면, 세상의 온갖 유혹을 받으면서 수없이 죄를 짓고 그 잘못을 통회하면서 살아가야 하는 약한 우리들에게 그들의 신앙이야말로 인간적으로 더욱 마음에 와 닿기 때문이리라.

홍유한 고택을 답사하면서 내가 받은 또 하나의 감명은 한학서를 통해 천주교에 대해 탄복하고 스스로 수계 생활을 결심할 수 있었던 용기와 힘이 다름 아닌 그의 가풍에서 비롯되었음을 알게 된 점이다.

이곳에 도착한 뒤 대문을 들어서면서 나는 '효자문'을 보고는 잠시 걸음을 멈출 수밖에 없었다.

"아! 이것이구나, 부모에게 효성하고 조상을 받들어 모신 타고난 천성과 집안 내력이 이렇게 훌륭한 인품을 만들었구나" 하고 나도 모르게 중얼거렸다.

기록에 의하면, 그의 조부 홍중명은 3살 때 아버지를 여읜 후 홀어머니를 모시고 항상 기쁜 얼굴로 살았다고 한다. 형을 섬김에도 한결같이 공손하여 우의가 두터웠는데, 홍중명과 함께 동문수학하던 절친한 친구 이황은 그 행장에서 이렇게 적고 있다.

"사람이 어려서는 부모를 생각하고 처자를 두게 되면 처자를 생각하게 마련이다. 큰 효자라야 죽을 때까지 부모를 생각하는데 중명은 거의 여기에 가깝다. 효성과 우애를 천성으로 타고나지 않고서야 이럴 수가 있겠는가. 모친이 세상을 떠나자 무덤 아래 막을 얽어 3년을 지내며 모진 추위에도 거처를 바꾸지 않았다. 그 골짜기에는 자주 호랑이가 나타나 사람을 해친 일도 있었으나 무덤을 지키면서부터는 호랑이가 자취를 감추어서 사람들이 호랑이도 효성에 감동했다고 일컬었다."

이 '효자문'은 홍중명이 1724년 경종으로부터 하사받은 것이다.

홍유한이 한양을 떠나 충남 예산으로 낙향할 때, 그리고 예산에서 다시 영주로 이사할 때 이 효자문을 가져왔다는 것은 그의 수덕 생활의 근본이 어디에 있는가를 우리들에게 가르쳐 준다.

참다운 신앙인이라면 성당 안에서 미사를 드릴 때보다 일상생활에서 드러나야 하고, 특히 가정생활에서 화목과 우애, 그리고 윗사람에 대한 공경에서 드러나야 한다는 점을 일깨워 주는 것 같아 참으로 감명이 깊은 답사였다는 느낌을 떨굴 수가 없었다.

소수서원의 매력

고택 답사를 끝내고 그의 묘소가 있는 봉화로 향하기에 앞서 그가 생전에 드나들었을 것으로 보여지는 소수서원과 부석사를 둘러볼 작

순흥면에서 바라다본 소백산맥 준령

정으로 발길을 돌렸다. 홍유한이 소백산 자락에 둥지를 튼 데에는 그
만한 까닭이 있을 것이라는 생각에서이다. 단순하게 생각하면, 홍유
한이 이 세상에 진리의 빛을 비추기 위해 수덕 생활을 한 정신은 윤
리 회복에 뜻을 둔 소수서원의 설립 정신과도 일맥상통했기에 이곳
에 자리를 잡고 싶었을 것이다. 그리고 곧잘 부석사에 올라 고행의
길을 걷고 있는 고승들과 담론을 벌이면서 참된 삶의 진정한 길이
무엇인가를 고뇌했을 것이다.

　소수서원을 가려면 동촌 마을까지 되돌아 나와야 한다. 동촌에서
조금 가면 순흥면 사무소 소재지인 읍내가 나오고 여기서 우측으로
915번 지방도로를 이용하여 소수서원까지 걸리는 시간은 차로 대략
20여 분 정도이다. 마침 점심 때가 되어 읍내에서 잠시 멈췄다.

　찾아간 곳은 마을 뒷골목에 위치한 전통 묵집이다. 이 집은 영주를
찾을 때마다 빠짐없이 들르는 나의 단골집으로 상호는 그저 '묵집'이

순흥면사무소 마당에 있는 봉서루, 조선조 때 도호부사가 있었다

순흥면사무소 안에 모아놓은 빗돌 사이에 척화비가 끼어 있다

다. 메밀묵에다가 조밥을 곁들이는 그 맛이 담백하여 근처를 관광하는 사람들이 많이 찾는다. 이 집에서는 메밀묵을 숟가락으로 먹어야한다. 젓가락으로 집어 올리려면 입에 닿기도 전에 끊어진다. 순메밀

외에 밀가루를 전혀 쓰지 않기 때문이다. 체내 불순물을 걸러 내어 피를 맑게 해준다는 묵의 진수를 맛보고 싶은 사람이라면 이 집에 한 번 들르는 것도 좋다.

강원도에 살다가 이곳으로 이사와서 묵집을 차렸다는 주인은 소백산 아래 마을에서 자란 메밀을 직접 구입하여 재료로 쓰는데, 늦가을에 1백여 가마를 구입하여 한 해 동안 장사를 한다고 한다. 세 아들과 세 며느리가 일을 거들어 보는 사람마저 흐뭇하다.

식사를 하고 나서 잠시 읍내를 둘러봤다. 면사무소에 있는 4백 년을 훨씬 넘을 것으로 보여지는 느티나무, 그리고 그 옛날 순흥도호부사의 관아인 봉서루가 눈길을 끌었다. 마당에는 근처에서 발견된 석조여래상 등 문화재가 널려 있고, 한쪽으로 척화비가 있다. 향토 유물관도 있다.

홍유한이 살던 고장에서 보는 척화비라서 그런지 느낌이 남달랐다. 당시의 척화비는 오늘의 현양비나 다름없다는 점에서 이 역시 우리의 귀중한 신앙유산이 아닐까 싶다.

소수서원은 큰길가에 있는데, 선비들이 공부하던 분위기가 그대로 되살아날 정도로 깔끔한 정경이다. 경내에 있는 소나무는 유독 키가 크고 씩씩하며 아름드리 은행나무는 수령 5백 년을 자랑하는 만큼 위용이 대단하다.

서원 옆으로 산자락을 휘돌아 나가는 개천 물에서 선비들의 기개가 느껴진다. 물가에 큰 바위가 하나 있는데 '白雲洞'이라고 새긴 글씨가 눈에 들어온다. 나라의 공인을 받아 학문을 크게 일으키려는 학자들의 맑고 높은 정신이 흰 구름같이 서원 곳곳에 서려 있다고나 할까. 소수서원 입구에 있는 숙수사 터 옆에 우뚝 솟은 당간지주에서는 조상들의 체취가 묻어 난다.

사적 제55호인 소수서원은 중종 37년 풍기 군수 주세붕이 고려말

소수서원 전경/우리 나라 최초의 사원이다(사적 제55호)

주자학의 대가인 안향의 연고지를 택해 독서 강학을 할 수 있도록 창설한 교육의 현장이다. 중국에서는 서원을 세워 과거 시험을 준비하거나 관인을 양성하는 기관으로 활용했지만, 우리 나라에서는 학문 연구와 선현 제향을 목적으로 한 사설 교육기관이었다. 선비들에게 도학연마의 도장으로서 인간성과 윤리 회복이라는 막중한 사명을 지니고 태어난 사림(士林)이었던 것이다.

소수서원은 세운 지 7년 뒤에 퇴계 이황이 풍기 군수로 부임하면서 조정으로부터 '소수서원'이라는 사액과 함께 『사서오경』『성리대전』 등의 내사를 받음으로써 우리 나라 최초의 사액서원이자 공인 사학이 되었다. 대원군이 서원을 철폐할 때도 화를 면한 47개 서원 중의 하나이다. 경내의 기념관에는 안향과 주세붕의 영정이 간직되어 있다.

홍유한이 왜 소수서원 근처에 삶의 터전을 잡았을까. 기록이 없기

소수서원 옆을 흐르는 냇가에 '白雲洞'이라 새긴 바위가 있다

에 정확한 근거를 제시하여 고증할 수는 없지만 분명히 뜻은 있을 것으로 추정된다. 혹시 철저한 수덕 생활을 결심한 홍유한에게 소수서원이 갖고 있는 정신적 풍토가 매력으로 작용하지 않았을까. 윤리 회복에 뜻을 둔 서원의 설립 정신과 연관이 있지 않았을까 싶다.

홍유한의 유고집에 '도산서원에 자면서'라는 시가 있는데, 이로써 그는 자주 서원에 들러 학자들과 교유하며 열렬한 토론을 벌인 것으로 보여진다. 안동 도산서원은 그의 집에서 먼 곳이라는 점에서, 그는 소수서원을 더욱 즐겨 찾았을 것으로 짐작된다. 홍유한이 도산서원에서 읊은 감흥을 한 번 맛보기로 하자.

밝고 아름다운 산수에 청정한 기운 넉넉한데
가만히 몸과 마음을 반성함에 이 생애가 부끄러워라
도덕은 오문(吾門)에 접하여 천성의 계통을 잇고

교화는 동토에 드리워 만년의 명성이 있네
시냇물은 난석 사이로 치달려 오래 울리고
소나무는 고동을 배워 절로 우나니라

험준한 길 두루 지나자 넓고 한산한 서원 보이는데
선생 거닐던 유허에 석양이 아롱졌어라
굽이친 내는 평탄하게 멀리 뻗은 들을 감아 돌고
온화한 산은 앞뒤로 해맑은 얼굴을 드러내네
안개와 구름이 사물을 뒤덮어 능히 기쁜 듯하고
물고기와 새가 서로 잊어 절로 오가네
소자가 감히 풍영의 흥취를 추모하여
한참 동안 우두커니 물소리 가운데 서 있네

부석사에서 읊은 시

소수서원에서 부석사까지는 10킬로미터 정도이다. 차로는 금방 닿는 곳이지만 일단 사찰 경내에 들어서면 비교적 가파른 언덕을 줄곧 올라가야만 한다. 그러나 소백산 국립공원이면 어디든지 멀다기보다 포근하고 가깝다는 느낌이 들어 별로 힘들지는 않다.

부석사에는 '태백산' 또는 '봉황산'이라는 두 가지 현판이 있다. 사찰은 태백산맥이 끝나는 봉황산 자락에 위치하지만, 소백산 국립공원 일각에 해당하므로 태백산 자락으로도 부른다.

부석사는 우리 나라 화엄종의 근본 도량이다. 676년 의상대사가 왕명을 받들어 창건하고, 화엄의 대교를 폈던 곳이다. 역사가 오래된 고찰이니만큼 볼거리도 많다. 잘 알려진대로 목조건축으로서는 우리 나라에서 가장 오래된 무량수전을 비롯하여 조사당, 벽화, 석등, 여래좌상 등 국보가 다섯 점이고, 여래좌상, 3층석탑, 당간지주, 고려각판 등 보물이 있다.

부석사 무량수전/선묘 낭자의 이야기가 서려있는 부석사는 신라 때 세운 화엄종의 종찰이다

무량수전 앞 안양루에서 내려다 본 소백산맥

이 가운데 무량수전은 이곳을 찾는 모든 사람들이 즐겨 사진을 찍는 명소이다. 1916년 지붕을 해체하여 수리할 때 발견된 명문에 의하면, 고려 우왕 1년에 고쳐 지은 것으로 되어 있는데, 팔작 지붕에다가 거리낌없이 좌우로 올라간 처마 끝 곡선이 부드러우면서도 장중하다. 또 법당의 굵은 기둥이 위 아래로 갈수록 급히 가늘어지고, 직선의 격자문이 조화를 이루어 고려 시대 예술의 절정이라는 찬사를 받고 있다.

무량수전을 둘러본 사람들은 그 오른쪽 뒤편에 있는 선묘각이란 곳을 들여다보게 마련이다. 의상대사가 중국에서 공부할 때 그를 흠모했으나 불도 수행에 전념하고 있음을 깨닫고는 바다에 몸을 던져 의상대사를 수호하는 신룡(神龍)이 되었다는 선묘 낭자를 모신 곳이다.

그녀에 얽힌 이야기는 많다. 그 중에서도 의상대사가 이곳에 절을 짓고자 했을 때 이교도들의 방해가 워낙 심했는데, 그녀가 나타나 조화를 부려 굴복시켰다는 이야기는 전설로 치부하기엔 뭔가 가슴을 찡하게 만든다.

당시 그녀는 바위를 공중으로 세 번 들어 올려 이교도들의 가슴을 철렁하게 만듦으로써 스스로 물러가게 했다고 한다. '뜬 돌'이란 뜻의 부석(浮石)이라는 이름 또한 여기에서 연유하는 것이며, 지금 선묘 낭자는 신룡에서 석룡(石龍)으로 변신하여 뜰 아래에 묻혀 있다고 전한다. 무량수전을 중심으로 선묘각 반대편에는 용트림 모양의 커다란 돌이 있는데, 실을 돌 밑에 넣으면 그 실이 돌 사이를 돌아 나와 바위와 바위 사이가 떠 있음을 증명한다고 한다.

무량수전 앞의 누각 안양루에는 풍운아 시인 김삿갓이 쓴 한시가 적혀 있다.

평생에 여가 없어 이름난 곳 못 왔더니

백수가 된 오늘에야 안양루에 올랐구나
그림 같은 강산은 동남으로 벌여 있고
천지는 부평 같아 밤낮으로 떠 있구나
지나간 모든 일이 말 타고 달려온 듯
우주간에 내 한 몸이 오리 마냥 헤엄치네
백 년 동안 몇 번이나 이런 경치 구경할까
세월은 무정하다 나는 벌써 늙어 있네

그야말로 소백산맥의 정경을 한 눈에 밝혀 주는 듯한 운치가 풍긴다. 천지가 부평초로 떠 있다는 시구에서 나는 '부석'이란 말의 참된 뜻을 조금은 이해할 것 같았다. 그렇다면 홍유한은 이 부석사를 둘러보면서 어떤 상념에 사로잡혔을까.

그가 이곳 소백산 자락에 둥지를 틀었을 때는 수계 생활에 단단한 기반을 쌓은 후였다. 따라서 뜬구름이나 한낱 뜬 돌을 보고 마음을 움직이지는 않았으리라. 오히려 무정한 세월 앞에서도 굳건한 기도로 전념하지 않았을까. 그가 읊은 시 '부석사에 놀며'를 옮겨 본다.

부석사의 아름다운 경치
높이 태백산 마루에 있네
타박타박 나막신 신고 오르니
아득히 이 몸은 하늘가에 떠 있네
바다는 자라의 머리 밖에 쌓였고
바람은 붕새의 날개 앞에 길다네
홀연히 한결같은 붉은 빛깔로
아침 해가 고운 광채를 내뿜네

비탈을 붙잡고 구름 가에 올라 드니

봉화군 문수산 중턱에 있는 홍유한의 묘소

여기는 참으로 선경이 아닐런가
지령은 지팡이를 나무로 자라게 하고
원기의 조화는 어찌 돌이 흔들리게 했던고
영남의 승경을 두루 끌어안고
취원루가 높이 지어졌구나
의상대사가 이적을 연 뒤로
산에 뜬 달이 이미 천추가 흘렀어라

홍유한 묘와 단양팔경

이제 마지막 답사지인 홍유한의 묘를 찾아가 보자.

홍유한의 묘는 그가 살던 마을에서 오십 리쯤 떨어진 문수산 중턱
에 있다. 행정구역상 경북 봉화군 봉성면 우곡리이다. 그곳을 찾아가
려면 일단 봉화읍에 도착해야 한다.

326

나는 부석사에서 915번 지방도로를 타고 봉화 읍에 도착했지만, 홍유한 고택을 보고 이곳까지 곧장 오려면 구구리에서 영주로 되돌 아나와 봉화읍까지 36번 국도를 이용하여 15킬로미터쯤 가면 된다.

봉화읍에서 태백, 울진 방향으로 36번 국도를 타고 9킬로미터쯤 가면 다덕 약수탕, 휴게소가 있다. 길가에 '천주교 우곡 성지'라고 쓰여진 안내 푯말이 있다. 왼쪽으로 차를 돌려 산길을 3.2킬로미터 가면 묘소에 이르는데, 개발되지 않은 산길임에도 차 한 대가 들어갈 수 있을 만큼 묘소 아래까지 길이 잘 닦여져 있다. 마을 사람들의 헌신적인 노력의 결과라는 게 안내를 해준 안동교구 북부지역 성지개발위원회 이경종 총무의 설명이다.

지난 해 5월에 묘비를 세웠는데, 단장한 지 얼마 지나지 않은 만큼 묘소는 깔끔했다. 묘소에 오르는 산길에 설치한 14처 역시 최근의 것이라서 홍유한의 죽음이 2백10년 전의 일인데도 지금 이 순간에 살아 있는 듯했다.

최근 우리 교회에서는 사적지를 발굴하는 작업에 그 어느 때보다도 열중하고 있다. 그 어느 나라보다도 많은 순교자를 낸 땅이니만큼 아직도 찾지 못한 순교자의 유해를 찾는 일은 시급한 과제가 아닐 수 없다. 그것은 순교자 영성을 일깨우게 해주는 소중한 신앙유산인 것이다.

그러나 곰곰이 생각해 보면 오늘을 사는 우리들이 그런 유산을 대하면서 그것이 주는 삶의 의미를 깨닫는데 열중하고 있는가는 의문이다. 두 눈으로 보는 것 못지 않게 가슴속에서도 그것은 살아 꿈틀거려야 하지 않을까.

수많은 사적지를 답사하면서 나는 줄곧 '순교자 영성'이라는 단어를 떠올렸다. 교회사 기록과 문헌을 뒤지고, 그 현장을 일일이 찾으면서 내가 진정으로 알고 싶은 것은 이 땅의 순교자들이 우리들에게 남겨 준 진정한 신앙유산은 무엇인가 하는 점이다.

홍유한의 친필과 칠극/칠극은 한역서로, 우리 나라 학자들에게 가장 많이 소개되었다

　사적지를 발굴하여 꾸미고, 순교자현양비와 각종 조형 기념물을 세우며, 또 그곳을 순례하거나 미사를 드리는 일은 중요하고 필요하다. 하지만 진정으로 참된 신앙유산은 우리의 마음속에 담겨져야 한다고 본다. 그것은 다름아닌 예수 그리스도를 닮으려고 노력하는 마음가짐일 것이다.

　우리의 신앙선조들이 죽음을 두려워하지 않은 것은 결코 구원을 받기 위한 미래지향적인 꿈이 아니었을 것이다. 그들은 현재의 삶에서 그리스도 정신을 실천하는 길을 걷고 있었다. 주어진 현실이 목숨을 빼앗길 만큼 어렵고 힘들더라도 결코 다른 샛길로 빠지지 않은 정도인생(正道人生)의 삶이야말로 신앙을 두텁게 할수록 갖추어야 할 덕목이 아닐까.

　홍유한의 묘를 다녀오면서 입구에 있던 휴게소에 들러 약수를 맛보았다. 탁 쏘는 맛이 탄산수 함유량이 풍부한 것 같았다. 약수가 흐르는 샘터 가장자리는 녹물이 진하게 배어 있다. 가족들과 함께 마시려고 물통을 하나 사서 담아 왔는데 집에 돌아와 먹을 때는 그 맛이 영 아니었다. 탁 쏘는 맛이 사라지고 말았다. 약수도 제자리에서 마실 때 제 맛을 낸다고 할 때, 역시 '순교자 영성'의 맛은 현장 답사에 있다는 생각을 다시 한번 하게 된다.

영주, 봉화 지방의 답사는 돌아오는 길에 풍기를 거쳐 죽령을 넘어 단양팔경을 둘러보는 재미가 그만이어서 1박2일 여정보다는 2박3일 여정이 바람직하다.

하루를 단양에서 보낸다 해도 손해를 보지 않는 여행이 될 것이다. 무엇보다도 예로부터 '제2의 외금강'이라 불릴 만큼 뛰어난 자연경관과 운치가 있는 단양팔경은 남한강의 맑은 햇살과 담담히 흐르는 물살이 어우러져 몇 번이고 가보고 싶은 곳이다.

조선의 개국공신 정도전이 유년 시절을 보냈다는 도담삼봉을 비롯하여 이황과 김삿갓, 김홍도 등이 천하 명산으로 감탄한 옥순봉, 옥같이 맑은 물과 자연경관이 수려하여 영혼까지 맑게 해준다는 상선암, 중선암, 하선암, 그리고 기기묘묘한 암석이 하늘을 치솟고 벽계수의 맑은 물이 맴도는 사인암, 물속 바위에 거북바위가 있다는 구담봉, 두 개의 석주가 대덕을 떠받치고 있는 석문 등 단양팔경은 긴 답사 여정의 피로를 풀어 주기도 한다.

답사의 대장정을 마무리짓고 서울로 돌아오는 나는 차안에서 가을의 아름다움을 참으로 오랜만에 만끽했다. 보면 볼수록 하늘과 산과 들과 강이 정겹게 다가왔다. 수많은 신앙선조들의 피와 땀, 그리고 죽음의 아픔을 안고 있는 저곳인데, 그럼에도 불구하고 아름답게만 느껴지는 이유는 무엇일까.

흔히 성지순례라고 하면 비행기를 타고 외국 나들이를 하는 것쯤으로 여기는 게 요즘의 풍토이다. 그러나 누구든 우리 신앙선조의 발자취를 한 번이라도 둘러본 사람이라면 평소 느끼지 못했던 뿌듯한 자긍심을 갖게 된 경험이 있을 것이다. 선조들의 영성을 깨우치는 일이 얼마나 자신의 삶을 풍성하고 여유롭게 해주는가는 직접 다녀온 사람들만이 느낄 수 있는 기쁨이다.

바로 그런 자긍심이야말로 나의 20년간 답사 여정을 지탱해 준 기둥이었고, 그렇기 때문에 나의 답사 여행은 계속되어야 한다고 다짐하면서 서울에 도착했다.

자녀와 함께 가는 테마 성지순례

안내 지도

자녀와 함께 이 책에 실린 코스별로 답사하실
분을 위하여 서울을 출발지로 한 안내지도와 연락처,
그리고 아울러 김대건·최양업 신부의 발자취,
피정의 집을 소개한다.

예산·당진·서산·아산
신앙의 못자리 내포지방

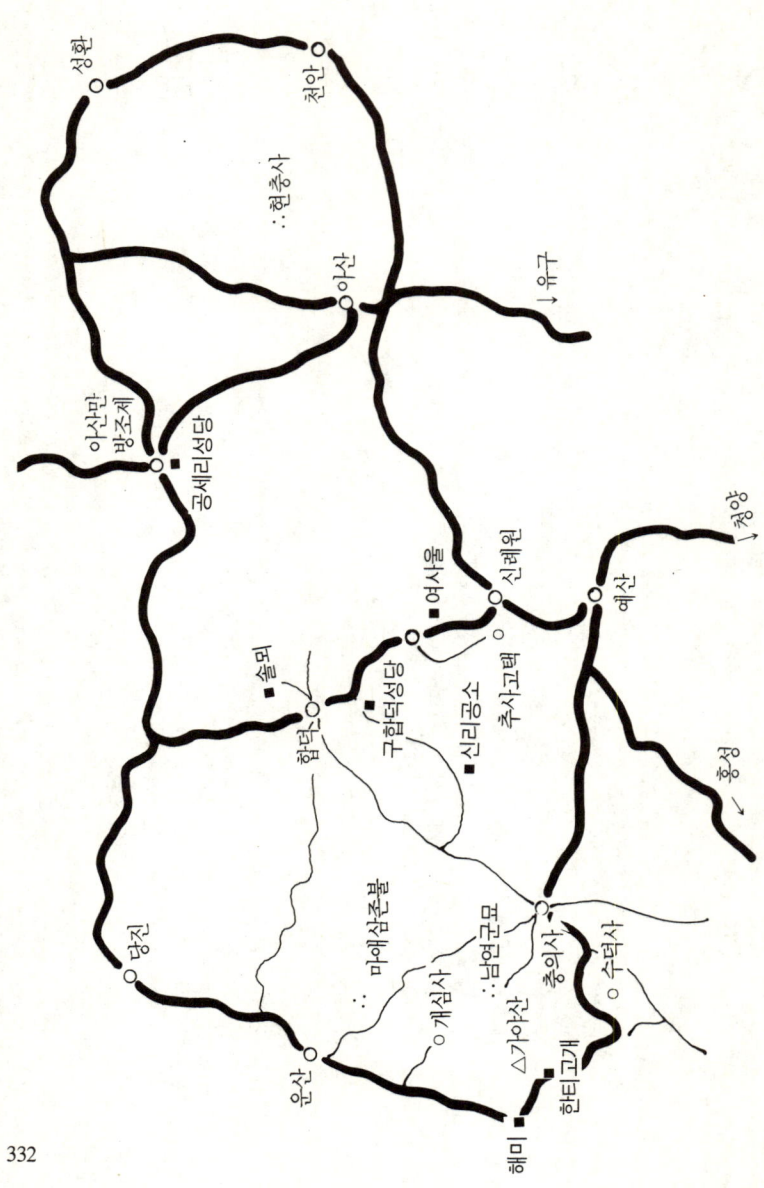

홍성·보령·청양·공주

호서지방과 칠갑산 주변

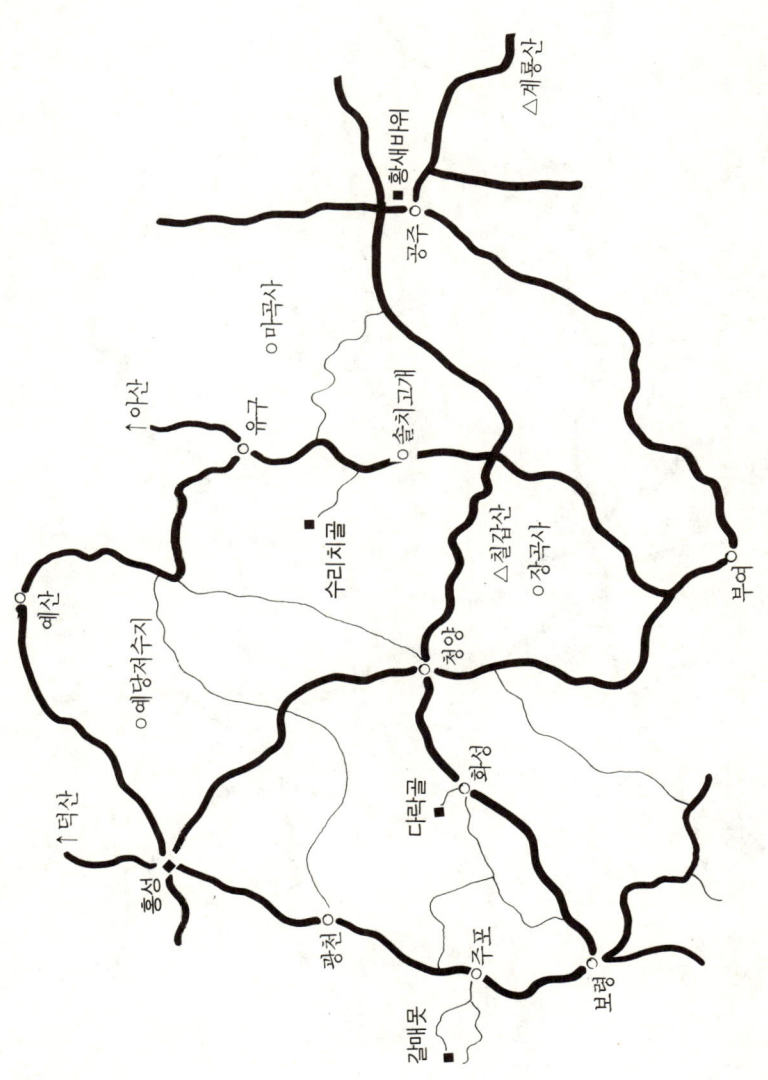

△계룡산

홍새바위

공주

마곡사 ○

↑아산

유구 ○

슬치고개 ○

수리치골 ■

예산 ○

△칠갑산

장곡사 ○

부여 ○

예당저수지 ○

청양 ○

↑덕산

화성 ○

다락골 ■

홍성 ◆

광천 ○

주포 ○

보령 ○

갈매못 ■

전주·완주·익산
순교일번지와 전주 일원

한강변 줄기와 중부내륙

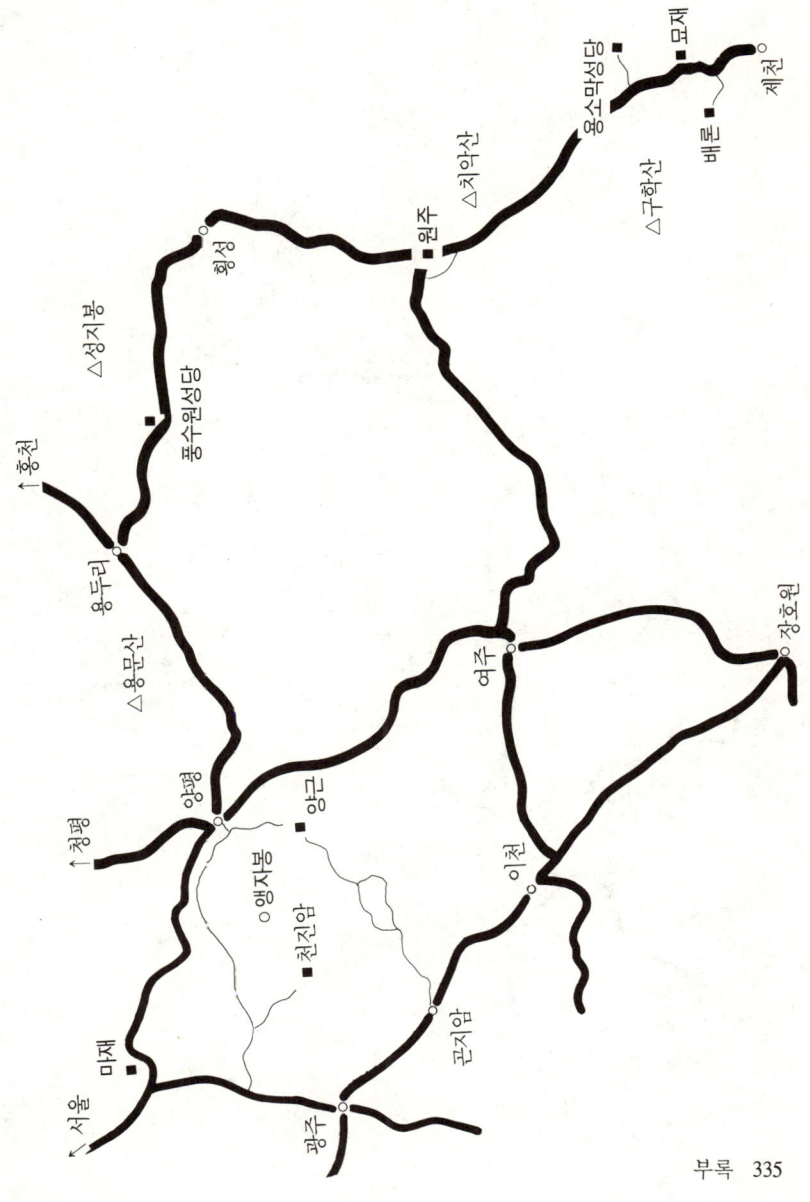

안성·진천
삼남으로 가는 길목

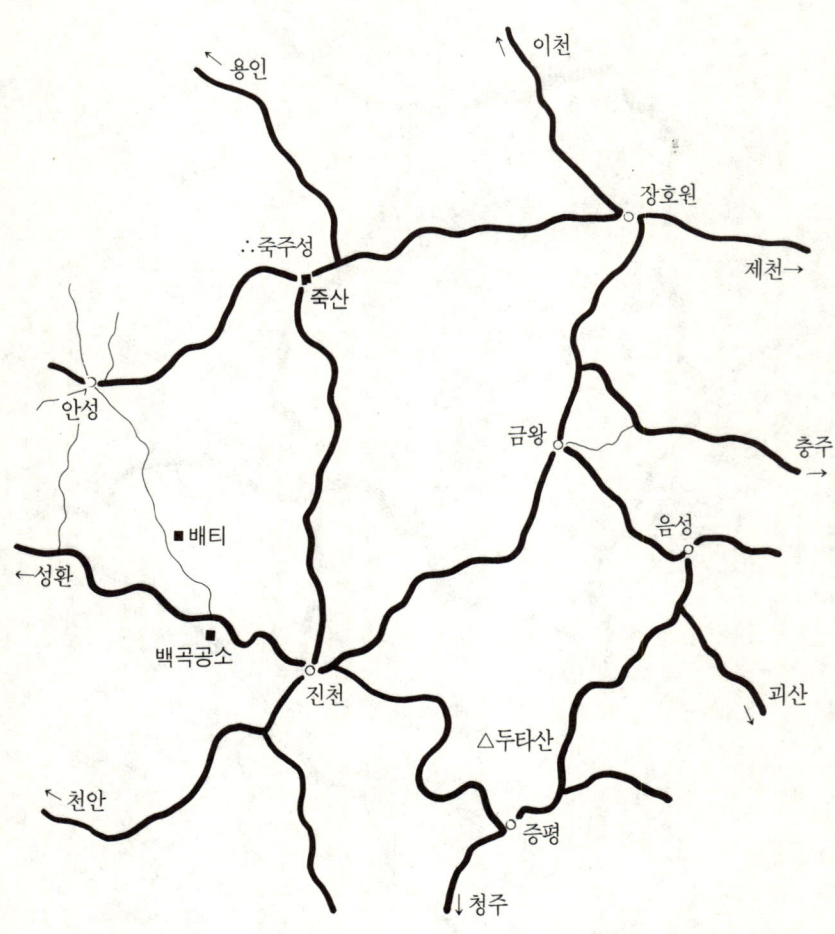

336

괴산·문경·상주·영주·봉화

소백산맥 기슭의 교우촌들

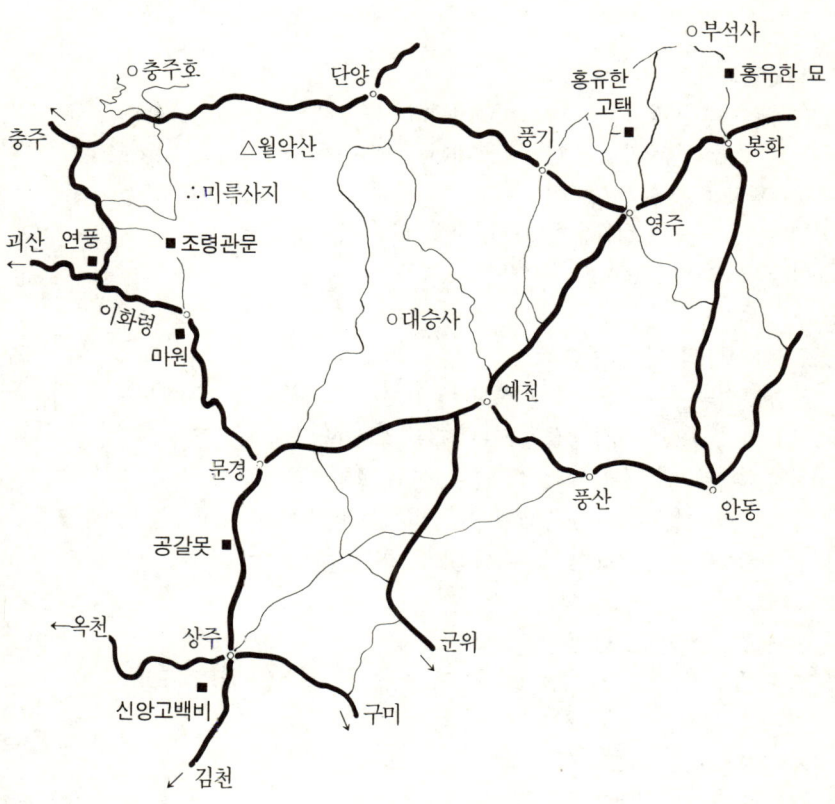

신앙유산 답사지 안내처

1. 신앙의 못자리 내포지방
여사울 이존창 생가터/ 신례원성당 (0458) 34-7860
당진 합덕성당·신리공소/ 합덕성당 (0457) 363-1061
솔뫼성지/ (0457) 362-5022
해미읍성·여숫골/ 해미성당 (0455) 688-1122
아산 공세리성당/ (0418) 44-8181

2. 호서지방과 칠갑산 주변
홍성 조양문·홍주아문·홍주성/ 홍성성당 (0451) 33-8891
보령 갈매못/ 보령 대천동성당 (0452) 34-1213~4
청양 다락골 줄무덤과 새터/ 청양성당 (0454) 43-7123
공주 수리치골/ 미리내 천주성삼성직수도회 (0416) 841-1135
공주 황새바위/ 공주 교동성당 (0416) 856-0100

3. 순교일번지와 전주 일원
전주 풍남문·전동성당·초록바위·서천교/ 전주 전동성당 (0652) 84-3222
전주 숲정이/ 윤호관 (0652) 74-5879
치명자산/ (0652) 85-5755
전주 초남마을/ 전주교구청 사목국 (0652) 85-0041~3
천호성지/ (0652) 73-6547 73-6600
여산동헌·숲정이/ 여산성당 (0653) 53-5016

익산 나바위성당/ (0653) 861-9210

4. 한강변 줄기와 중부내륙
다산 정약용 묘/ 다산묘역관리소 (0346) 576-9300
양근 대감마을/ 양평성당 (0338) 71-2071
횡성 풍수원성당/ (0372) 42-0035
원주 선화당·당간지주/ 원주교구청 사목국 (0371) 765-4221
제천 용소막성당/ (0371) 763-2341
묘재/ 용소막성당 학산공소 (0443) 48-1400, 42-4730
배론성지/ (0443) 43-3408 42-4527

5. 삼남으로 가는 길목
죽산 이진터·두들기/ 죽산성당 (0334) 676-6701
배티성지/ (0434) 33-0691

6. 소백산맥 기슭의 교우촌들
연풍성지/ (0445) 33-5064
조령관문·여우목·마원/ 문경성당 (0581) 71-0326
상주 신앙고백비/ 상주 남성동성당 (0582) 31-1781~4
영주 홍유한 고택/ 영주 하망동성당 (0572) 636-9100
홍유한 묘/ 봉화성당 (0573) 73-2154

김대건 신부의 영성을 따라서

■솔뫼성지 · 충남 당진군 우강면 송산리 114
　○1821년 8월 21일 부친 김제준과 모친 고씨의 장남으로 출생
　○솔뫼성지 (0457) 362-5021
■골배마실 · 경기도 용인시 양지면 남곡리
　○1928년경 가족과 함께 서울 청파동과 용인 한덕골을 거쳐 이곳에 정착
　○용인 양지성당 (0335) 38-3374
■은이공소 · 경기도 용인시 양지면 남곡리
　○1836년 7월 모방 신부로부터 신학생으로 선택
　○1845년 11월 사제 서품 후 고국에 돌아와 이곳을 중심으로 사목활동
　○용인 양지성당 (0335) 38-3374
■나바위 · 전북 익산시 망성면 화산리 1158
　○1845년 10월 12일 외국 선교사 2명과 함께 국내에 들어와 첫발을 디딘 곳
　○나바위성당 (0653) 861-8182
■새남터 · 서울 용산구 서부이촌동 199-1
　○1846년 6월 5일 황해도 순위도에서 체포되어 같은 해 9월 16일 순교
　○새남터성당 (02) 713-3680
■미리내 · 경기도 안성군 양성면 미산1리 산88-3
　○유해가 안장되어 있으며, 그의 어머니 고 우르슬라 묘도 있다.
　○미리내성지 (0334) 74-1256

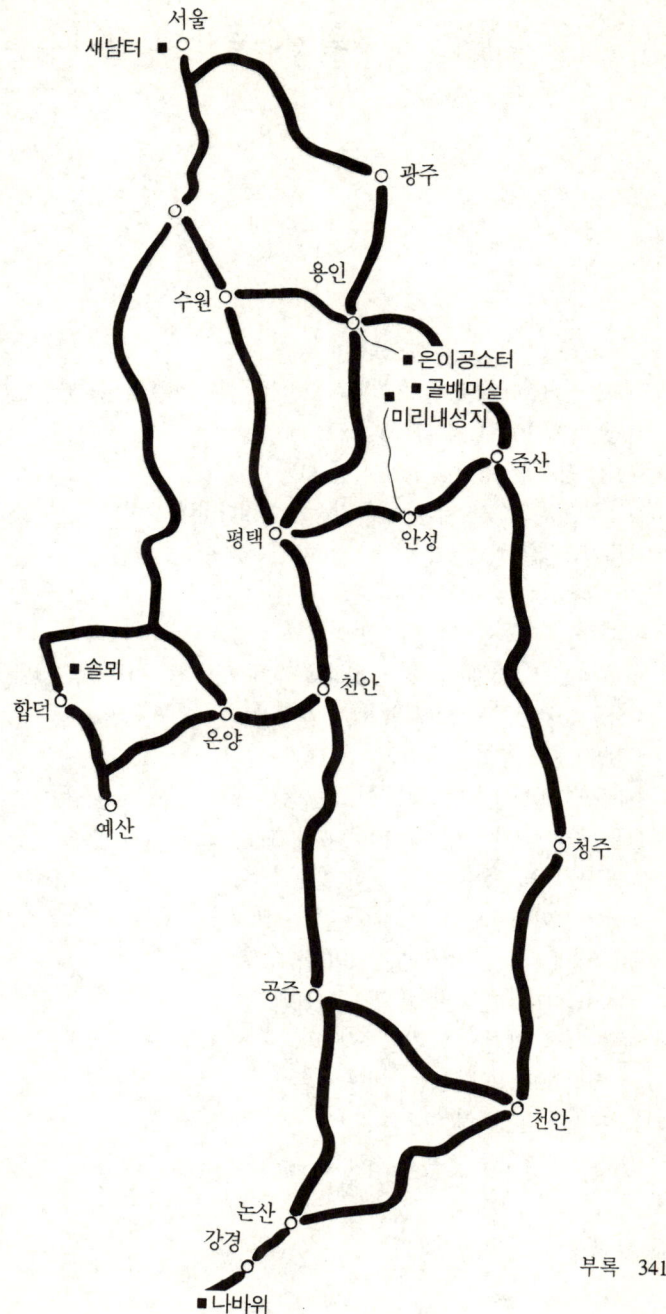

새남터 ■　○ 서울

○ 광주

○
수원　용인
○

○
■ 은이공소터
■ 골배마실
■
(미리내성지

○ 죽산

평택 ○　○
안성

■ 솔뫼
합덕 ○　○
온양　○ 천안

○
예산

○ 청주

공주 ○

○ 천안

논산
강경 ○
○
■ 나바위

최양업 신부의 사목활동 발자취

■청양 다락골·충남 청양군 화성면 농암리
　○1821년 3월 1일 부친 최경환과 모친 이성례의 6형제 중 장남으로 출생
　○청양성당 (0454) 43-7123
■수리산 담뱃골·경기도 안양시 안양3동
　○1832년경 고향을 떠나 여러 지방을 옮겨다니다가 정착
　○1836년 2월 6일 모방 신부에 의해 신학생으로 발탁됨
　○안양 중앙성당 (0343) 41-3531
■한덕골·경기도 용인시 이동면 묵리
　○1849년 12월 3일 입국하여 한양을 거쳐 이곳에서 아우들을 만남
　○용인성당 (0335) 35-2793
■도앙골·충남 부여군 충화면 지석리
　○1850년 10월 1일 르그레즈아 스승 신부에게 7번째 서한 발송
■절골·충북 진천군 백곡면 배티의 한 교우촌
　○1851년 10월 15일 8번째 서한 발송
　○해마다 여름철에 묵으면서 저술활동에 전념
■동골·충북 진천군 백곡면 배티의 한 교우촌
　○1854년 11월 4일 열번째 편지를 보낸 곳
■배론·충북 제천시 봉양면 구학2리
　○1855년 10월 8일 11번째 서한 발송
■소리웃·경기도의 한 교우촌
　○1856년 9월 13일 12번째 서한 발송

서울

안양

수리산 담뱃골

용인

원주

죽산

한덕골 ■ 제천

평택 절골 배론

동골 충주

진천 단양

천안 배티

증평 진안리

영주

다락골 청양 공주 조치원

문경

부여 대전 상주

도앙골 논산

서천 금산 김천 구미

오두재 영천

전주 경주

진안 대구 죽림

합천 언양

밀양

■불무골·충북 진천군 백곡면 갈월리
  ○1857년 9월 14~15일 13,14번째 서한 발송
■오두재·전북 완주군 소양면 대흥리
  ○1858년 10월 3~4일 15,16번째 편지를 보낸 곳
■안곡·경북 선산군 무을면 안곡리
  ○1859년 11월 11~12일 17,18번째 서한 발송 및 천주성교공과 번역 완료
■죽림·울산시 울주군 상북면 이천리의 죽발
  ○1860년 9월 3일 19번째 서한 발송. 경신박해를 맞아 피신생활
■문경 진안리·조령관문 입구
  ○1861년 6월 15일 장티푸스와 과로로 쓰러져 선종
■배론·충북 제천시 봉양면 구학2리
  ○1861년 10월경 시신이 옮겨져 안장
  ○배론성지 (0443) 43-3408

피정의 집 순례여정

■ 솔뫼 피정의 집

김대건 신부의 탄생지이니 만큼, 김대건 신부의 생애와 신앙을 통한 현대인의 영성을 새롭게 하는 방법으로 운용되고 있다. 특히 4대에 걸친 순교가문의 역사와 고결한 얼을 되새길 수 있다. '소나무가 우거진 작은 동산'이란 지명에 걸맞게 오래된 소나무숲을 따라 14처가 마련되어 있다.

ㅇ 충남 당진군 우강면 송산리 114

ㅇ 사제관 (0457) 362-5021 · 수녀원·사무실 362-5022 · 팩스 362-5524

ㅇ 1백50명 수용 · 방 35개(4인1실)

ㅇ 순례를 겸한 1일피정, 기쁜 신앙생활을 위한 피정, 지도자들을 위한 신자 재교육, 단체 및 가족들의 영적 휴식이 가능하다. 피정단체에서 강사 초빙이 어려울 때에는 상주하는 강사진으로부터 피정지도를 받을 수 있다. 시청각시설이 완비되어 있다.

■ 공세리 묵상의 집

아산만과 삽교천이 내려다 보이는 언덕에 위치하여 전망이 좋다. 1921년에 세워진 고풍스런 성당과 연륜을 알 수 없는 고목이 운치가 있다. 성당 옆으로 한적한 오솔길에 14처가 마련되어 있다.

ㅇ 충남 아산시 인주면 공세리 194

ㅇ 사제관 (0418)44-8182 · 사무실 44-8181

ㅇ 60명 수용 · 방 7개(1실 5~10명)

ㅇ 별도 프로그램보다는 장소만 빌려주고 있음.

■천호 피정의 집
천호(天呼)라는 그 이름처럼 하느님의 부르심을 받은 신앙선조들이 150년간 지켜온 삶의 터전으로 교우촌의 입지적 조건과 특성을 견학할 수 있는 산교육장이다. 호남교회사연구소를 비롯하여 1시간 거리 안에 대둔산, 모악산, 마이산, 계룡산 등 명산이 있다.
ㅇ 전북 완주군 비봉면 내월리 산 567-1
ㅇ 사무실 (0652)73-6547, 6600(팩스 겸용)
ㅇ 90명 수용·방 36개(2인1실 33개, 10인1실 3개)
ㅇ 화요일이나 목요일을 이용한 1일 피정과 주말을 이용한 1박2일 피정, 교회 축일과 공휴일을 활용한 2박3일 피정이 있다. 각 피정프로그램에 따라 1년치 강사진이 확정되어 있고 개인 또는 단체를 위한 다양한 프로그램이 짜여져 있다.

■나바위 피정의 집(대건교육관)
지방문화재 제318호로 지정된 성당은 한옥 목조건물에 기와를 얹어 전통적인 한국미의 극치이다(1906년 완공). 대건교육관 외에 20~40명의 소규모 피정자를 위한 피정의 집이 따로 있다.
ㅇ 전북 익산시 망성면 화산리 1185
ㅇ 피정의 집 (0653) 861-9210 · 본당사무실 861-8182 · 팩스 861-9211
ㅇ 3백 명 수용
ㅇ 야영장으로 활용할 수 있는 운동장과 야외풀장 등 시설이 완비되어 있다. 자가 취사가 가능하다.

■풍수원 피정의 집
강원도 지방의 첫 번째 성당이며, 한국에서 네 번째로 오래된 성당으로 지방문화재 제69호이다. 한국 초대교회의 모습을 보여주는 3백여 점의 유물전시관이 있고, 돌로 만든 묵주알을 땅에 박은 야외 묵주동산이 특이하다. 뒷산인 성지봉에는 약수가 있다.
ㅇ 강원도 횡성군 서원면 유현2리 1097
ㅇ 사무실 (0372) 42-0035 · 팩스 43-5694
ㅇ 80~1백 명·방 8개(10인1실)

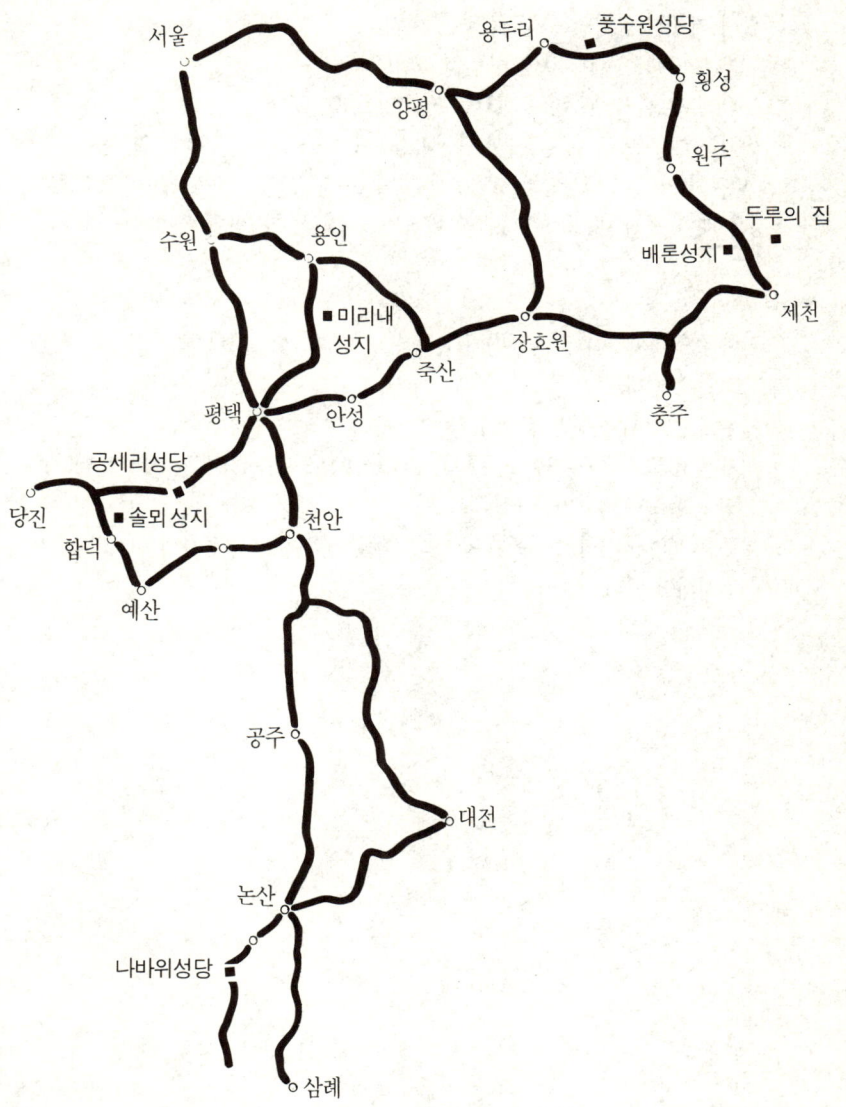

서울　양평　용두리　풍수원성당　횡성　원주　두루의 집　배론성지　제천　수원　용인　미리내 성지　죽산　장호원　충주　평택　안성　공세리성당　당진　솔뫼 성지　합덕　예산　천안　공주　대전　논산　나바위성당　삼례

■성지 배론 순교자들의 집

한국의 카타콤바라 할 만큼 풍부한 신앙유산이 많다. 우리 나라 최초의 신학당과 황사영이 백서를 쓴 토굴, 옹기를 굽던 가마터 등이 있다. 입구에 탁사정도 둘러볼 만하다.

○ 충북 제천시 봉양면 구학2리 배론 성지내

○ 사제관 (0443) 43-3408 · 사무실 42-4527

○ 1백 명 수용 · 1인(2실), 3인(3실), 5인(1실), 10인(1실)

○ 원하는 대로 프로그램을 짜서 단체피정과 연수를 할 수 있으며 1일 피정, 1박 2일 피정이 있다. 영적상담과 고해성사를 도와준다. 20인 이하의 개인 및 소규모 피정은 배론 성지 내 봉쇄수녀원 안에 있는 두메꽃 피정의 집에서 실시한다.

■두루의 집

산골 마을에 위치하여 산골의 정취를 맛볼 수 있다. 배론 성지 가는 길목의 용소막성당 안에 있다.

○ 강원도 원주시 신림면 용암리 719-2

○ 사제관 (0371) 763-2341 · 두루의 집 763-2343 · 용소막성당 763-2344

○ 40명 수용 · 방 4개(10인 1실)

○ 이곳 출신의 성서학자 선종완 신부의 유물관에는 다양한 종류의 성서와 자료들이 전시되어 있다.

발로 쓴 한국천주교회사

신앙유산답사기

초판제1쇄 발행 1996년 12월 1일
초판제3쇄 발행 1999년 3월 15일

지은이 • 이충우
펴낸이 • 김성호
표지장정 • 표현디자인
출력 • 한글터
인쇄 • 삼광인쇄사
제본 • 민중문화사

펴낸곳 • 도서출판 사람과 사람
주소 • 서울시 마포구 대흥동 801-4(2층)
전화 • (02)702-1874~5
팩스 • (02)702-1876
등록 • 1991년 5월 29일 제1-1224호

값 7,800원

ISBN 89-85541-13-7 03980
ⓒ 이충우, 1996, Printed in Korea